新疆特色的轨道交通类专业教学体系研究课题成果

Jixie Zhitu
机 械 制 图

主　编　杨永春
副主编　陈建萍　叶剑锋
主　审　尹建江[新疆机械研究院股份有限公司]
　　　　侯晓民[新疆交通职业技术学院]

人民交通出版社股份有限公司
China Communications Press Co.,Ltd.

内 容 提 要

本书为机电类和轨道类专业专用教材，主要内容包括机械制图基础知识、零件常用表达方法、零件图识读、装配图的识读、尺寸公差与配合、形位公差与表面粗糙度6个项目；每个项目又分为若干个任务，每个任务按照任务描述、知识准备、任务实施、自我评价4个步骤来设计。

本书是高职高专机电类专业、轨道类专业的基础课适用教材，也可作为行业培训教材。

图书在版编目（CIP）数据

机械制图／杨永春主编．—北京：人民交通出版社股份有限公司，2016.8

新疆特色的轨道交通类专业教学体系研究课题成果

ISBN 978-7-114-13173-8

Ⅰ．①机… Ⅱ．①杨… Ⅲ．①机械制图—职业教育—教材 Ⅳ．①TH126

中国版本图书馆CIP数据核字(2016)第152854号

新疆特色的轨道交通类专业教学体系研究课题成果

书　　名：机械制图
著 作 者：杨永春
责任编辑：司昌静　周　凯
出版发行：人民交通出版社股份有限公司
地　　址：(100011)北京市朝阳区安定门外外馆斜街3号
网　　址：http://www.ccpress.com.cn
销售电话：(010)59757973
总 经 销：人民交通出版社股份有限公司发行部
经　　销：各地新华书店
印　　刷：北京盈盛恒通印刷有限公司
开　　本：787×1092　1/16
印　　张：11.25
字　　数：269千
版　　次：2016年8月　第1版
印　　次：2016年8月　第1次印刷
书　　号：ISBN 978-7-114-13173-8
定　　价：36.00元

序
PREFACE

2011年11月26日，乌鲁木齐地铁正式得到国家发展改革委的批复，乌鲁木齐市步入轨道交通时代，掀开了地铁建设的热潮。为了适应市场需求，新疆交通职业技术学院于2008年申报开办电气化铁道技术专业，经过多年努力，形成了集轨道交通工程、机电、信号、运营为一体的技能型人才培养格局，与乌鲁木齐城市轨道集团有限公司签订订单培养300多人，在各地铁路部门就业200余人，轨道交通人才培养呈现良好的发展态势。

新专业的开办面临的是人才培养方案的修订、师资队伍的培养、实验实训条件的建设等一系列专业建设问题。为解决好这些问题，本人带领轨道交通专业教学团队，向新疆维吾尔自治区交通运输厅申报了《新疆特色的轨道交通类专业教学体系研究》科技重点课题，在自治区交通运输厅的大力支持下，于2013年7月正式开展相关研究。研究团队先后前往北京地铁、南京地铁、广州地铁等企业进行调研，在广东交通职业技术学院、北京交通运输职业学院、南京铁道职业技术学院等兄弟院校进行了人才培养方案论证和师资培养交流，进而形成了专业人才培养方案和课程标准，以期指导专业建设，同时形成了《轨道交通信号系统维护》等部分特色教材，用于相关专业的教学。现将相关成果进行集中出版，以期能够在更广的范围内获得应用，更是启发后续相关专业建设的关键。

课题研究得到了乌鲁木齐城市轨道集团有限公司的大力支持以及相关企业和兄弟院校的帮助，在此表示诚挚感谢。南京铁道职业技术学院林瑜筠教授，北京交通大学毛宝华教授，广东交通职业技术学院王劲松教授、吴晶教授、黎新华教授，乌鲁木齐城市轨道集团有限公司的徐平、邓超等专家给予了指导和支持，人民交通出版社股份有限公司相关编辑、课题团队成员为系列成果出版做了大量工作，在此一并致谢。

二〇一六年五月

前言
FOREWORD

机械制图是机电类专业和轨道类专业的基础课程。为加快新专业的发展,加快课程改革步伐,教材编写宗旨始终围绕高等职业教育培养应用型人才、重在实践能力和职业技能训练培养特点,基础理论贯彻"实用为主、必需和够用为度"的教学原则,对传统的机械制图知识进行优化组合,删减了工程实际中应用甚少的内容,以掌握概念、强化应用、培养技能为教学重点。

本教材包括机械制图的基本规定、机械制图的基本方法和原理、公差配合等内容。教材在编写过程中紧扣专业要求,找准课程定位,并体现职业教育的特点(以工作岗位所需的知识和技能为出发点);理论内容"必需、够用",实训内容贴合工作一线实际,选图讲究,易懂易学。

本书的编写特点如下:

(1)以培养学生识读和绘制机械图样为主要目的,以应用为宗旨,突出结构分析,注重读图训练;

(2)编写过程中,以项目和任务作为编写的主线,将知识串接起来,做到既重视基础知识的教育,又加强能力培养;

(3)教材以生产实例作为具体任务,图文并茂,简明易懂,每个任务结束后都附有习题,便于学生思考和练习,从而加深对课程内容的理解。

本书由杨永春担任主编,陈建萍、叶剑锋担任副主编,郭三爱、阿斯耶姆·肖开提、买买提江·马木提、梅南·创吉、魏娜等参与编写;由新疆机械研究院股份有限公司高级工程师尹建江,新疆交通职业技术学院机电工程学院院长侯晓民副教授担任主审。在编写过程中参考了部分同类教材、教学参考书及专业工具书,在此向有关作者致谢。

由于编者水平有限,书中难免有不足之处,恳请广大读者批评指正。

作　者

二〇一六年五月

前言

PREFACE

目录 CONTENTS

项目一　机械制图基础知识

知识目标

1. 掌握机械制图国家标准中的相关规定。
2. 正确使用绘图工具和仪器。
3. 熟练掌握几何作图的方法。
4. 掌握平面图形的尺寸和线段分析,正确拟订平面图形的作图步骤。
5. 掌握投影法的基本概念、正投影的基本性质、三视图的形成及投影关系。
6. 掌握点、直线和平面的投影规律与作图法。
7. 掌握点与线的相对位置中,从属性和定比性的运用;各种位置直线和平面的投影特征,作图方法以及在投影图上正确判断其空间位置;两直线、两平面相对位置的投影特征及判断方法。
8. 掌握平面立体及回转体的投影特征、三视图画法及表面取点。
9. 掌握基本体和截断体的尺寸标注、组合体的形体分析法,了解线面分析法。
10. 掌握组合体的画图、读图和尺寸标注。
11. 了解截交线的概念、性质,轴测投影相关概念。

能力目标

1. 会使用绘图工具,会机械制图中常见的一些几何作图方法。
2. 能够在绘图过程中严格遵守制图相关规定。
3. 能够拟订合理的平面图形的作图步骤,并且正确使用相关绘图工具和仪器进行平面图形的绘制。
4. 能够初步养成良好的绘图习惯和一丝不苟的工作作风。
5. 能够运用相关投影规律正确识读和绘制简单形体的三视图。
6. 能够运用形体分析法及线面分析法绘制组合体三视图,并进行尺寸标注。
7. 能够用形体分析法及线面分析法识读组合体的三视图。

任务一　吊钩平面图的绘制

任务描述

吊钩是机械中的部件之一,现要根据给出的挂轮架平面图1-1,按照机械制图相关国家标准规定,选择合适的比例绘制此平面图,并进行尺寸标注。

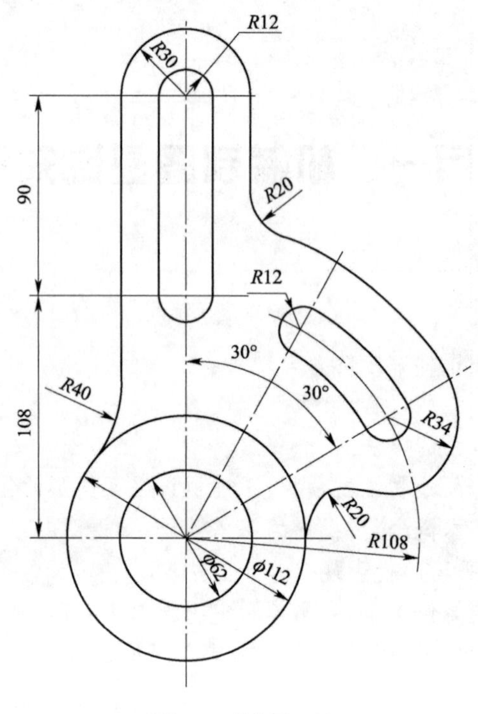

图 1-1 吊钩平面图

一、制图的一般规定

技术制图国家标准是一项基础技术标准，机械制图国家标准是一项机械专业制图标准，它们是图样绘制与使用的基本规则。每个工程技术人员都应熟悉并严格遵守国家标准的有关规定。

本任务根据最新的技术制图标准和机械制图标准，介绍图幅和格式、比例、字体、图线、尺寸标注方法等基本规定。

1. 图纸幅面和格式（GB/T 14689—2008）

图纸幅面大小有：A0、A1、A2、A3、A4 五种，绘制图样时应优先采用这些图幅尺寸，见表1-1。

图纸幅面尺寸 表 1-1

幅面代号	A0	A1	A2	A3	A4
$B \times L$	841 × 1189	594 × 841	420 × 594	297 × 420	210 × 297
a	25				
c	10			5	
e	20		10		

2. 图框格式

图框格式有装订格式（横装、竖装两种），非装订格式。每张图纸上都必须用粗实线画出图框，其格式有两种：一种是用于不需要装订的图纸，如图 1-2a）所示；另一种是用于需要装订的图纸，如图 1-2b）所示。看图方向如图 1-2c）所示，同一产品的图样只能采用一种格式。

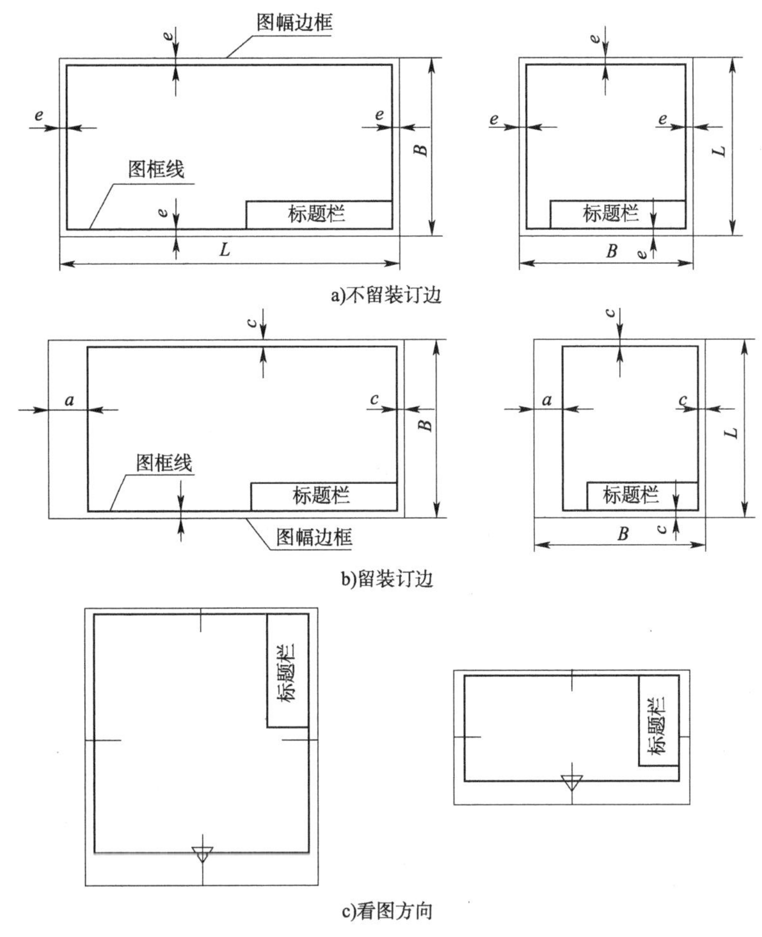

图 1-2　图框格式

3. 标题栏

通常标题栏位于图框的右下角，看图的方向应与标题栏的方向一致。标题栏的格式和内容在国家标准《技术制图　标题栏》(GB/T 10609.1—2008)中作出了详细的规定，如图1-3所示。而一般学校的制图作业的标题栏可以自定，如图1-4所示。

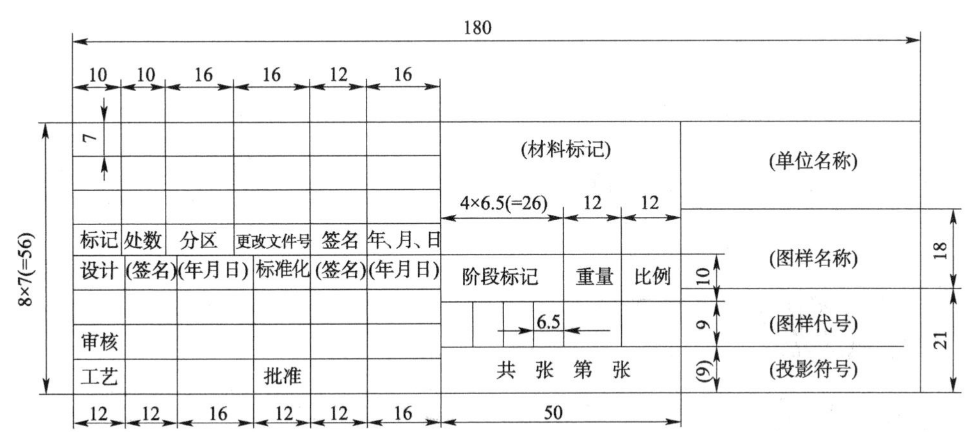

图 1-3　标题栏的格式与尺寸

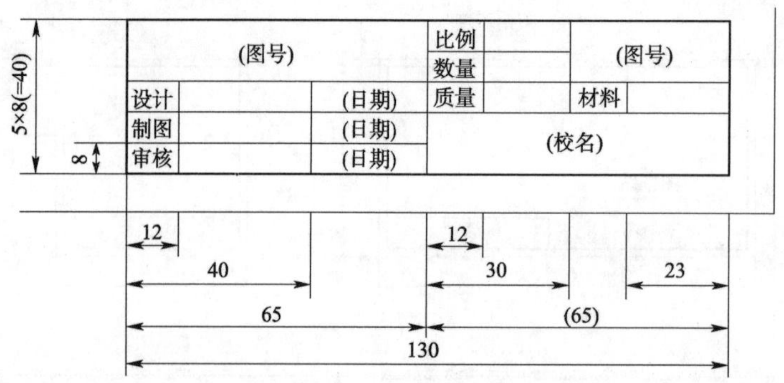

图 1-4　简化标题栏

4. 比例

(1)比例的定义:图样尺寸与实际机件尺寸之比。

(2)比例的类型:等比 1:1,缩小比 1:n,放大比 n:1,见表 1-2。

图幅比例系列　　表 1-2

种类		比例					
原值比例		1:1					
放大比例	优先使用	5:1	2:1	(5×10^n):1	(2×10^n):1	(1×10^n):1	
	允许使用	4:1	2.5:1	(4×10^n):1	(2.5×10^n):1		
缩小比例	优先使用	1:2	1:5	1:10	1:(2×10^n)	1:(5×10^n)	1:(1×10^n)
	允许使用	1:1.5 1:(1.5×1.0^n)	1:1.5 1:(1.25×10^n)	1:3 1:(3×10^n)	1:4 1:(4×10^n)	1:6 1:(6×10^n)	

注:n 为正整数。

5. 字体和图线

1)字体

(1)基本要求:字体工整、笔画清楚、间隔均匀、排列整齐。

(2)字体高度 h 公称尺寸系列:1.8mm,2.5mm,3.5mm,5mm,7mm,10mm,14mm,20mm。

(3)汉字应写成长仿宋体,采用规定的简化字。汉字高度不应小于 3.5mm,字宽一般为 $h/\sqrt{2}$。

汉字示例:

横平竖直注意起落结构均匀填满

方格机械制图轴旋转技术要求键

字母示例:

ABCDEFGHIJKLMN　abcdefghijklmn

OPQRSTUVWXYZ　opqrstuvwxyz

数字示例：

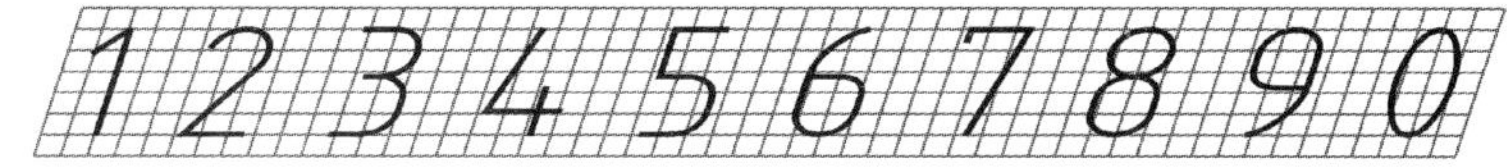

2）图线

（1）线型

不同的图线在图样中表示不同的含义，绘制图样时，应遵守国家标准的有关规定。《技术制图　图线》（GB/T 17450—1998）中规定了15种基本线型的代号、形式及其名称。表1-3中列出了绘制机械工程图样时常用的图线名称、图线型、宽度及其主要用途。

图线线型　　表1-3

<table>
<tr><th>名称</th><th>线　型</th><th>宽度</th><th colspan="2">主要用途及线素长度</th></tr>
<tr><td>粗实线</td><td></td><td>粗</td><td colspan="2">表示可见轮廓</td></tr>
<tr><td>细实线</td><td></td><td rowspan="5">细</td><td colspan="2">表示尺寸线、尺寸界线、通用剖面线、引出线、重合断面的轮廓、过渡线</td></tr>
<tr><td>波浪线</td><td></td><td colspan="2">表示断裂处的边界、局部剖视的分界</td></tr>
<tr><td>双折线</td><td></td><td colspan="2">表示断裂处的边界</td></tr>
<tr><td>虚线</td><td></td><td colspan="2">表示不可见轮廓。画长12d，短间隔长3d（d为粗线宽度）</td></tr>
<tr><td>细点画线</td><td></td><td>表示轴线、圆中心线、对称线、轨迹线</td><td rowspan="3">长画长24d、短间隔长3d、短画长6d</td></tr>
<tr><td>粗点画线</td><td></td><td>粗</td><td>表示有特殊要求的表面的表示线</td></tr>
<tr><td>双点画线</td><td></td><td>细</td><td>表示假想轮廓、断裂处的边界</td></tr>
</table>

（2）线宽

机械图样的图线宽度分粗细两种，比例为2:1（土建图需要用三种线宽，比例为4:2:1）。粗线宽度应根据图的大小和复杂程度，在0.5～2mm选择。

线宽的推荐系列为：0.18mm、0.25mm、0.35mm、0.5mm、0.7mm、1mm、1.4mm、2mm（考虑图样复制问题，尽量避免采用0.18mm的线宽）。

（3）图线的画法和注意事项

在同一张图样中，同类图线的宽度应一致。虚线、点画线及双点画线的画、长画和间隔应各自大致相等。

绘制圆的对称中心线时，圆心应为长画的交点，点画线、双点画线、虚线与其他线相交或自身相交时，均应尽量交于画或长画处。

点画线及双点画线的首末两端应是长画而不是点。点画线应超出轮廓线2～5mm。

在较小图形上画点画线或双点画线有困难时，可用细实线代替。

虚线为粗实线的延长线时，虚线在连接处应留有空隙；虚线直线与虚线圆弧相切时，应画相切。

当图中的线段重合时，其优先次序为粗实线、虚线、点画线。

图线的应用举例，见图1-5。

6. 尺寸标注

1）基本原则

（1）图样中所标注的尺寸为机件的实际尺寸，与图样比例无关，与绘图的准确性也无关。

（2）图样中的尺寸以毫米为单位时，不需标注计量单位的代号或名称；使用其他单位则必须注明。

(3)图样中的尺寸为机件的最终加工尺寸,否则应加以说明。

(4)机件的每一尺寸,一般只标注一次,并应标注在反映该结构最清晰的图样上。

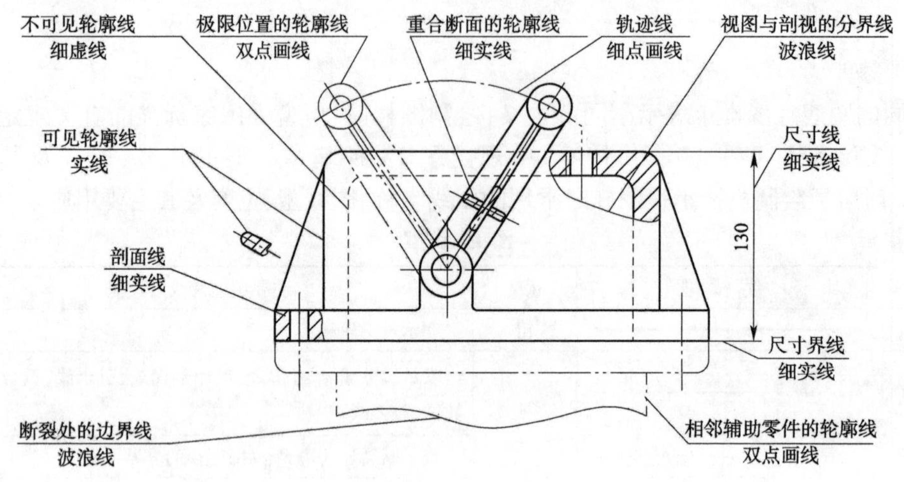

图 1-5　图线的应用举例

2)尺寸的组成

每一个尺寸由三部分组成:尺寸数字、尺寸线、尺寸界线,见图 1-6。

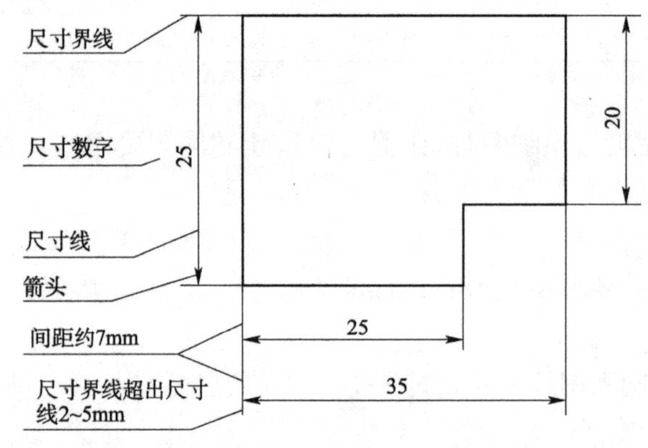

图 1-6　尺寸组成

3)尺寸标注示例

(1)尺寸数字

尺寸数字一般应注写在尺寸线的上方,也允许注写在尺寸线的中断处,如图 1-7 所示。

尺寸数字应按国标要求书写,并且水平方向字头向上,垂直方向字头向左,字高 3.5mm。

线性尺寸数字的方向,一般应按图 1-8 所示方向注写,并尽可能避免在图示 30°范围内标注尺寸,无法避免时应引出标注。

尺寸数字不可被任何图线所通过,否则必须将该图线断开,如图 1-9 所示。

(2)尺寸线

尺寸线用细实线绘制,带终端(箭头、斜线)。标注线性尺寸时,尺寸线必须与所标注的线段平行。尺寸线不能用其他图线代替,一般也不得与其他图线重合或画在其延长线上,尺寸线不能有任何图线通过,如图 1-10、图 1-11 所示。

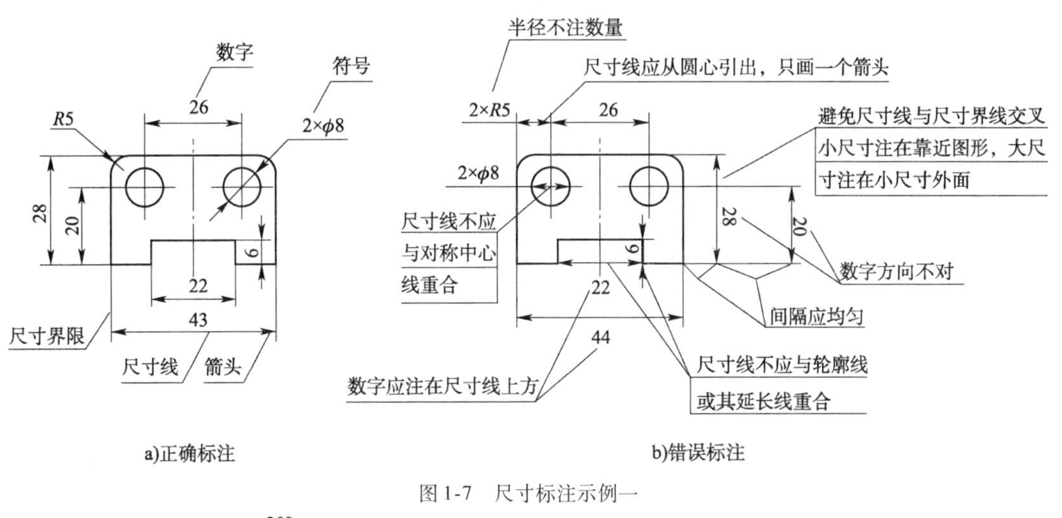

a)正确标注　　b)错误标注

图 1-7　尺寸标注示例一

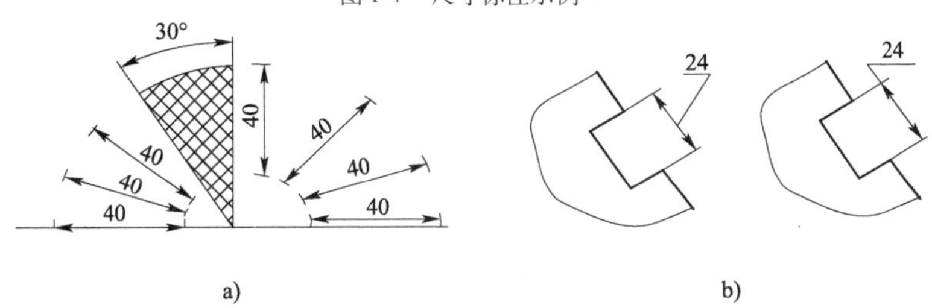

a)　　b)

图 1-8　尺寸标注示例二

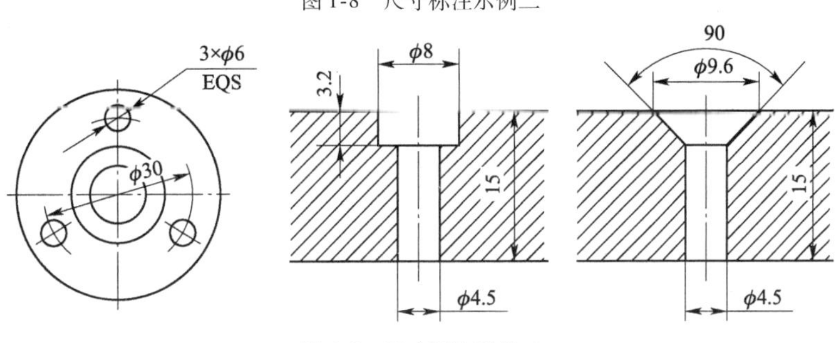

图 1-9　尺寸标注示例三

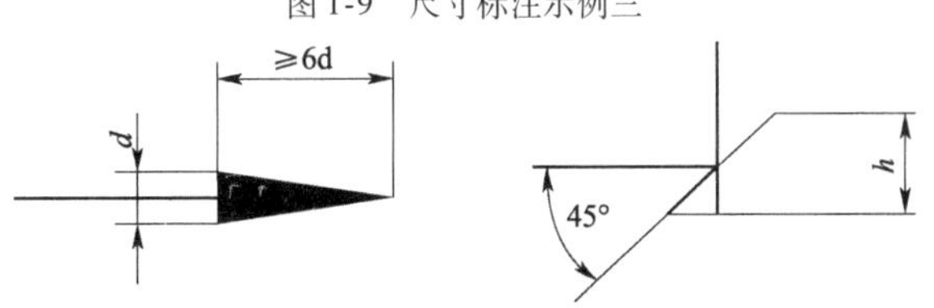

图 1-10　尺寸线终端形式

d-粗实线的宽度；*h*-字体的高度

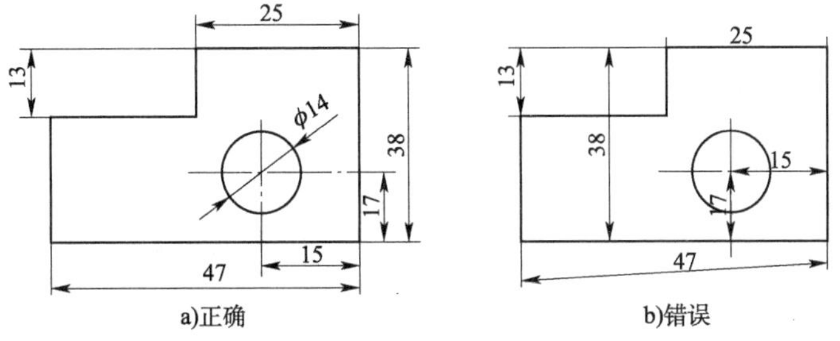

a)正确　　b)错误

图 1-11　尺寸线的标注

(3)尺寸界线

尺寸界线用细实线绘制，并由图形的轮廓线、轴线或对称中心线处引出；也可利用轮廓线、轴线或对称中心线作尺寸界线，如图1-12所示。尺寸界线一般应与尺寸线垂直，必要时才允许倾斜，如图1-13所示。

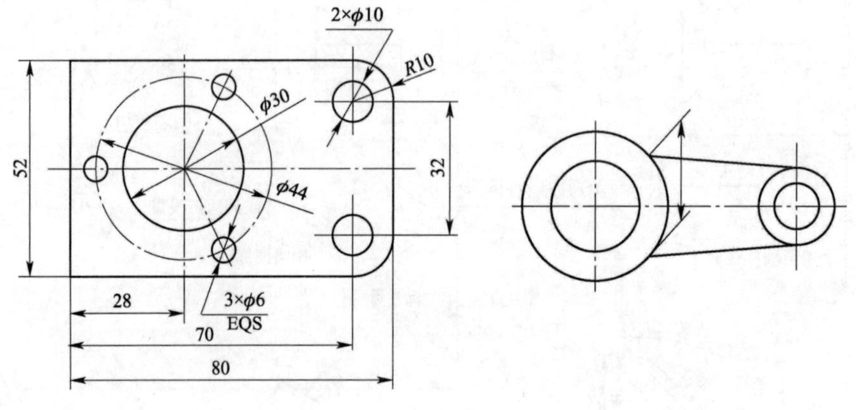

图1-12　尺寸界线的标注一　　图1-13　尺寸界线的标注二

(4)其他特殊尺寸标注

根据国家标准的有关规定，下面列举了一些特殊的尺寸注法示例以供参考。

①角度尺寸的标注

角度的尺寸界线应沿径向引出，尺寸线是以角的顶点为圆心画出的圆弧线。角度的数字应水平书写，一般注写在尺寸线的中断处，必要时也可写在尺寸线的上方或外侧。角度较小时也可以用指引线引出标注。角度尺寸必须注出单位，如图1-14所示。

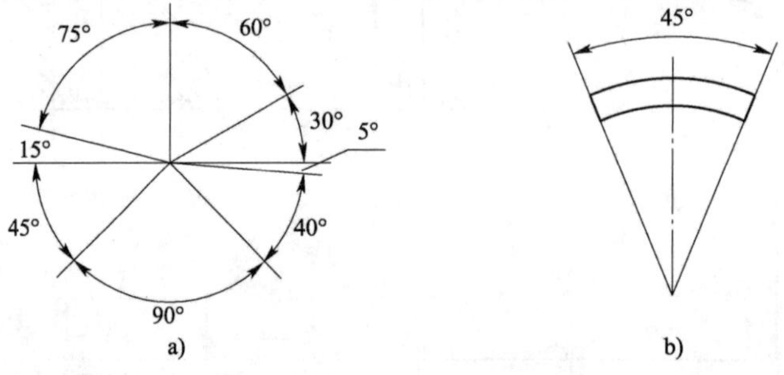

图1-14　角度尺寸标注示例

②圆和圆弧尺寸的标注

标注圆及圆弧的尺寸时，一般可将轮廓线作为尺寸界线，尺寸线或其延长线要通过圆心。大于半圆的圆弧标注直径，在尺寸数字前加注符号“ϕ”，小于或等于半圆的圆弧标注半径，在尺寸数字前加注符号“R”。没有足够的空位时，尺寸数字也可写在尺寸界线的外侧或引出标注。圆和圆弧的小尺寸标注，如图1-15所示。

③球体尺寸的标注

圆球在尺寸数字前加注符号“$S\phi$”，半球在尺寸数字前加注符号“SR”，如图1-16所示。

④斜度和锥度标注

斜度和锥度符号的方向应与斜度和锥度的方向一致，如图1-17所示。

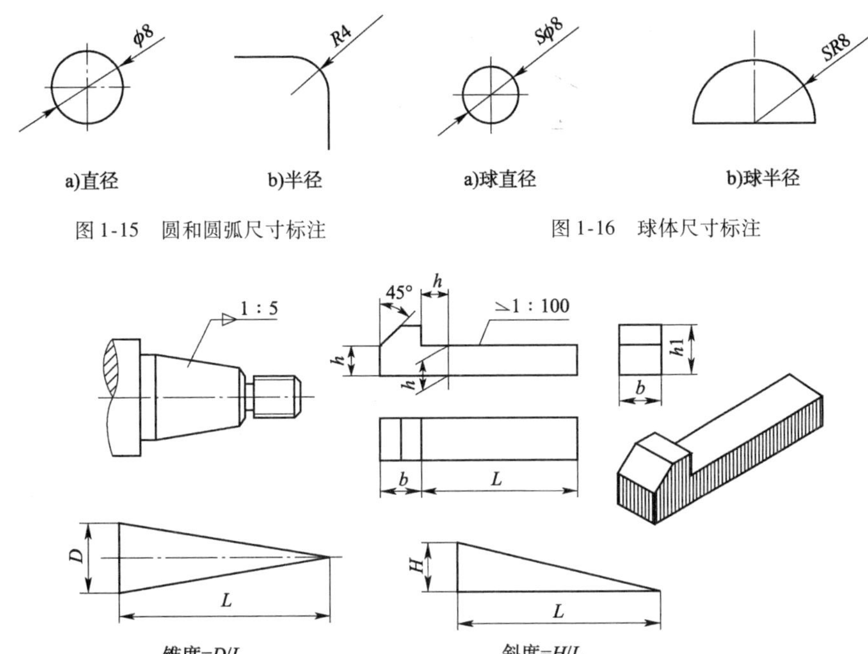

图 1-15　圆和圆弧尺寸标注

图 1-16　球体尺寸标注

图 1-17　锥度和斜度的标注

⑤相同要素的尺寸标注

在同一图形中,对于尺寸相同的孔、槽等成组要素,可仅在一个要素上标注其数量和尺寸,均匀分布在圆上的孔可在尺寸数字后加注“EQS”表示均匀分布,如图 1-18 所示。

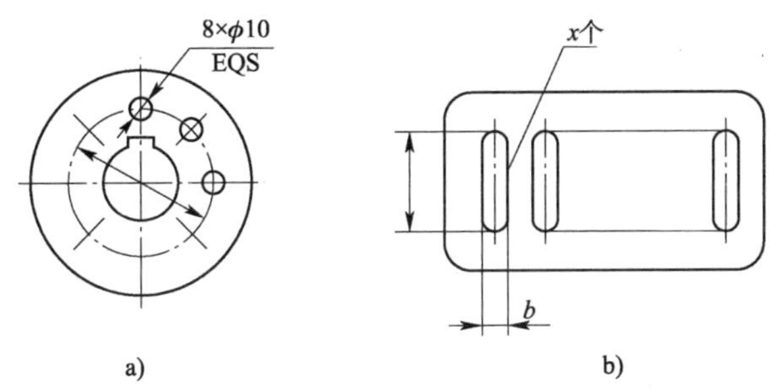

图 1-18　相同要素的尺寸标注

二、绘图工具、仪器的使用

1. 图板、丁字尺、三角板

图板用作画图时的垫板,要求表面平坦光洁;又因它的左边用作导边,所以左边必须平直。

丁字尺是画水平线的长尺。丁字尺由尺头和尺身组成,画图时应使尺头靠着图板左侧的导边。画水平线必须自左向右画,如图 1-19 所示。

一副三角板有两块,一块是 45°三角板,另一块是 30°和 60°三角板。它们除了直接被用来画直线外,也可配合丁字尺画铅垂线和其他倾斜线。用一块三角板能画与水平线呈 30°、45°、60°的倾斜线。用两块三角板能画与水平线呈 15°、75°、105°和 165°的倾斜线,如图 1-20 所示。

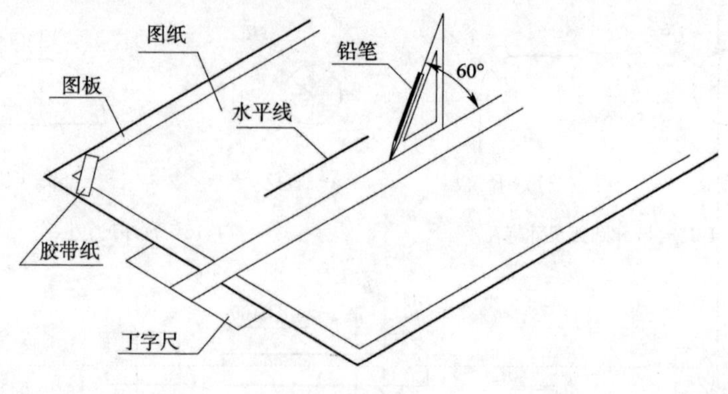

图 1-19　图板和丁字尺

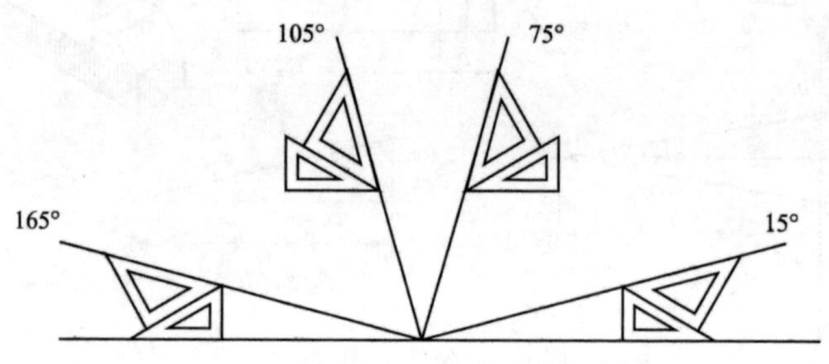

图 1-20　用两块三角板配合画线

2. 圆规和分规

1）圆规

圆规用来画圆和圆弧。圆规的一个脚上装有钢针，称为针脚，用来定圆心；另一个脚可装铅芯，称为笔脚。在使用前应先调整针脚，使针尖略长于铅芯，如图 1-21 所示。笔脚上的铅芯应削成楔形，以便画出粗细均匀的圆弧。画图时圆规向前进方向稍微倾斜；画较大的圆时，应使圆规两脚都与纸面垂直。

2）分规

分规用来等分和量取线段。分规两脚的针尖在并拢后，应能对齐，如图 1-21 所示。

3）曲线板

曲线板是用来绘制非圆曲线的。首先要定出曲线上足够数量的点，再徒手用铅笔轻轻地将各点光滑地连接起来，然后选择曲线板上曲率与之相吻合的部分分段画出各段曲线。注意应留出各段曲线末端的一小段不画，用于连接下一段曲线，这样曲线才显得圆滑，如图 1-22 所示。

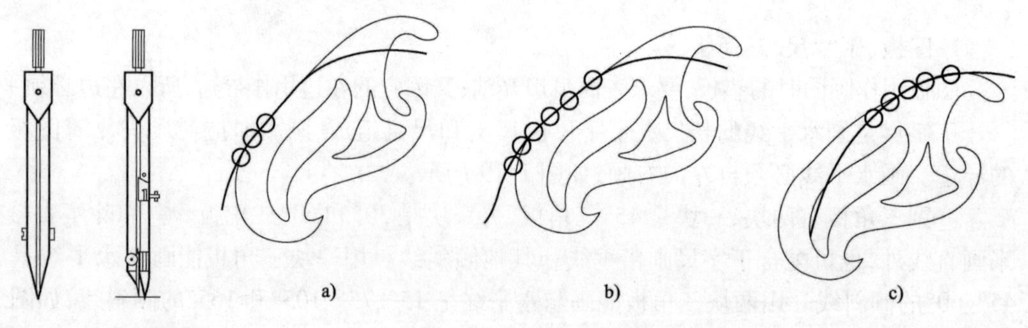

图 1-21　分规和圆规

图 1-22　用曲线板作图

4)铅笔

画图时,通常用 H 或 2H 铅笔画底稿(细线);用 B 或 HB 铅笔加粗加深全图(粗实线);写字时用 HB 铅笔。

粗实线是图样中最重要的图线,为了把粗实线画得均匀整齐,关键是正确地修理和使用铅笔,绘制粗实线的铅笔以 HB 或 B 的铅笔为宜。将铅芯修理成长方体形,使用时用矩形的短棱和纸面接触,长方体铅芯的宽侧面和丁字尺或三角板的导向棱面贴紧,用力要均匀,速度要慢,一遍画不黑可重复运笔,如图 1-23 所示。

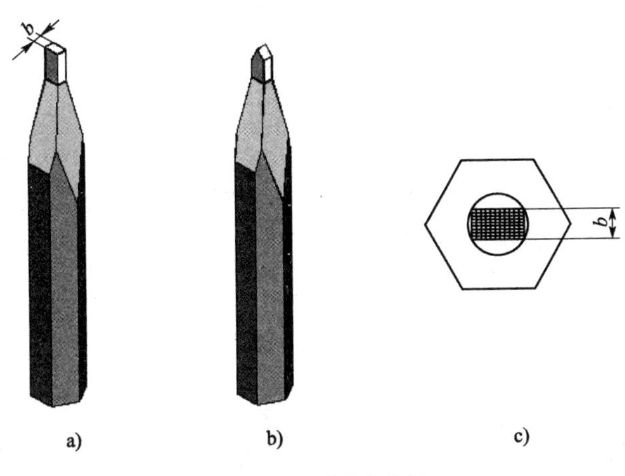

图 1-23　用曲线板作图

三、几何作图方法

1. 等分线段

等分直线段:

(1)过已知线段的一个端点,画任意角度的直线,并用分规自线段的起点量取 n 个线段。

(2)将等分的最末点与已知线段的另一端点相连。

(3)过各等分点作该线的平行线与已知线段相交即得到等分点,即推画平行线法,如图 1-24 所示。

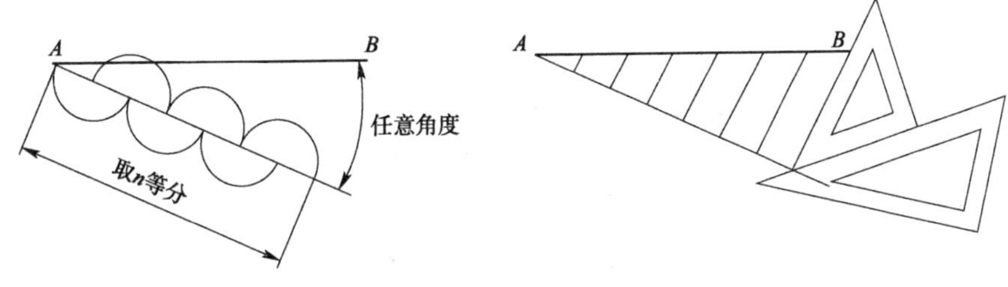

图　1-24

2. 等分圆周

1)正五边形

方法:

(1)作 OA 的中点 M。

(2)以 M 点为圆心,$M1$ 为半径作弧,交水平直径于 K 点。

(3)以 $1K$ 为边长,将圆周五等分,即可作出圆内接正五边形,如图 1-25 所示。

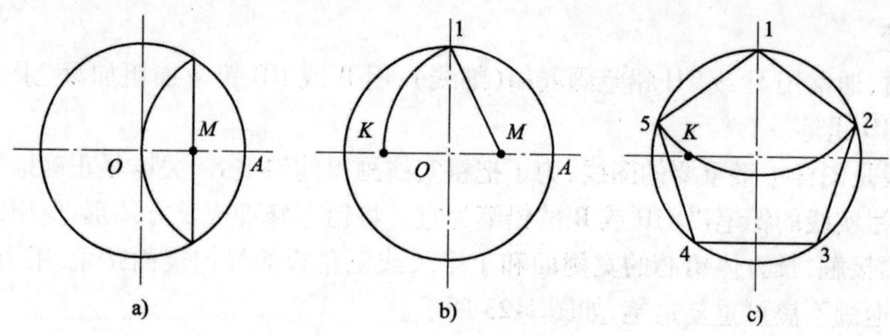

图 1-25　正五边形画法

2）正六边形

（1）方法一：用圆规作图

分别以已知圆在水平直径上的两处交点 A、D 为圆心，以 $R = D/2$ 作圆弧，与圆交于 B、C、E、F 点，依次连接 A、B、C、D、E、F 点即得圆内接正六边形，如图 1-26a）所示。

（2）方法二：用三角板作图

以 60°三角板配合丁字尺作平行线，画出四条边斜边，再以丁字尺作上下水平边，即得圆内接正六边形，如图 1-26b）所示。

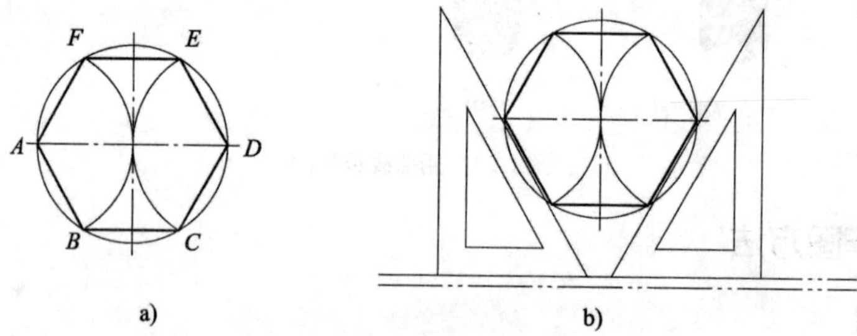

图 1-26　正六边形画法

3. 斜度和锥度

1）概念

斜度是指一直线（或平面）对另一直线（或平面）的倾斜程度。它的特点是单向分布。

锥度是指正圆锥底圆直径与其高度之比，或正圆台的两底圆直径差与其高度之比。它的特点是双向分布。

2）计算

斜度：高度差与长度之比，如图 1-27a）所示。

$$斜度 = H/L = 1:n$$

锥度：直径差与长度之比，如图 1-27b）所示。

$$锥度 = D/L = (D-d)/l = 1:n$$

注意：计算时，均把比例前项化为 1，在图中以 $1:n$ 的形式标注。

3）画法

画法，如图 1-28 所示。

4. 圆弧连接

1）圆弧连接作图的基本步骤

（1）首先求作连接圆弧的圆心，它应满足到两被连接线段的距离均为连接圆弧的半径的条件。

(2)然后找出连接点,即连接圆弧与被连接线段的切点。

(3)最后在两连接点之间画连接圆弧。

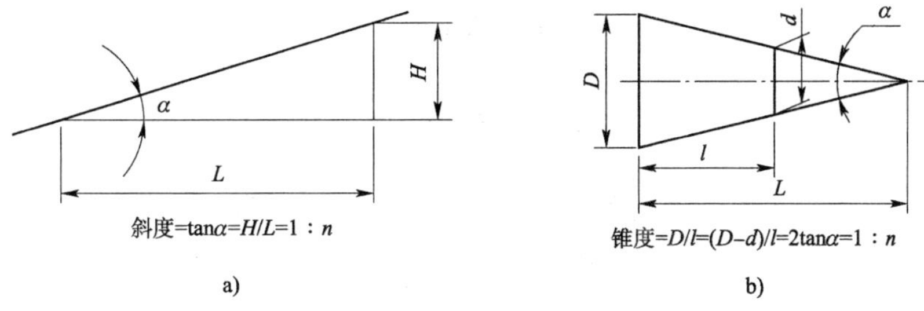

图 1-27 斜度和锥度的计算

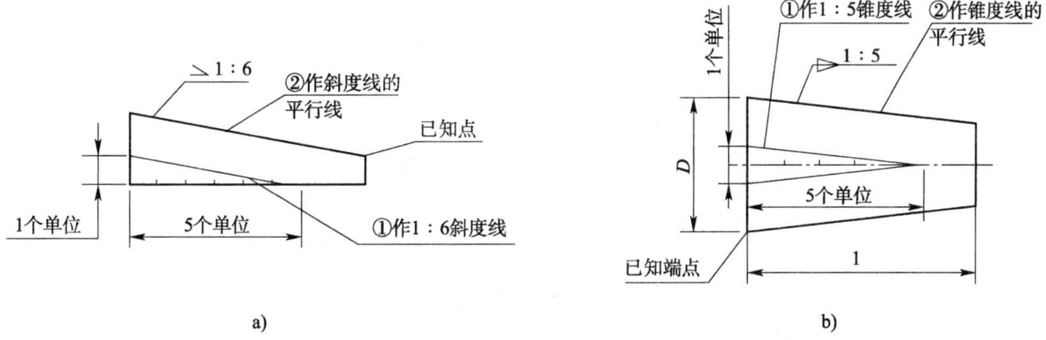

图 1-28 斜度和锥度的画法

条件:已知连接圆弧的半径。

实质:就是使连接圆弧和被连接的直线或被连接的圆弧相切。

关键:找出连接圆弧的圆心和连接点(即切点)。

2)直线间的圆弧连接

(1)定距

作与两已知直线分别相距为 R(连接圆弧的半径)的平行线,两平行线的交点 O 即为圆心。

(2)定连接点(切点)

从圆心 O 向两已知直线作垂线,垂足即为连接点(切点)。

以 O 为圆心,以 R 为半径,在两连接点(切点)之间画弧。

直线间的圆弧连接,如图 1-29 所示。

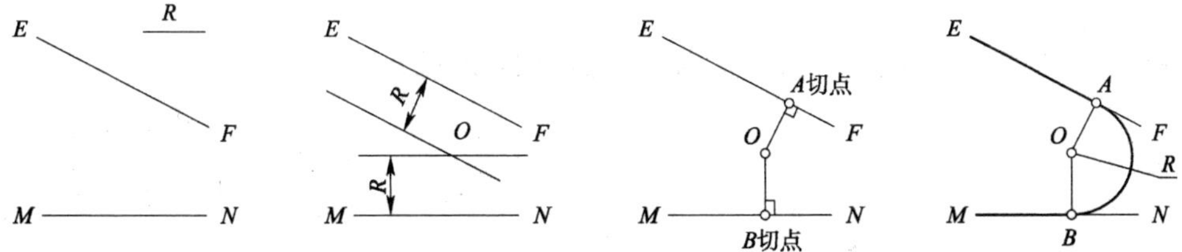

图 1-29 直线间的圆弧连接

3)圆弧间的圆弧连接

(1)连接圆弧的圆心和连接点的求法

①用算术法求圆心:根据已知圆弧的半径 R_1 或 R_2 和连接圆弧的半径 R 计算出连接圆

弧的圆心轨迹线圆弧的半径 R'，如图 1-30 所示。

外切时：

$$R' = R + R$$

内切时：

$$R' = | R - R_2 |$$

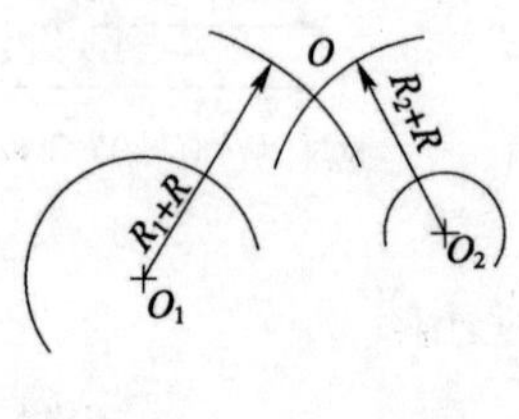

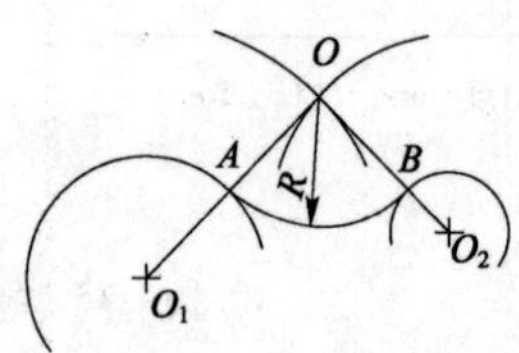

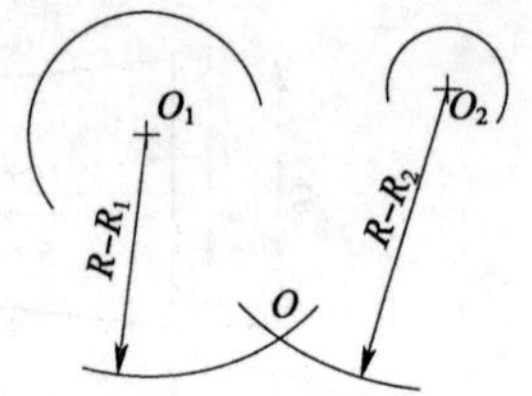

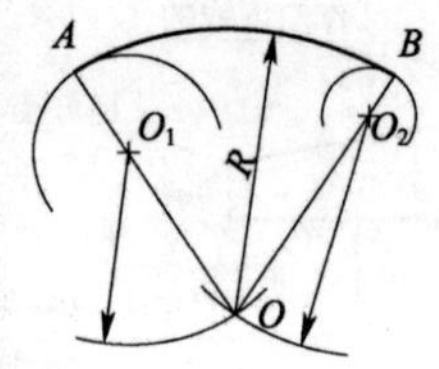

图 1-30　圆弧间的圆弧连接

②用连心线法求连接点（切点）。

外切时：连接点在已知圆弧和圆心轨迹线圆弧的圆心连线上。

内切时：连接点在已知圆弧和圆心轨迹线圆弧的圆心连线的延长线。

③以 O 为圆心，以 R 为半径，在两连接点（切点）之间画弧。

（2）圆弧间的圆弧连接的两种形式

①外连接。

连接圆弧和已知圆弧的弧向相反（外切），如图 1-31 所示。

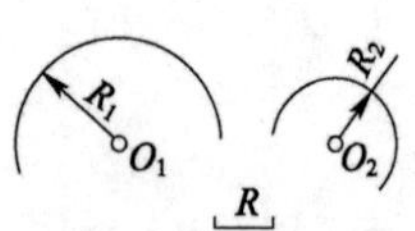

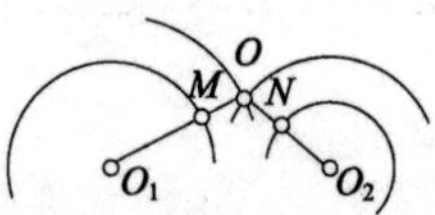

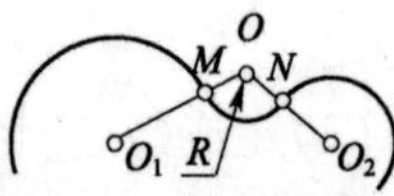

与两已知圆弧外切　　分别作同心圆，求连接弧圆心　　分别作连心线，求切点　　在切点之间画连接弧

图 1-31　圆弧外切连接

②内连接。

连接圆弧和已知圆弧的弧向相同（内切），如图 1-32 所示。

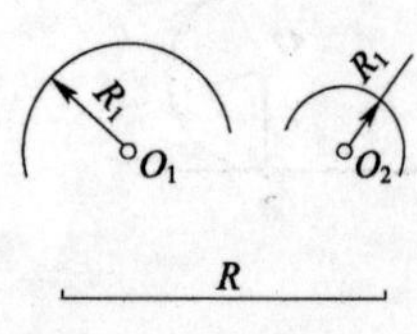

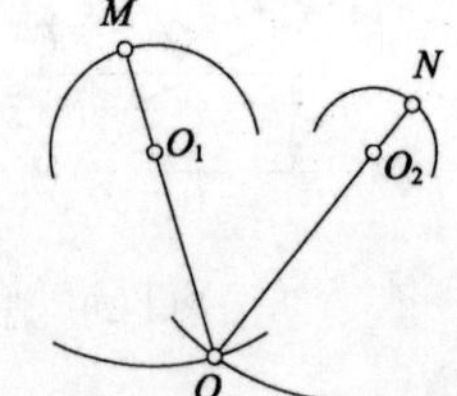

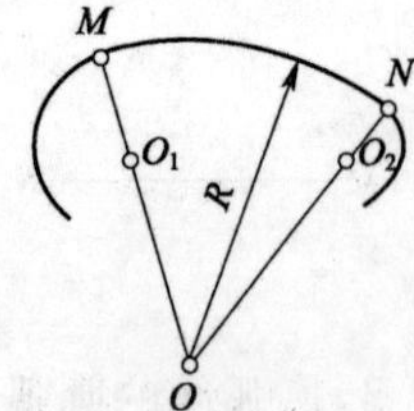

与两已知圆弧内弧　　分别作同心圆，求连接弧圆心　　分别作连心线，求切点　　在切点之间画连接弧

图 1-32　圆弧内切连接

四、平面图形的尺寸分析与绘图方法

1. 平面图形的尺寸分析

平面图形是由直线和曲线按照一定的几何关系绘制而成的，这些线段又必须根据给定的尺寸关系画出，所以就必须对图形中标注的尺寸进行分析。

1)定形尺寸

定形尺寸是指确定平面图形上几何元素形状大小的尺寸，如图 1-33 所示中的 ϕ12、R13、R26、R7、R8、48 和 10。一般情况下确定几何图形所需定形尺寸的个数是一定的，如直线的定形尺寸是长度，圆的定形尺寸是直径，圆弧的定形尺寸是半径，正多边形的定形尺寸是边长，矩形的定形尺寸是长和宽两个尺寸等。

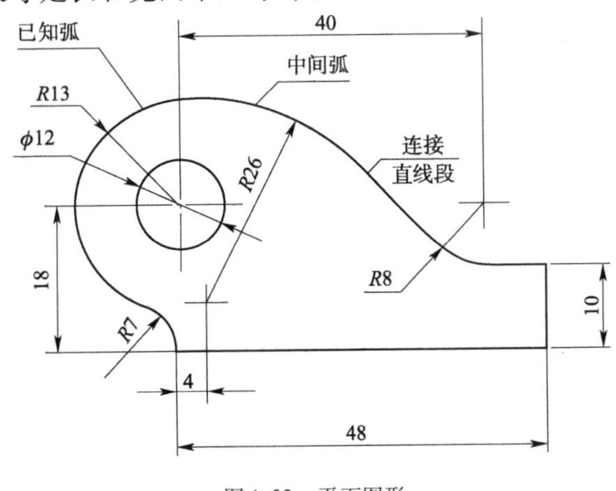

图 1-33　平面图形

2)定位尺寸

定位尺寸是指确定各几何元素相对位置的尺寸，如图 1-33 中的 18、40。确定平面图形位置需要两个方向的定位尺寸，即水平方向和垂直方向；也可以以极坐标的形式定位，即半径加角度。

3)尺寸基准

任意两个平面图形之间必然存在着相对位置，就是说必有一个是参照的。

标注尺寸的起点称为尺寸基准，简称基准。平面图形尺寸有水平和垂直两个方向（相当于坐标轴 x 方向和 y 方向），因此基准也必须从水平和垂直两个方向考虑。平面图形中尺寸基准是点或线。常用的点基准有圆心、球心、多边形中心点、角点等，线基准往往是图形的对称中心线或图形中的边线。

2. 线段分析

根据定形、定位尺寸是否齐全，可以将平面图形中的图线分为以下三大类。

1)已知线段

概念：定形、定位尺寸齐全的线段。

作图时该类线段可以直接根据尺寸作图，如图 1-33 中的 ϕ12 的圆、R13 的圆弧、48 和 10 的直线均属已知线段。

2)中间线段

概念：只有定形尺寸和一个定位尺寸的线段。

作图时必须根据该线段与相邻已知线段的几何关系，通过几何作图的方法求出，如

图 1-33中的 $R26$ 和 $R8$ 两段圆弧。

3）连接线段

概念：只有定形尺寸没有定位尺寸的线段。其定位尺寸需根据与线段相邻的两线段的几何关系，通过几何作图的方法求出，如图 1-33 中的 $R7$ 圆弧段、$R26$ 和 $R8$ 间的连接直线段。

在两条已知线段之间，可以有多条中间线段，但必须而且只能有一条连接线段；否则，尺寸将出现缺少或多余。

3. 平面图形的画图步骤

以图 1-34 所示的平面图形为例，对平面图形的画图步骤做以下总结：

（1）根据图形大小选择比例及图纸幅面。

（2）分析平面图形中哪些是已知线段，哪些是连接线段，以及所给定的连接条件。

（3）根据各组成部分的尺寸关系确定作图基准、定位线。

（4）依次画已知线段、中间线段和连接线段。

（5）将图线加粗加深。

（6）标注尺寸。

4. 平面图形的尺寸注法

平面图形中标注的尺寸，必须能唯一地确定图形的形状和大小，不遗漏、不多余地标注出确定各线段的相对位置及其大小的尺寸。

1）标注尺寸的方法和步骤

（1）先选择水平和垂直方向的基准线。

（2）确定图形中各线段的性质。

（3）按已知线段、中间线段、连接线段的次序逐个标注尺寸。

2）参照图 1-35 所示的平面图形分析

（1）分析图形

确定基准图形由外线框、内线框和两个小圆构成。整个图形左右是对称的，所以选择对称中心线为水平方向基准。垂直方向基准选两个小圆的中心线。

（2）标注定形尺寸。外线框需注出 $R12$ 和两个 $R20$ 以及 $R15$；内线框需注出 $R8$，两个小圆要注出 $2\times\phi12$。

（3）标注定位尺寸。左右两个圆心的定位尺寸是 65，上下两个半圆的圆心定位尺寸是 5 和 10。

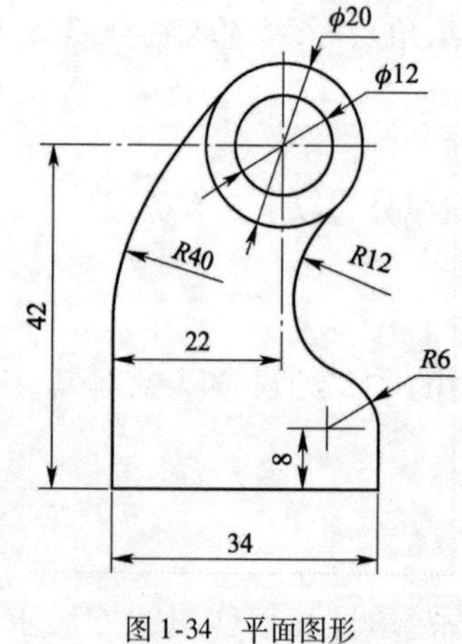

图 1-34　平面图形

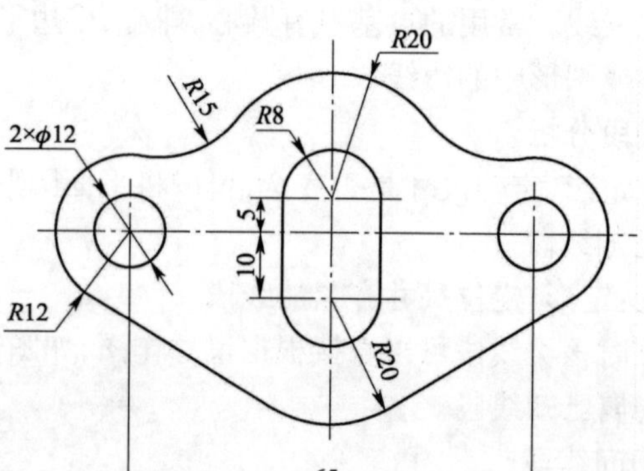

图 1-35　平面图形的尺寸标注

任务实施

根据图1-1吊钩的平面图形,在进行了尺寸分析及线段分析之后,我们可以确定具体的绘图步骤,如图1-36所示。

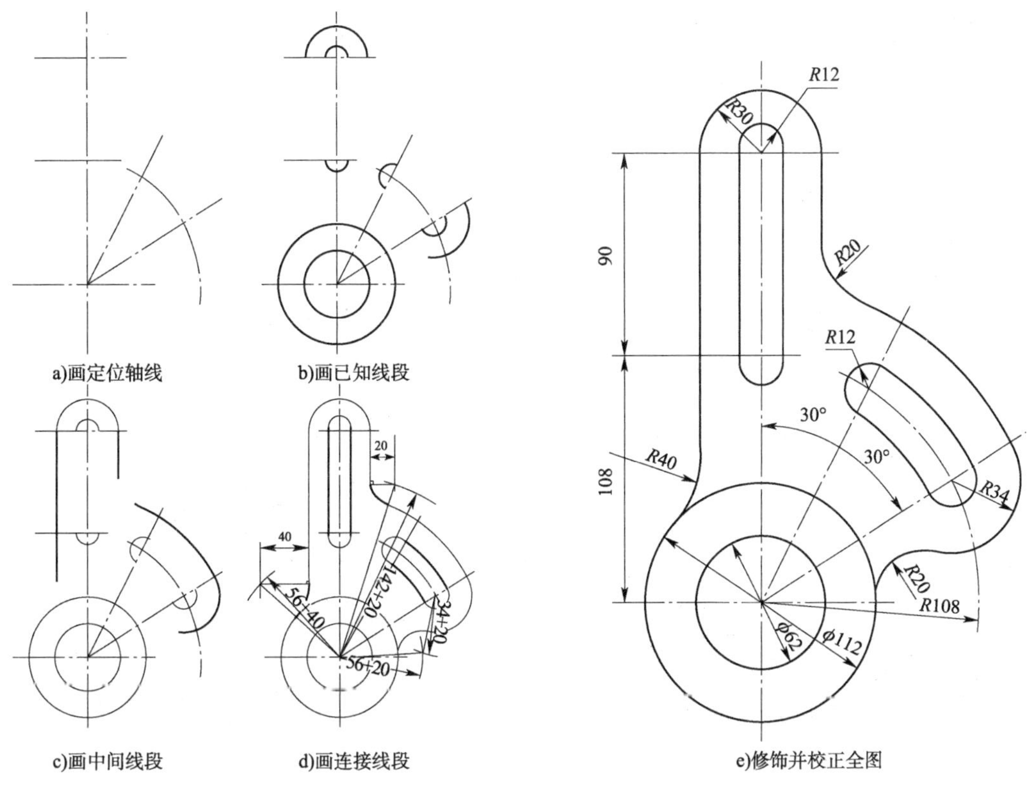

图1-36　吊钩

自我评价

1. 图线练习(图1-37)

(1)在指定位置按示范图线抄画下列各种图线。

(2)在右边画出与左边对应的图线。

2. 尺寸标注

(1)找出图中尺寸标注的错误,并在相应的图上正确标注,见图1-38。

(2)画箭头,填写尺寸数字(尺寸从图中测量,取整数),见图1-39a)、b)。

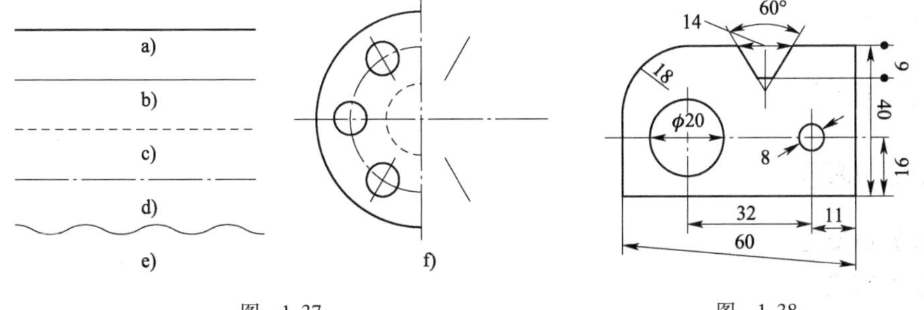

图　1-37

图　1-38

(3)标注圆的直径及圆弧半径尺寸,见图 1-39c)。

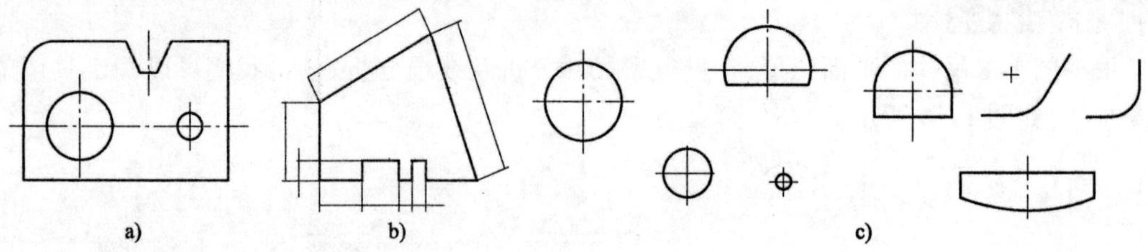

图 1-39

3. 用给定的尺寸按 1:1 完成图形(图 1-40)。

(1)画楔形块。

(2)画顶尖。

4. 在 A4 图纸上以适当的比例画出下列图形并标注尺寸,见图 1-41。

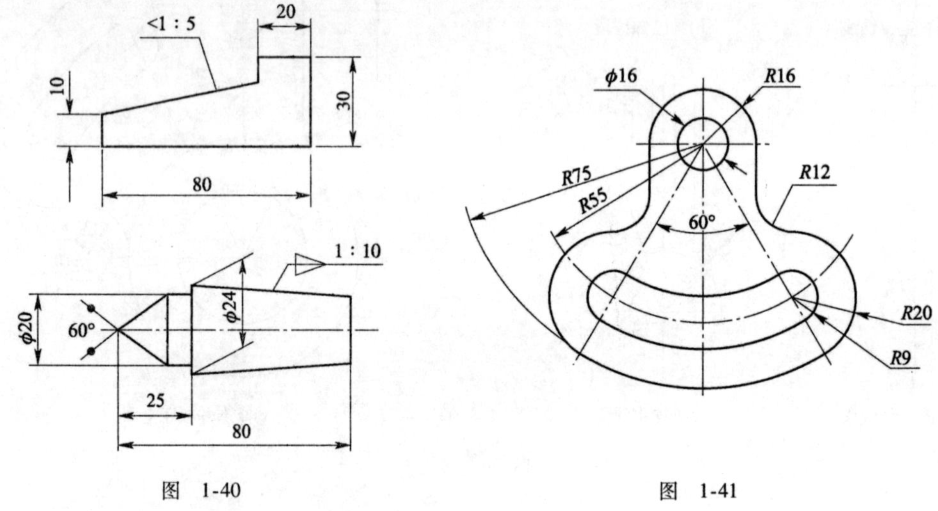

图 1-40　　图 1-41

任务二　轴承座三视图的绘制

任务描述

轴承座是用来支撑、固定轴承的外圈,仅让内圈转动,外圈保持不动,始终与传动的方向保持一致,并且保持平衡。图 1-42 是机械上常用的轴承座模型图。本任务要求根据给出的模型图绘制出该轴承座的三视图,并进行尺寸标注,各部分的尺寸可按照形体结构形式按照比例自行给定。

知识准备

一、投影基础

1. 投影法概述

1)基本概念

如图 1-43 所示,建立一个平面 P 和不在该平面内的一点 S,在平面 P 和点 S 之间放一物

体 A。过点发射一光线 SA，SA 与平面 P 的交点 a 称为物体 A 在平面 P 上的投影。这种确定空间物体投影的方法，称为投影法。

图 1-42　轴承座模型

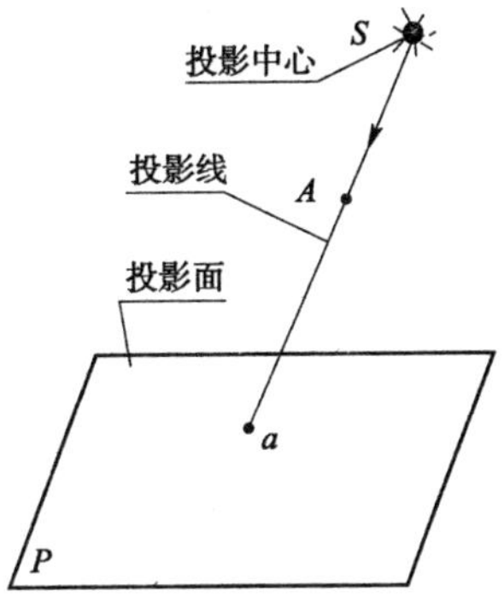

图 1-43　投影法基本概念图形

2）投影法分类

（1）中心投影法

投影中心距离投影面在有限远的地方，投影时投影线汇交于投影中心的投影法称为中心投影法，如图 1-44 所示。

缺点：中心投影不能真实地反映物体的形状和大小，不适用于绘制机械图样。

优点：有立体感，工程上常用这种方法绘制建筑物的透视图。

（2）平行投影法

投影中心距离投影面在无限远的地方，投影时投影线都相互平行的投影法称为平行投影法，如图 1-45 所示。

根据投影线与投影面是否垂直，平行投影法又可以分为两种：

①斜投影法

投影线与投影面相倾斜的平行投影法，如图 1-45a）所示。

②正投影法

投影线与投影面相垂直的平行投影法，如图 1-45b）所示。

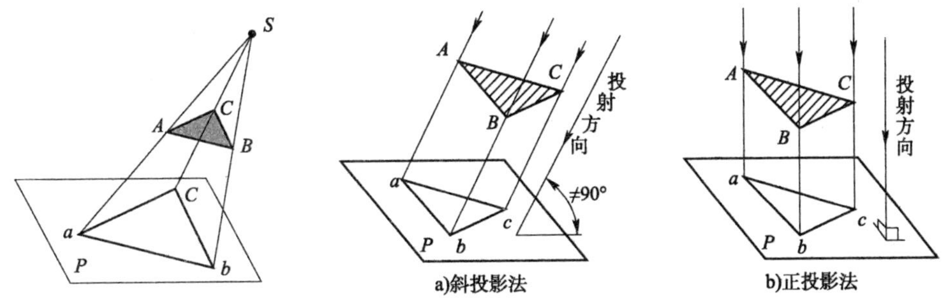

图 1-44　中心投影法

图 1-45　平行投影法

正投影法优点：能够表达物体的真实形状和大小，作图方法也较简单，所以广泛用于绘制机械图样。

2. 三视图的形成与投影规律

在机械制图中，通常假设人的视线为一组平行的，且垂直于投影面的投影线，这样在投影面上所得到的正投影称为视图。

一般情况下,一个视图不能确定物体的形状。如图 1-46 所示,两个形状不同的物体,它们在投影面上的投影都相同。因此,要反映物体的完整形状,必须增加由不同投影方向所得到的几个视图,互相补充,才能将物体表达清楚。工程上常用的是三视图。

1)三投影面体系与三视图的形成

(1)三投影面体系的建立

三投影面体系由三个互相垂直的投影面所组成,如图 1-47 所示。在三投影面体系中,三个投影面分别为:

正立投影面:简称为正面,用 V 表示。

水平投影面:简称为水平面,用 H 表示。

侧立投影面:简称为侧面,用 W 表示。

三个投影面的相互交线,称为投影轴。它们分别是:

OX 轴:是 V 面和 H 面的交线,它代表长度方向。

OY 轴:是 H 面和 W 面的交线,它代表宽度方向。

OZ 轴:是 V 面和 W 面的交线,它代表高度方向。

三个投影轴垂直相交的交点 O,称为原点。

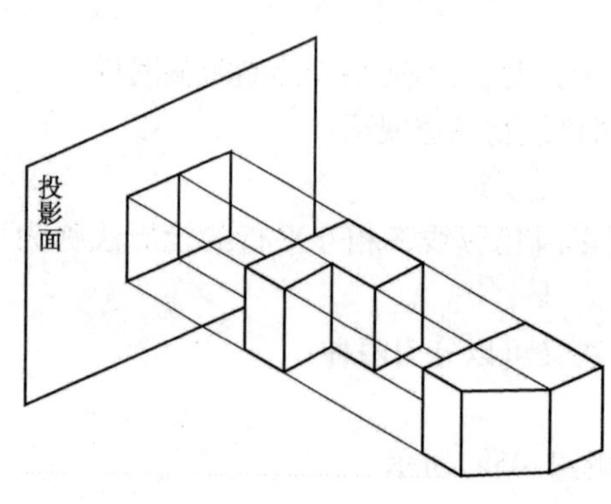

图 1-46　一个视图不能确定物体的形状

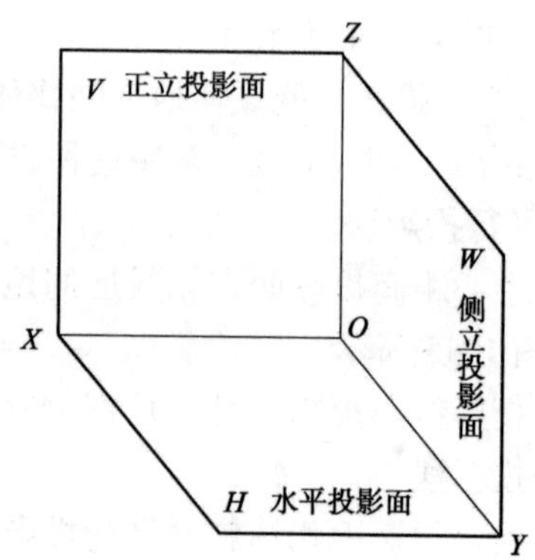

图 1-47　三投影面体系

(2)三视图的形成

将物体放在三投影面体系中,物体的位置处在人与投影面之间,然后将物体对各个投影面进行投影,得到三个视图,这样才能把物体的长、宽、高三个方向,上下、左右、前后六个方位的形状表达出来,如图 1-48a)所示。三个视图分别如下。

主视图:从前往后进行投影,在正立投影面(V 面)上所得到的视图。

俯视图:从上往下进行投影,在水平投影面(H 面)上所得到的视图。

主视图:从前往后进行投影,在侧立投影面(W 面)上所得到的视图。

(3)三投影面体系的展开

在实际作图中,为了画图方便,需要将三个投影面在一个平面(纸面)上表示出来。方法:使 V 面不动,H 面绕 OX 轴向下旋转 90°与 V 面重合, W 面绕 OZ 轴向右旋转 90°与 V 面重合,这样就得到了在同一平面上的三视图,如图 1-48b)所示。可以看出,俯视图在主视图的下方,左视图在主视图的右方。在这里应特别注意的是:同一条 OY 轴旋转后出现了两个位置,因为 OY 是 H 面和 W 面的交线,也就是两投影面的共有线,所以 OY 轴随着 H 面旋转到 OY_H 的位置,同时又随着 W 面旋转到 OY_W 的位置。为了作图简便,投影图中不必画出投影面的边框,如图1-48c)所示。由于画三视图时主要依据投影规律,所以投影轴也可以进一步省略,如图1-48d)所示。

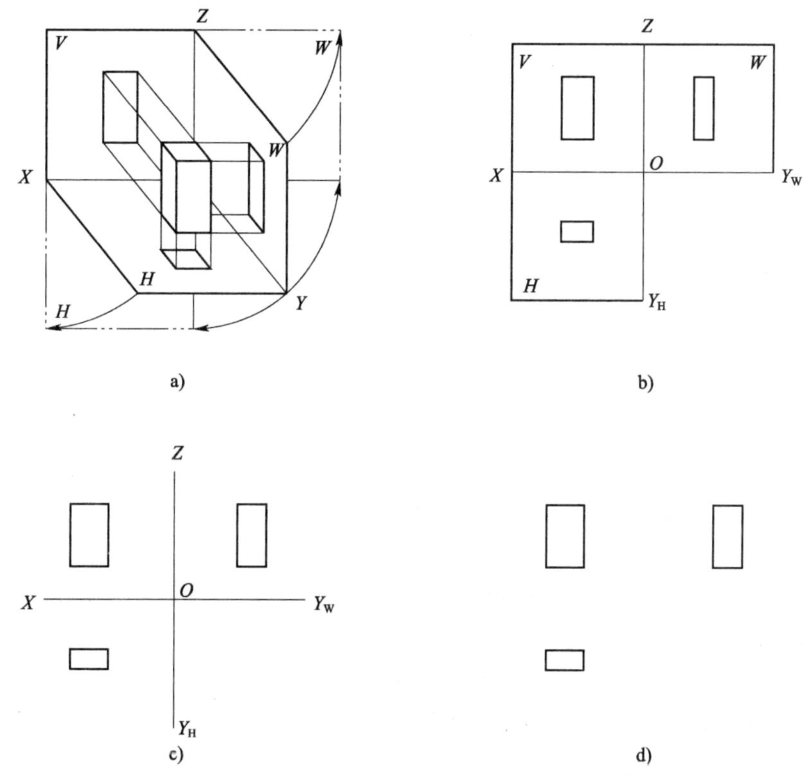

图1-48 三视图的形成展开

2)三视图的投影规律

从图1-49可以看出,一个视图只能反映两个方向的尺寸,主视图反映了物体的长度和高度,俯视图反映了物体的长度和宽度,左视图反映了物体的宽度和高度。由此可以归纳出三视图的投影规律:

主、俯视图"长对正"(即等长)。

主、左视图"高平齐"(即等高)。

俯、左视图"宽相等"(即等宽)。

三视图的投影规律反映了三视图的重要特性,也是画图和读图的依据。无论是整个物体还是物体的局部,其三面投影都必须符合这一规律。

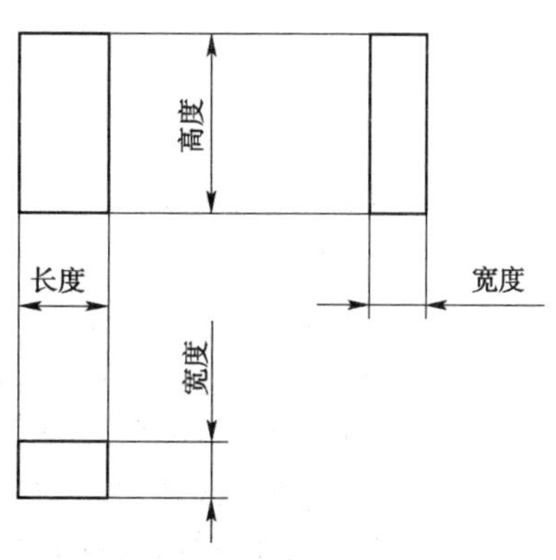

图1-49 视图间的"三等"关系

3)三视图与物体方位的对应关系

物体有长、宽、高三个方向的尺寸,有上下、左右、前后六个方位关系,如图1-50a)所示。六个方位在三视图中的对应关系如图1-50b)所示。

主视图反映了物体的上下、左右四个方位关系。

俯视图反映了物体的前后、左右四个方位关系。

左视图反映了物体的上下、前后四个方位关系。

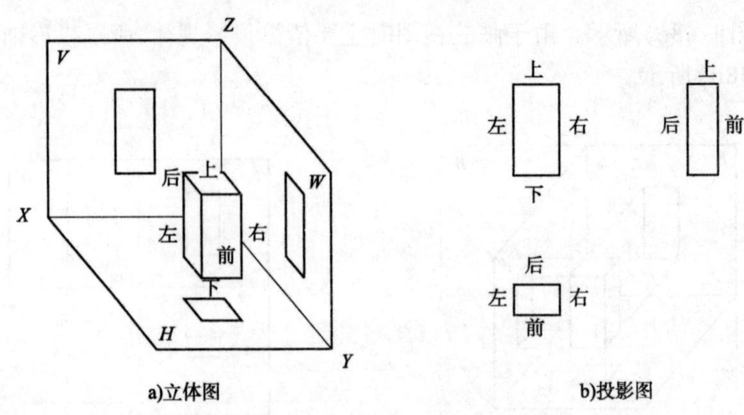

图 1-50　三视图的方位关系

3. 点的投影

1) 点的投影及其标记

当投影面和投影方向确定时,空间一点只有唯一的一个投影。如图 1-51a) 所示,假设空间有一点 A,过点 A 分别向 H 面、V 面和 W 面作垂线,得到三个垂足 a、a'、a'',便是点 A 在三个投影面上的投影。

规定用大写字母(如 A)表示空间点,它的水平投影、正面投影和侧面投影,分别用相应的小写字母(如 a、a'和 a'')表示。

根据三面投影图的形成规律将其展开,可以得到如图 1-51b) 所示的带边框的三面投影图,即得到点 A 两面投影;省略投影面的边框线,就得到如图 1-51c) 所示的 A 点的三面投影图(注意:要与平面直角坐标系相区别)。

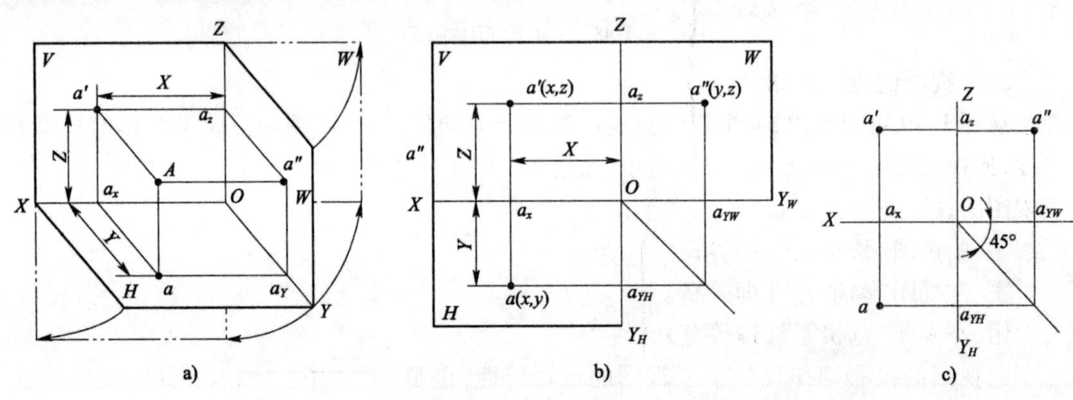

图 1-51　点的三面投影

2) 点的三面投影规律

(1) 点的投影与点的空间位置的关系

从图 1-51a)、b) 可以看出,Aa、Aa'、Aa''分别为点 A 到 H、V、W 面的距离,即:

$Aa = a'a_x = a''a_y$(即 $a''a_{YW}$),反映空间点 A 到 H 面的距离。

$Aa' = aa_x = a''a_z$,反映空间点 A 到 V 面的距离。

$Aa'' = a'a_z = aa_y$(即 a_{YH}),反映空间点 A 到 W 面的距离。

上述即是点的投影与点的空间位置的关系,根据这个关系,若已知点的空间位置,就可以画出点的投影。反之,若已知点的投影,就可以完全确定点在空间的位置。

(2)点的三面投影规律

由图1-51中还可以看出：

$aa_{YH}=a'a_z$即$a'a\perp OX$。

$a'a_x=a''a_{YW}$　即$a'a''\perp OZ$。

$aa_x=a''a_z$。

这说明点的三个投影不是孤立的,而是彼此之间有一定的位置关系。而且这个关系不因空间点的位置改变而改变,因此可以把它概括为普遍性的投影规律：

①点的正面投影和水平投影的连线垂直OX轴,即$a'a\perp OX$。

②点的正面投影和侧面投影的连线垂直OZ轴,即$a'a''\perp OZ$。

③点的水平投影a和到OX轴的距离等于侧面投影a''到OZ轴的距离,即$aa_x=a''a_z$。可以用45°辅助线或以原点为圆心作弧线来反映这一投影关系。

根据上述投影规律,若已知点的任何两个投影,就可求出它的第三个投影。

(3)讲解例题

已知点A的正面投影a'和侧面投影a''(图1-52),求作其水平投影a。

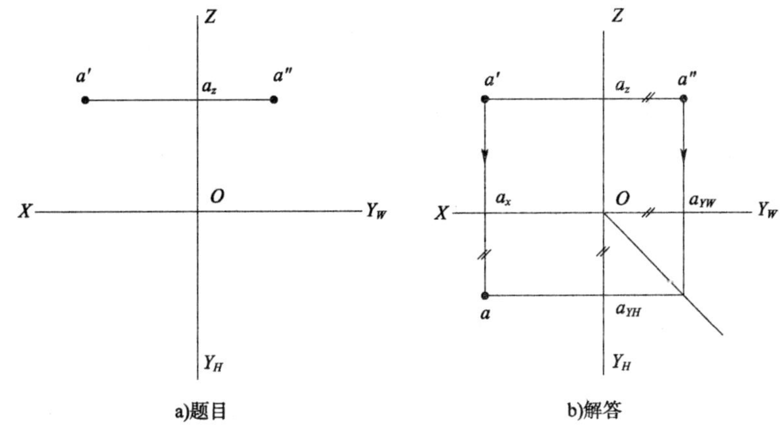

图1-52　已知点的两个投影求第三个投影

强调：一般在作图过程中,应自点O作辅助线(与水平方向夹角为45°),以表明$aa_x=a''a_z$的关系。

3)点的三面投影与直角坐标

(1)点的三面投影与直角坐标的关系

三投影面体系可以看成是一个空间直角坐标系,因此可用直角坐标确定点的空间位置。投影面H、V、W作为坐标面,三条投影轴OX、OY、OZ作为坐标轴,三轴的交点O作为坐标原点。

由图1-53可以看出A点的直角坐标与其三个投影的关系：

点A到W面的距离$=Oa_x=a'a_z=aa_{YH}=x$坐标

点A到V面的距离$=Oa_{YH}=aa_x=a''a_z=y$坐标

点A到H面的距离$=Oa_z=a'a_x=a''a_{YW}=z$坐标

用坐标来表示空间点位置比较简单,可以写成$A(x,y,z)$的形式。

由图1-53可知,坐标x和z决定点的正面投影a',坐标x和y决定点的水平投影a,坐标y和z决定点的侧面投影a'',若用坐标表示,则为$a(x,y,0)$,$a'(x,0,z)$,$a''(0,y,z)$。

因此,已知一点的三面投影,就可以量出该点的三个坐标;相反地,已知一点的三个坐标,就可以量出该点的三面投影。

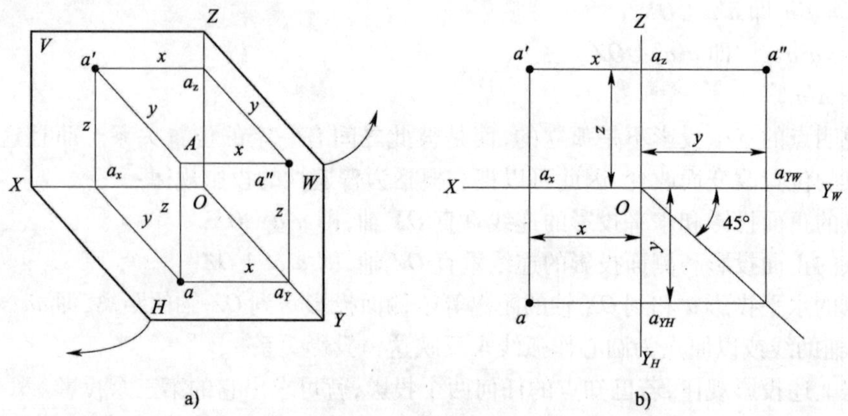

图 1-53　点的三面投影与直角坐标

(2)讲解例题

已知点 A 的坐标(20,10,18),作出点的三面投影,并画出其立体图。

其作图方法与步骤如图 1-54 所示。

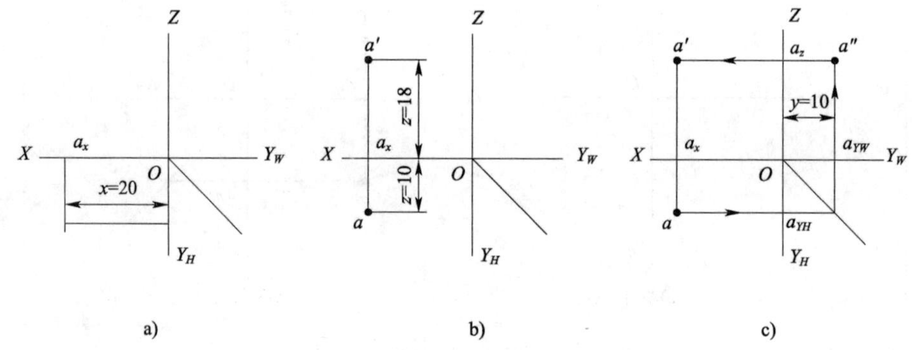

图 1-54　由点的坐标作点的三面投影

立体图的作图步骤如图 1-55 所示。

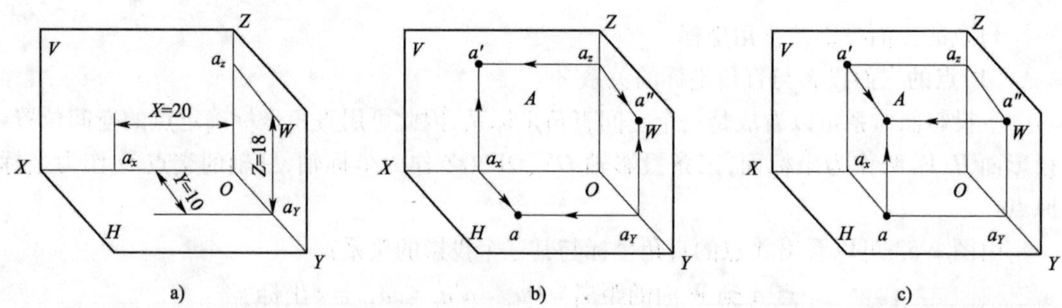

图 1-55　由点的坐标作立体图

4)特殊位置点的投影

(1)在投影面上的点(有一个坐标为 0)

有两个投影在投影轴上,另一个投影和其空间点本身重合,例如在 V 面上的点 A,如图 1-56a)所示。

(2)在投影轴上的点(有两个坐标为0)

有一个投影在原点上,另两个投影和其空间点本身重合,例如在 OZ 轴上的点 B,如图1-56b)所示。

(3)在原点上的空间点(有三个坐标都为0)

它的三个投影必定都在原点上,如图1-56c)所示。

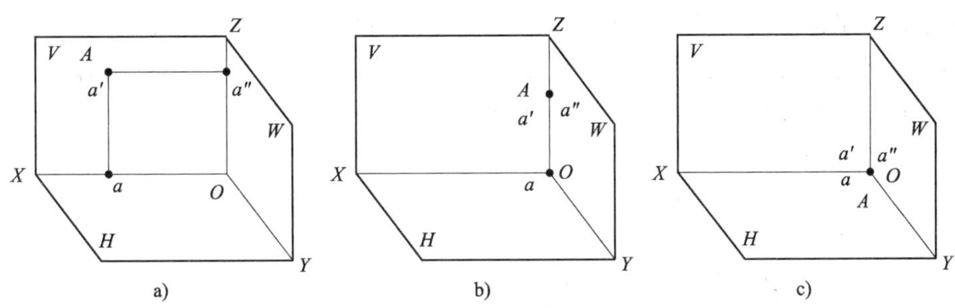

图1-56 特殊位置点的投影

5)两点的相对位置

(1)两点的相对位置

设已知空间点 A,由原来的位置向上(或向下)移动,则 z 坐标随着改变,也就是 A 点对 H 面的距离改变。

如果点 A 由原来的位置向前(或向后)移动,则 y 坐标随着改变,也就是 A 点对 V 面的距离改变。

如果点 A 由原来的位置向左(或向右)移动,则 x 坐标随着改变,也就是 A 点对 W 面的距离改变。

综上所述,对于空间两点 A、B 的相对位置。

①距 W 面远者在左(x 坐标大),近者在左(x 坐标小)。

②距 V 面远者在前(y 坐标大),近者在后(y 坐标小)。

③距 H 面远者在左(z 坐标大),近者在左(z 坐标小)。

如图1-57所示,若已知空间两点的投影,即点 A 的三个投影 a、a'、a'' 和点 B 的三个投影 b、b'、b'',用 A、B 两点同面投影坐标差就可判别 A、B 两点的相对位置。由于 $x_A > x_B$,表示 B 点在 A 点的右方;$z_B > z_A$,表示 B 点在 A 点的上方;$y_A > y_B$,表示 B 点在点的 A 后方。总结起来,就是 B 点在 A 点的右、后、上方。

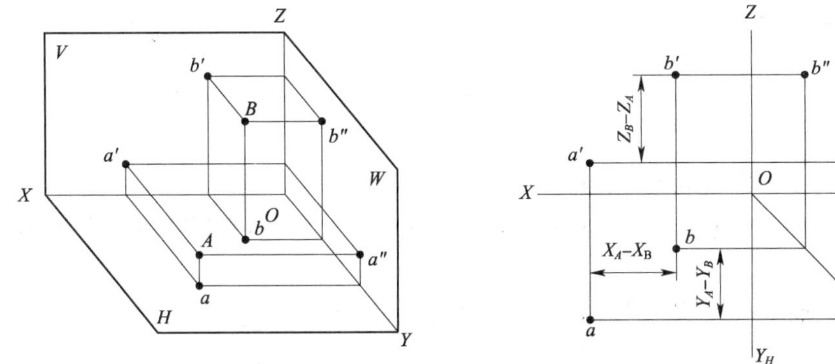

图1-57 两点的相对位置

(2)重影点

若空间两点在某一投影面上的投影重合，则这两点是该投影面的重影点。这时，空间两点的某两坐标相同，并在同一投射线上。

当两点的投影重合时，就需要判别其可见性，应注意：对 H 面的重影点，从上向下观察，z 坐标值大者可见；对 W 面的重影点，从左向右观察，x 坐标值大者可见；对 V 面的重影点，从前向后观察，y 坐标值大者可见。在投影图上不可见的投影加括号表示，如(a')。

如图 1-58 中，C、D 位于垂直 H 面的投射线上，c、d 重影为一点，则 C、D 为对 H 面的重影点，z 坐标值大者为可见，图中 $z_C > z_D$，故 c 为可见，d 为不可见，用 $c(d)$ 表示。

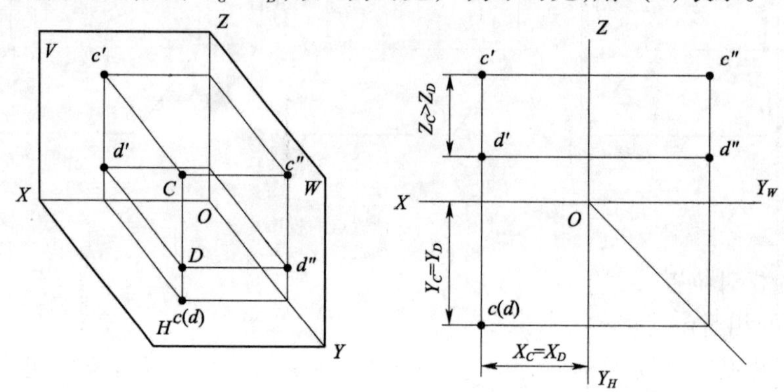

图 1-58　重影点

4. 直线的投影

空间两点确定一条空间直线段，空间直线的投影一般也是直线。直线段投影的实质，就是线段两个端点的同面投影的连线。所以学习直线的投影，必须与点的投影联系起来。

1)直线的投影图

空间一直线的投影可由直线上的两点(通常取线段两个端点)的同面投影来确定。如图 1-59 所示的直线 AB，求作它的三面投影图时，可分别作出 A、B 两端点的投影(a、a'、a'')、(b、b'、b'')，然后将其同面投影连接起来即得直线 AB 的三面投影图($a\ b$、$a'\ b'$、$a''b''$)。

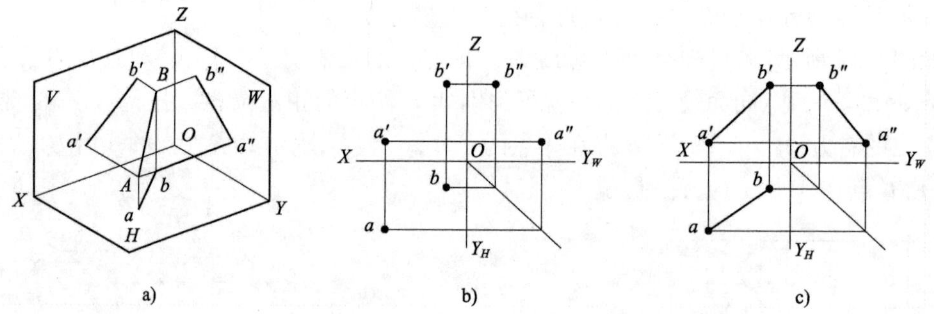

图 1-59　直线的投影

2)直线对于一个投影面的投影特性

空间直线相对于一个投影面的位置有平行、垂直、倾斜三种，三种位置有不同的投影特性。

(1)真实性

当直线与投影面平行时，则直线的投影为实长，如图 1-60a)所示。

(2)积聚性

当直线与投影面垂直时，则直线的投影积聚为一点，如图 1-60b)所示。

(3)收缩性

当直线与投影面倾斜时，则直线的投影小于直线的实长，如图1-60c)所示。

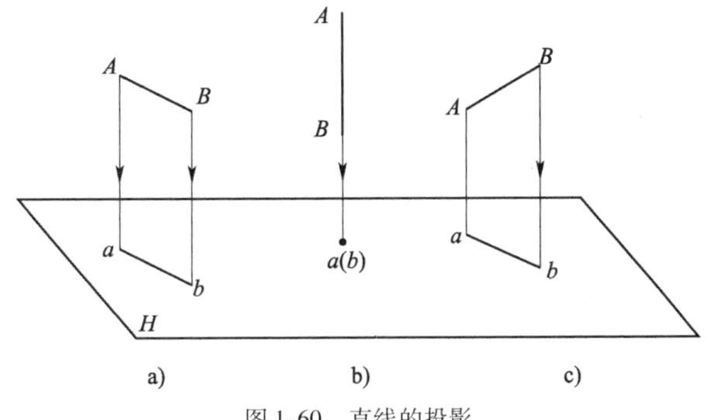

图1-60　直线的投影

3)各种位置直线的投影特性

根据在三投影面体系中的位置，直线可分为投影面倾斜线、投影面平行线、投影面垂直线三类。前一类直线称为一般位置直线，后两类直线称为特殊位置直线。

(1)投影面平行线

平行于一个投影面且同时倾斜于另外两个投影面的直线称为投影面平行线。平行于 V 面的称为正平线，平行于 H 面的称为水平线，平行于 W 面的称为侧平线。

直线与投影面所夹的角称为直线对投影面的倾角。α、β、γ 分别表示直线对 H 面、V 面、W 面的倾角。

①投影面平行线投影特性。

举例说明：正平线的投影特性，如图1-61所示。

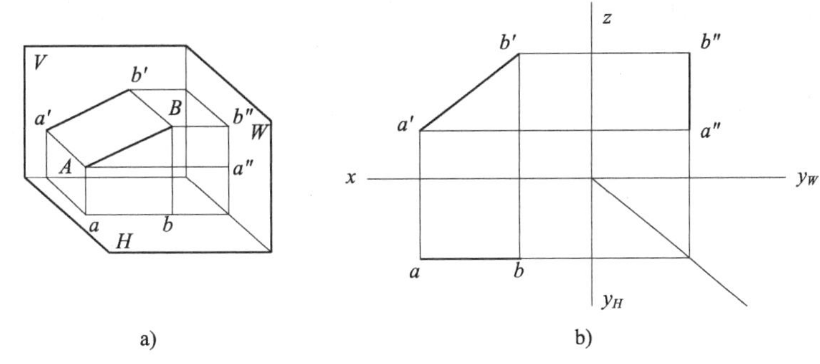

图1-61　投影面平行线——正平线的投影特性

强调：

A. 斜线反映实长。

B. 直线的倾角 α、γ。

总结投影面平行线的投影特性：两平一斜。

在其平行的投影面上的投影反映实长，且投影与投影轴的夹角分别反映直线对另两个投影面的夹角。

另外两个投影面上的投影分别平行于相应的投影轴，且长度比空间直线短，如图1-62所示。

②讲解例题。

如图1-63所示，已知空间点 A，试作线段 AB，长度为15mm，并使其平行 V 面，与 H 面倾角 $\alpha=30°$(只需一解)。

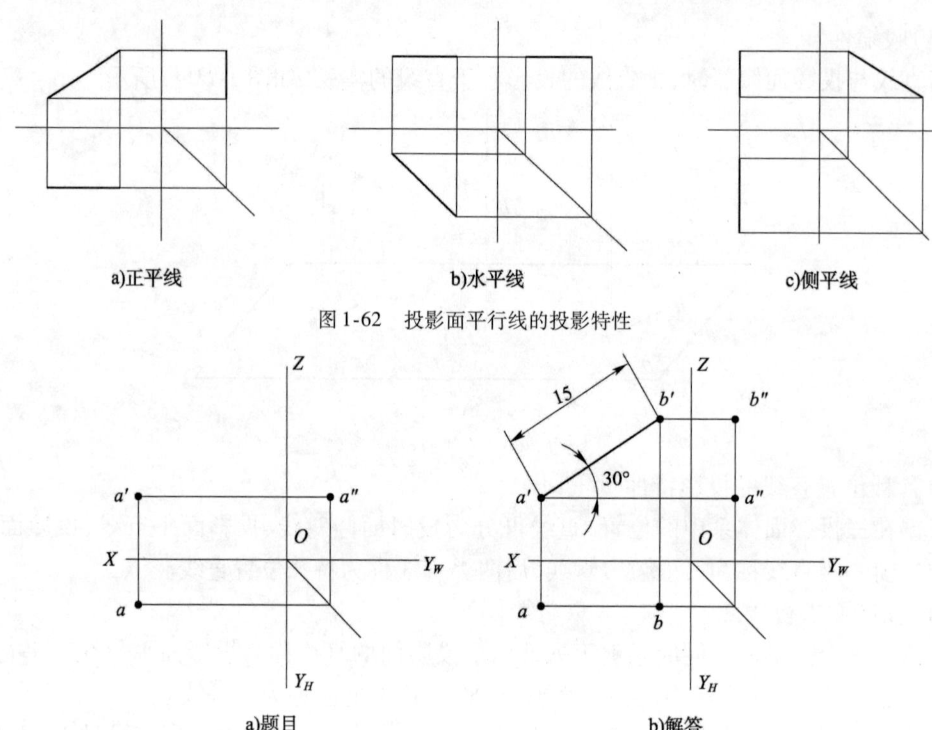

图 1-62　投影面平行线的投影特性

图 1-63　作正平线 *AB*

(2)投影面垂直线

垂直于一个投影面且同时平行于另外两个投影面的直线称为投影面垂直线。垂直于 *V* 面的称为正垂线,垂直于 *H* 面的称为铅垂线,垂直于 *W* 面的称为侧垂线,如图 1-64 所示。

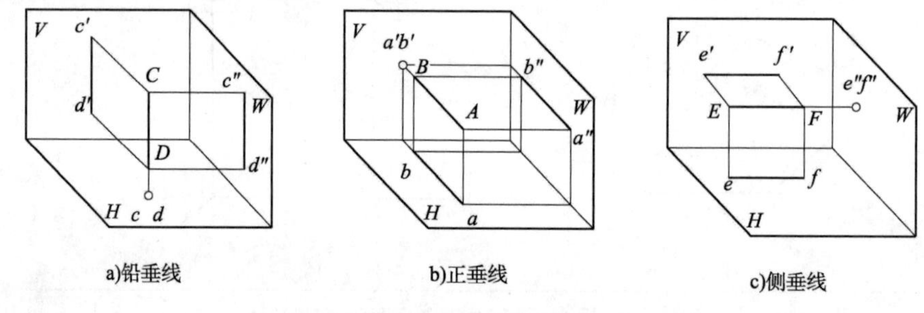

图 1-64　投影面的垂直线

①投影面垂直线的投影特性。

举例说明:侧垂线的投影特性;如图 1-65 所示。

强调:

A. 两个投影反映实长。

B. 一个投影积聚为一点。

投影面垂直线的投影特性:两线一点。在其垂直的投影面上的投影积聚为一点。

另外两个投影面上的投影反映空间线段的实长,且分别垂直于相应的投影轴,如图 1-66 所示。

对于投影面垂直线的辨认:直线的投影中只要有一个投影积聚为一点,则该直线一定是投影面垂直线,且一定垂直于其投影积聚为一点的那个投影面。

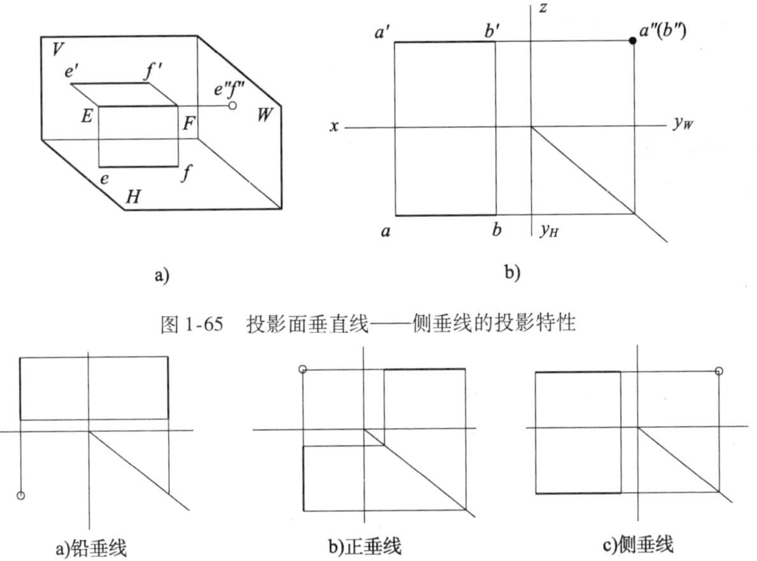

图 1-65　投影面垂直线——侧垂线的投影特性

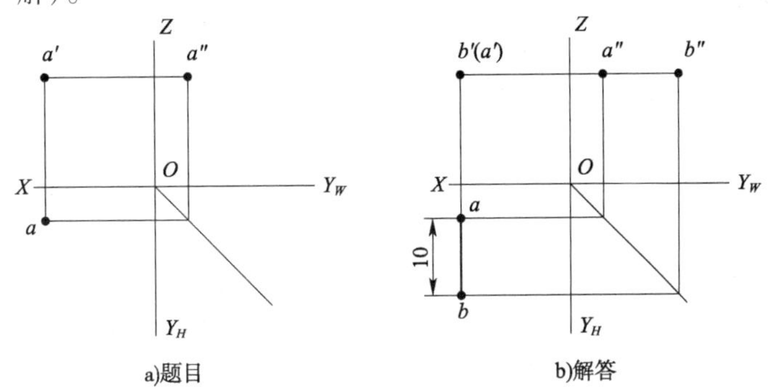

图 1-66　投影面垂直线投影特性

②讲解例题。

如图 1-67 所示，已知正垂线 AB 的点 A 的投影，直线 AB 长度为 10mm，试作直线 AB 的三面投影（只需一解）。

图 1-67　作正垂线 AB

（3）一般位置直线

与三个投影面都处于倾斜位置的直线称为一般位置直线。

举例：如图 1-68a）所示，直线 AB 与 H、V、W 面都处于倾斜位置，倾角分别为 α、β、γ。其投影如图 1-68b）所示。

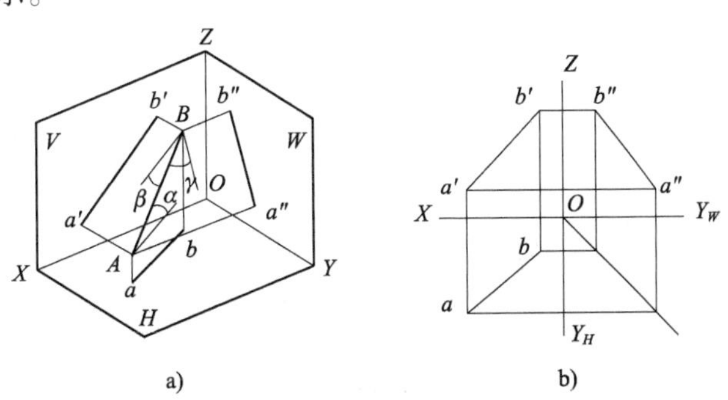

图 1-68　一般位置直线的投影

一般位置直线的投影特征可归纳为：

①直线的三个投影和投影轴都倾斜，各投影和投影轴所夹的角度不等于空间线段对相应投影面的倾角。

②任何投影都小于空间线段的实长，也不能积聚为一点。

对于一般位置直线的辨认：直线的投影如果与三个投影轴都倾斜，则可判定该直线为一般位置直线。

4）直线上点的投影

（1）直线上点的投影特性

点在直线上，则点的各个投影必定在该直线的同面投影上；反之，若一个点的各个投影都在直线的同面投影上，则该点必定在直线上。

举例：如图1-69所示直线 AB 上有一点 C，则 C 点的三面投影 c、c'、c'' 必定分别在该直线 AB 的同面投影 ab、$a'b'$、$a''b''$ 上。

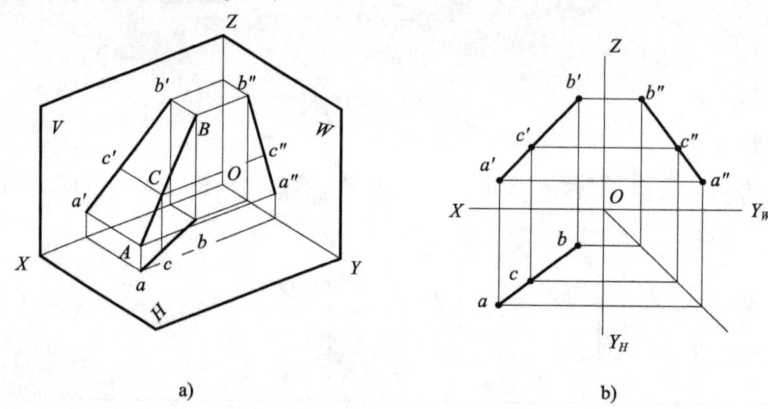

图1-69　直线上点的投影

（2）直线投影的定比性

直线上的点分割线段之比等于其投影之比，这称为直线投影的定比性。

在图1-69中，点 C 在线段 AB 上，它把线段 AB 分成 AC 和 CB 两段。根据直线投影的定比性，$AC:CB = ac:cb = a'c':c'b' = a''c'':c''b''$。

（3）讲解例题

如图1-70a）所示，已知侧平线 AB 的两投影和直线上 K 点的正面投影 k'，求 K 点的水平投影 k。

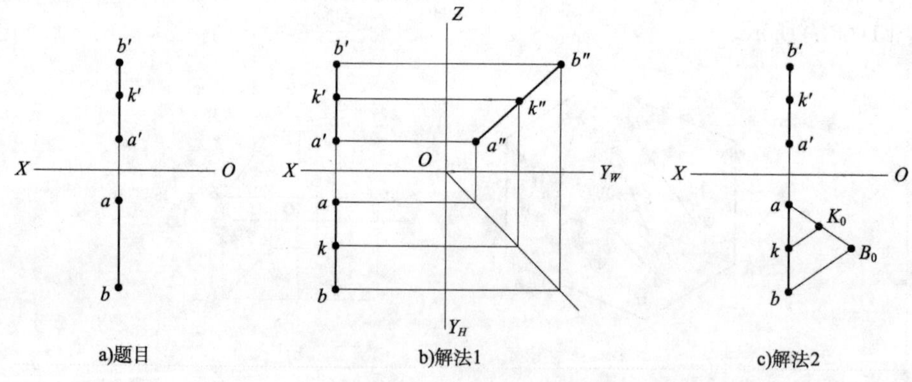

图1-70　求直线上点的投影

5）两直线的相对位置

两直线的相对位置有平行、相交、交叉三种情况。

（1）两直线平行

①特性

若空间两直线平行，则它们的各同面投影必定互相平行。如图 1-71 所示，由于 $AB /\!/ CD$，则必定 $ab /\!/ cd$、$a'b' /\!/ c'd'$、$a''b'' /\!/ c''d''$。反之，若两直线的各同面投影互相平行，则此两直线在空间也必定互相平行。

②判定两直线是否平行

A. 如果两直线处于一般位置时，则只需观察两直线中的任何两组同面投影是否互相平行即可判定。

B. 当两平行直线平行于某一投影面时，则需观察两直线在所平行的那个投影面上的投影是否互相平行才能确定。如图 1-72 所示，两直线 AB、CD 均为侧平线，虽然 $ab /\!/ cd$、$a'b' /\!/ c'd'$，但不能断言两直线平行，还须求作两直线的侧面投影进行判定；由于图中所示两直线的侧面投影 $a''b''$ 与 $c''d''$ 相交，所以可判定直线 AB、CD 不平行。

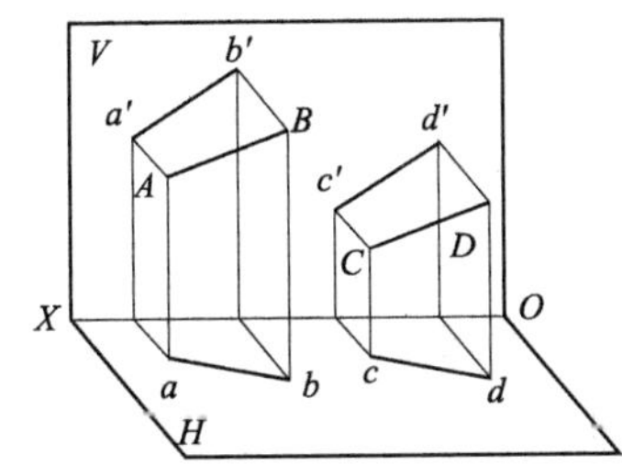

图 1-71　两直线平行

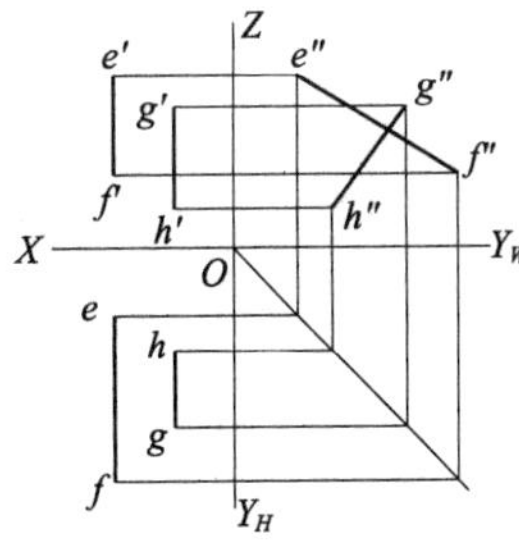

图 1-72　判断两直线是否平行

（2）两直线相交

①特性

若空间两直线相交，则它们的各同面投影必定相交，且交点符合点的投影规律。如图 1-73所示，两直线 AB、CD 相交于 K 点，因为 K 点是两直线的共有点，则此两直线的各组同面投影的交点 k、k'、k''必定是空间交点 K 的投影。反之，若两直线的各同面投影相交，且各组同面投影的交点符合点的投影规律，则此两直线在空间也必定相交。

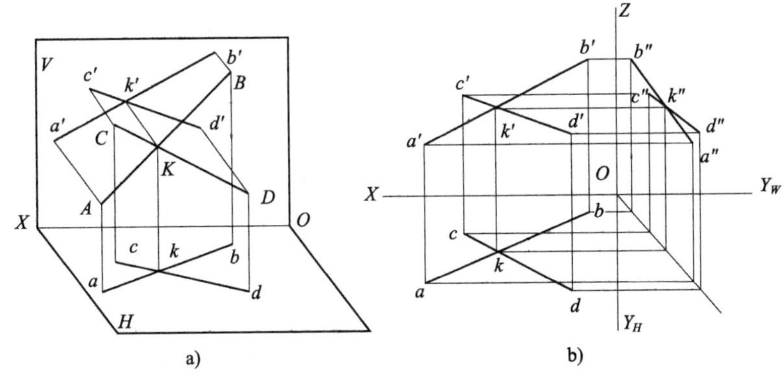

图 1-73　两直线相交

②判定两直线是否相交

A. 如果两直线均为一般位置线时，则只需观察两直线中的任何两组同面投影是否相交且交点是否符合点的投影规律即可判定。

B. 当两直线中有一条直线为投影面平行线时，则需观察两直线在该投影面上的投影是否相交且交点是否符合点的投影规律才能确定；或者根据直线投影的定比性进行判断。如图 1-74 所示，两直线 AB、CD 两组同面投影 ab 与 cd、$a'b'$ 与 $c'd'$ 虽然相交，但经过分析判断，可判定两直线在空间不相交。

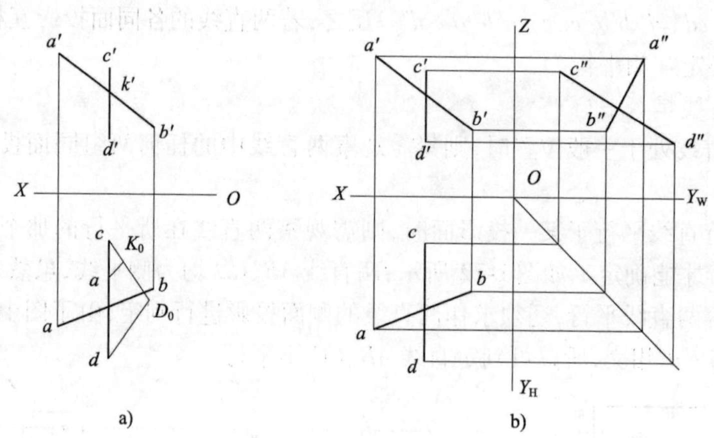

图 1-74　两直线在空间不相交

（3）两直线交叉

两直线既不平行又不相交，称为交叉两直线。

①特性

若空间两直线交叉，则它们的各组同面投影必不同时平行，或者它们的各同面投影虽然相交，但其交点不符合点的投影规律；反之亦然，如图 1-75a）所示。

②判定空间交叉两直线的相对位置

空间交叉两直线的投影的交点，实际上是空间两点的投影重合点。利用重影点和可见性，可以很方便地判别两直线在空间的位置。在图 1-75b）中，判断 AB 和 CD 的正面重影点 $k'(l')$ 的可见性时，由于 K、L 两点的水平投影 k 比 l 的 y 坐标值大，所以当从前往后看时，点 K 可见、点 L 不可见，由此可判定 AB 在 CD 的前方。同理，从上往下看时，点 M 可见，点 N 不可见，可判定 CD 在 AB 的上方。

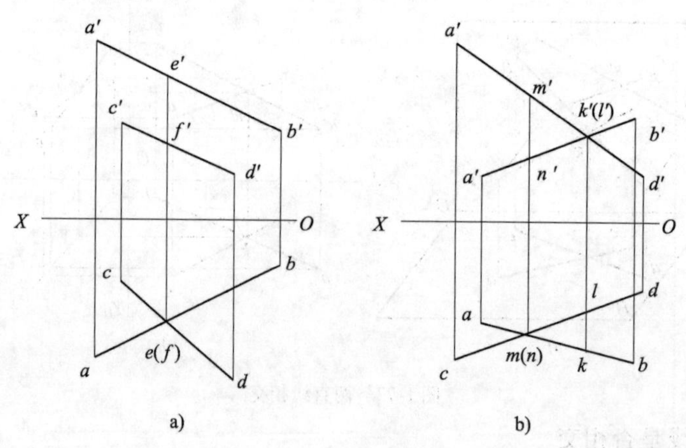

图 1-75　两直线交叉

5. 面的投影

1）平面的表示法

由几何学可知，平面的空间位置可由下列几何元素确定：不在一条直线上的三点；一直线及直线外一点；两相交直线两平行直线；任意的平面图形。图 1-76 是用上述各几何元素所表示的平面及其投影图。

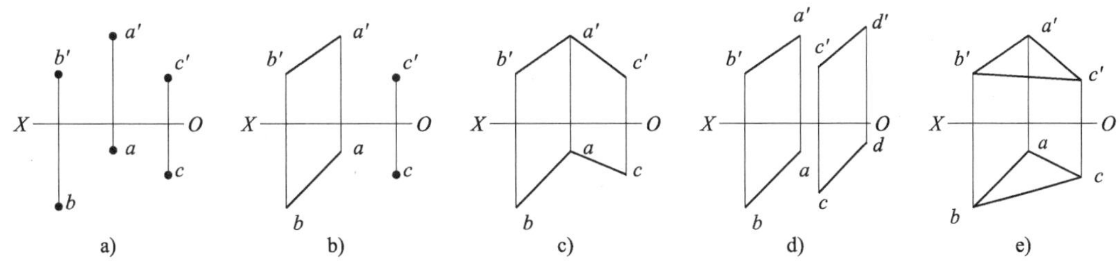

图 1-76　用几何元素表示平面

2）平面的投影特性

（1）真实性

当平面与投影面平行时，则平面的投影为实形，如图 1-77a）所示。

（2）积聚性

当平面与投影面垂直时，则平面的投影积聚成一条直线，如图 1-77b）所示。

（3）类似性

当直线或平面与投影面倾斜时，则平面的投影是小于平面实形的类似形，如图 1-77c）所示。

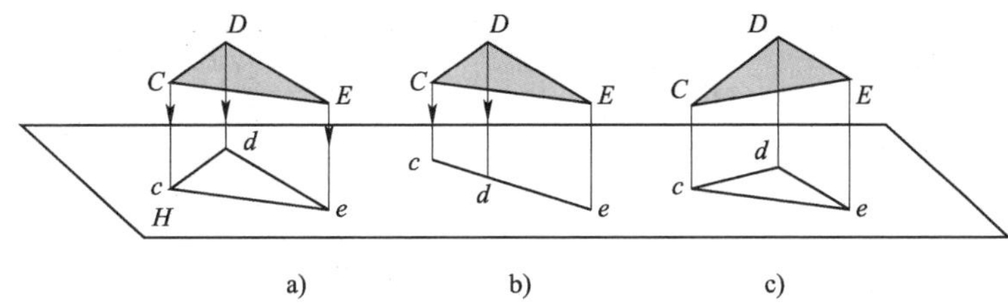

图 1-77　平面的投影特性

3）各种位置平面的投影特性

根据在三投影面体系中的位置平面可分为投影面倾斜面、投影面平行面、投影面垂直面三类。前一类平面称为一般位置平面，后两类平面称为特殊位置平面。

（1）投影面垂直面

垂直于一个投影面且同时倾斜于另外两个投影面的平面称为投影面垂直面。垂直于 V 面的称为正垂面；垂直于 H 面的称为铅垂面；垂直于 W 面的称为侧垂面。平面与投影面所夹的角度称为平面对投影面的倾角。α、β、γ 分别表示平面对 H 面、V 面、W 面的倾角。

举例说明：铅垂面的投影特性，如图 1-78 所示。

强调：

A. 两个投影均为类似形。

B. 一个投影积聚为直线，并反映 β、γ 角。

投影面平行线的投影特性：两面一线。

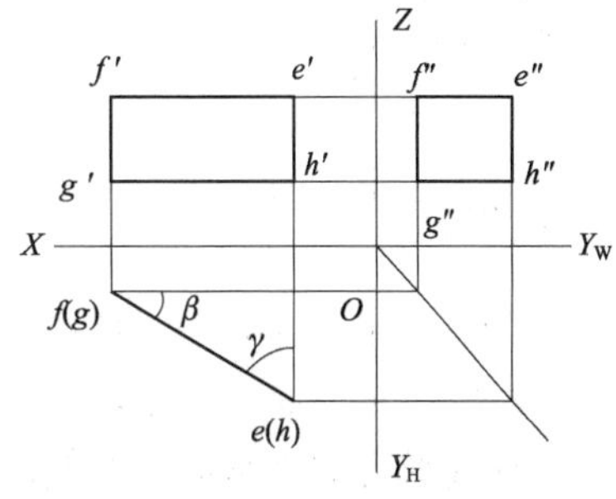

图 1-78　铅垂面的投影特性

对于投影面垂直面的辨认:如果空间平面在某一投影面上的投影积聚为一条与投影轴倾斜的直线,则此平面垂直于该投影面。

①投影面垂直面的投影特性(图 1-79)

在其垂直的投影面上的投影积聚成与该投影面内的两根投影轴倾斜的直线,另外两个投影面上的投影为空间平面的类似形。

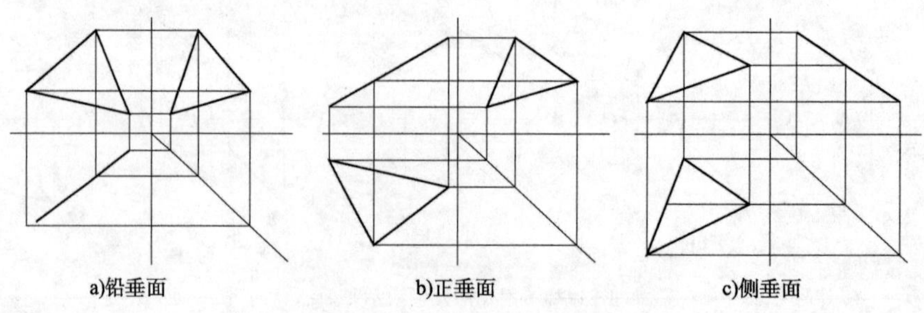

图 1-79　投影面的垂直面的投影特性

②讲解例题

如图 1-80a)所示,四边形 $ABCD$ 垂直于 V 面,已知 H 面的投影 $abcd$ 及 B 点的 V 面投影 b',且于 H 面的倾角 $\alpha = 45°$,求作该平面的 V 面和 W 面投影。

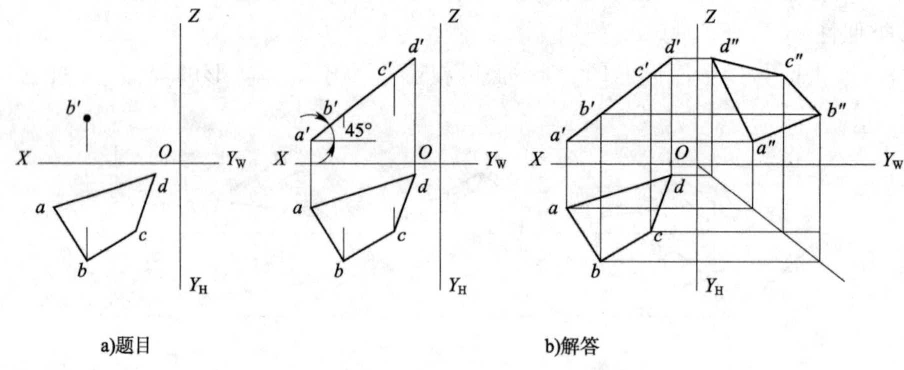

图 1-80　求作四边形平面 $ABCD$ 的投影

(2)投影面平行面

平行于一个投影面且同时垂直于另外两个投影面的平面称为投影面平行面。平行于 V 面的称为正平面;平行于 H 面的称为水平面;平行于 W 面的称为侧平面。

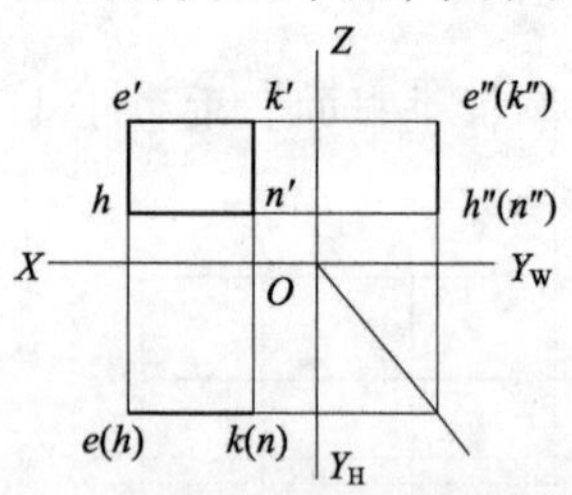

图 1-81　正平面的投影特性

举例说明:正平面的投影特性,如图 1-81 所示。

强调:

①两个投影积聚为直线。

②一个投影反映实形。

投影面平行线的投影特性:两线一面。

对于投影面垂直面的辨认:如果空间平面在某一投影面上的投影积聚为一条与投影轴倾斜的直线,则此平面垂直于该投影面。

投影面平行面的投影特性:如图 1-82 所示。

在其平行的投影面上的投影反映平面实形;另外两个投影面上的投影积聚为直线,且平行于相应的投影轴。

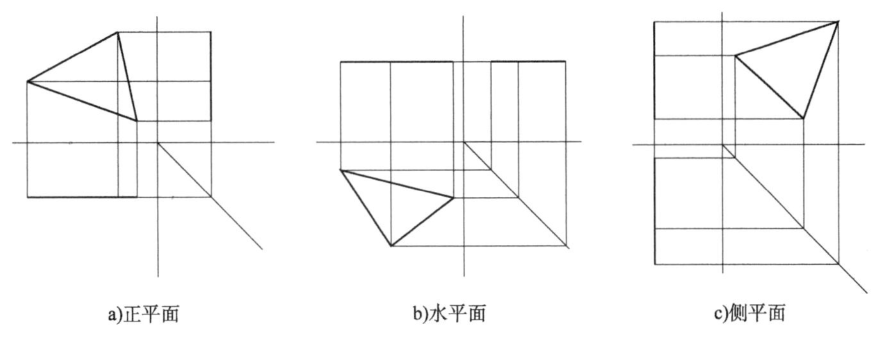

a)正平面　　b)水平面　　c)侧平面

图 1-82　投影面平行面的投影特性

(3)一般位置平面

与三个投影面都处于倾斜位置的平面称为一般位置平面。

例如平面△*ABC* 与 *H*、*V*、*W* 面都处于倾斜位置，倾角分别为 α、β、γ。其投影如图 1-83 所示。

一般位置平面的投影特征可归纳为：一般位置平面的三面投影，既不反映实形，也无积聚性，而都为类似形。

对于一般位置平面的辨认：如果平面的三面投影都是类似的几何图形的投影，则可判定该平面一定是一般位置平面。

4)平面上的点和直线

(1)平面上的点

点在平面上的几何条件是：点在平面内的一直线上，则该点必在平面上。因此在平面上取点，必须先在平面上取一直线，然后再在该直线上取点。这是在平面的投影图上确定点所在位置的依据。

举例说明：如图 1-84 所示，相交两直线 *AB*、*AC* 确定一平面 *P*，点 *S* 取自直线 *AB*，所以点 *S* 必在平面 *P* 上。

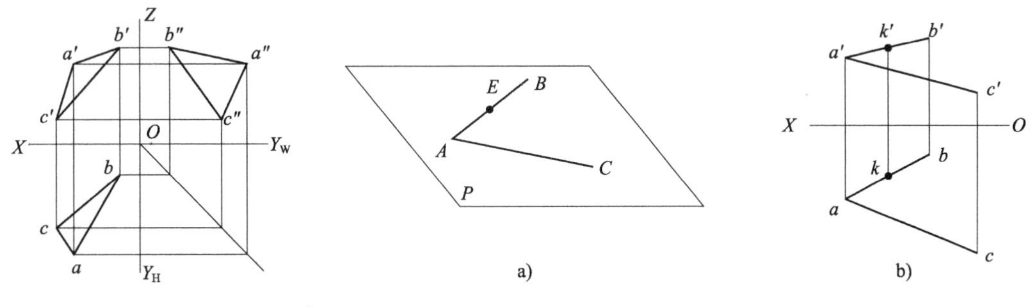

图 1-83　一般位置平面　　　　图 1-84　平面上的点

(2)平面上的直线

直线在平面上的几何条件是：

①若一直线通过平面上的两个点，则此直线必定在该平面上。

②若一直线通过平面上的一点并平行于平面上的另一直线，则此直线必定在该平面上。

举例之一：如图 1-85 所示，相交两直线 *AB*、*AC* 确定一平面 *P*，分别在直线 *AB*、*AC* 上取点 *E*、*F*，连接 *EF*，则直线 *EF* 为平面 *P* 上的直线。作图方法如图 1-85b)所示。

举例之二：如图 1-86 所示，相交两直线 *AB*、*AC* 确定一平面 *P*，在直线 *AC* 上取点 *E*，过点 *E* 作直线 *MN*∥*AB*，则直线 *MN* 为平面 *P* 上的直线。作图方法如图 1-86b)所示。

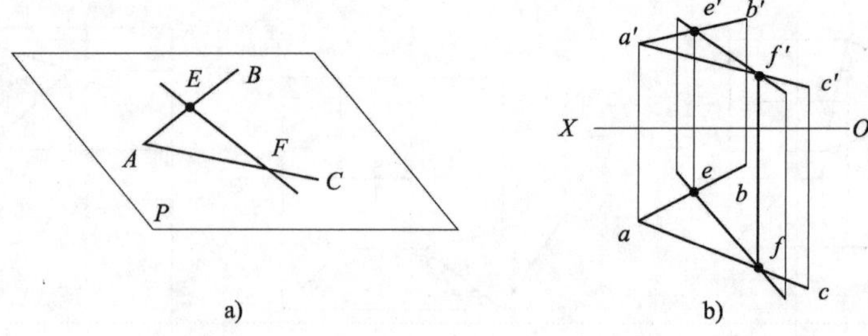

图 1-85　判断直线是否在平面上

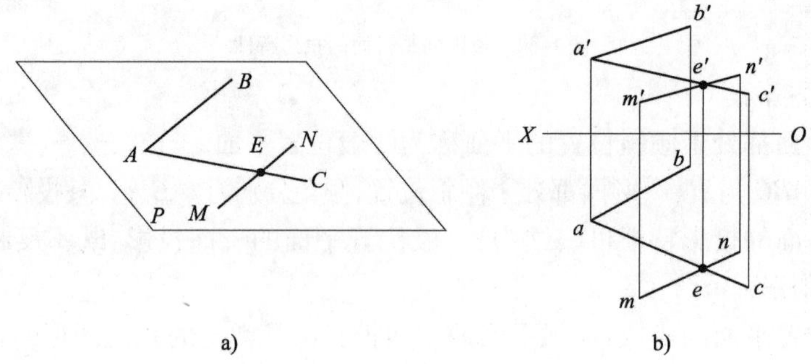

图 1-86　平面上的直线

(3)讲解例题

如图 1-87a)所示,试判断点 K 和点 M 是否属于△ABC 所确定的平面。

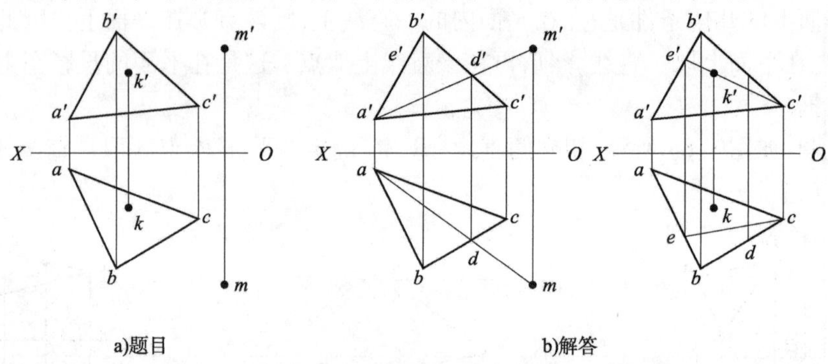

图 1-87　判断点是否属于平面

注意:判断点是否在平面上,不能简单地看该点的投影是否在平面图形的投影范围之内,而应严格按照平面上点的几何条件来判断,且平面是无穷大的。

二、基本立体

立体的形状是各种各样的,但任何复杂立体都可以看成是由一些基本的几何体组成的,如棱柱、棱锥、圆柱、圆锥、球等,称为基本立体,如图 1-88 所示。

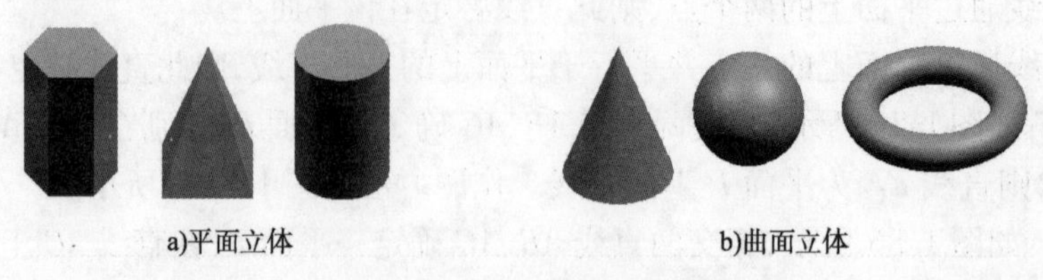

a)平面立体　　b)曲面立体

图 1-88　基本体

基本立体根据其表面的几何性质可分为平面立体、曲面立体两类。

(1)平面立体

其表面为若干个平面的几何体,如棱柱、棱锥等。

(2)曲面立体

其表面为曲面或曲面与平面的几何体,最常见的是回转体,如圆柱、圆锥、圆球、圆环等。

在投影图上表示一个立体,就是把这些平面和曲面表达出来,然后根据可见性判断哪些线是可见的,哪些线是不可见的,把其投影分别画成实线或虚线,即得立体的投影图。

1. 平面立体的投影

由平面围成的实体称为平面立体。日常生活中经常会看到一些由平面立体组成的物体,如图1-89所示,它由棱锥、棱柱和棱台等平面立体组成。由于平面立体由平面围成,因此只要作出各平面的投影,便可以得到平面立体的投影。

图1-89 平面立体组成的物体

1)棱柱

直棱柱由两个相互平行的底面和若干个侧面(也称棱面)围成,相邻两棱面的交线称为侧棱线,简称棱线。棱柱的棱线相互平行。

(1)棱柱的投影

①已知条件和形体特征

图1-90中已知的平面立体为正六棱柱体;上下面为正六边形;棱面均为矩形,6条棱线相互平行且垂直于底面。

如图1-90a)所示的正六棱柱,它的上下底面均为水平面,6个侧棱面中,前后2个为正平面,其余4个为铅垂面。

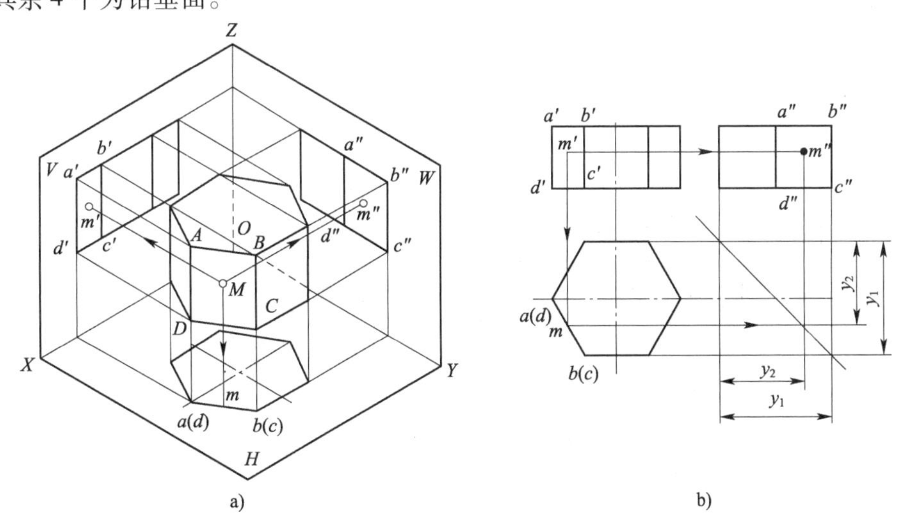

图1-90 六棱柱及表面上点的投影

②投影图作法

作投影图时,由于上下底面的水平投影反映实形且两面投影重合,所以先画上下底面的水平投影,正面、侧面投影都积聚成线段;再画6条棱线,水平投影积聚在六边形的6个顶点上，正面、侧面投影均反映实长；最后分析各棱线的可见性。在作图时，要保证水平投影和侧面投影之间必须符合宽度相等和前后对应的关系。如图 1-90b）所示，正六棱柱前后棱面之间的宽度都应为 y_1，点 M 与后棱面之间的宽度为 y_2，作图时一般都可直接量取相等距离，也可以如图 1-90b）所示，添加 45°辅助线作图。

（2）棱柱表面上点的投影

根据平面立体表面上点的一个已知投影，求作点的其余两个投影。

如图 1-90b）所示，正六棱柱的各个表面都处于特殊位置，因此在表面上取点可利用积聚性原理作图。已知正六棱柱表面上点 M 的正面投影 m'，要求出其他投影 m、m''。由于点 M 的正面投影是可见的，因此点 m 必在 $a(d)b(c)$ 上。由点的投影规律，根据 m 和 m' 即可求出 m''，因点 M 所在的表面 $ABCD$ 的侧面投影可见，故 m'' 可见。

2）棱锥

棱锥由一个底面和若干个呈三角形的棱面围成，所有的棱面交于一点，称为锥顶。棱锥相邻两棱面的交线称为棱线，所有的棱线都交于一点。棱锥底面的形状决定了棱线的数目，例如底面为三角形，则有三条棱线，为三棱锥；底面为五边形，则有五条棱线，为五棱锥。

（1）三棱锥

从棱锥顶点到底面的距离叫作锥高。当棱锥底面为正多边形，各侧面是全等的等腰三角形时，称为正棱锥。

①棱锥的投影

图 1-91a）所示为一个正三棱锥的三面投影直观图。该三棱锥的底面为等边三角形，三个侧面为全等的等腰三角形，图中将其放置成底面平行于 H 面，并有一个侧面垂直于 W 面。

图 1-91b）为该三棱锥的投影图。由于锥底面 ABC 为水平面，所以，它的 H 面投影 $\triangle abc$ 反映了底面的实形，V 面和 W 面分别积聚成平行 X 轴和 Y 轴的直线段 abc 和 $a(c)b$。锥体的后侧面 $\triangle SAC$ 为侧垂面，它的 W 面投影积聚为一段斜线 $sa(c)$，它的 V 面和 H 面投影为相似形，前者为不可见，后者为可见。左右两个侧面为一般位置平面，它在三个投影面上的投影均是类似形。

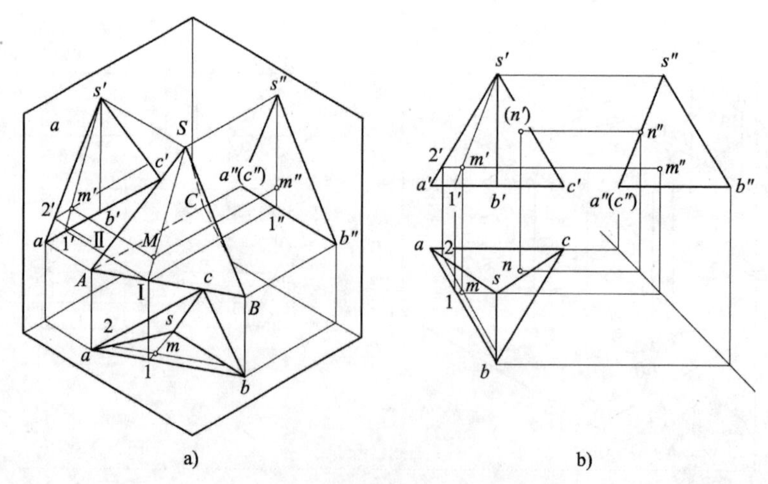

图 1-91　正三棱锥及其表面上点的投影

画棱锥投影时，一般先画底面的各个投影，然后定锥顶 S 的各个投影，同时将它与底面各顶点的同名投影连接起来，即可完成。

②棱锥表面上点的投影

凡属于特殊位置表面上的点,可利用投影的积聚性直接求得其投影;而属于一般位置表面上的点可通过在该面上作辅助线的方法求得其投影。

如图1-91b)所示,已知棱面 *SAB* 上点 *M* 的 *V* 面投影 m' 和棱面△*SAC* 上点 *N* 的 *H* 面投影 *n*,求作 *M*、*N*、两点的其余投影。

由于点 *N* 所在棱面△*SAC* 为侧垂面,可借助该平面在 *W* 面上的积聚投影求得 n'',再由 *n* 和 n''求得(n')。由于点 *N* 所属棱面△*SAC* 的 *V* 面投影看不见,所以(n')为不可见。点 *M* 所在平面△*SAB* 为一般位置平面,如图1-91a)所示,过锥顶 *S* 和点 *M* 引一直线 *SI*,作出 *SI* 的有关投影,根据点在直线上的从属性质求得点的相应投影。具体作图时,过 *m* 引 $s'1'$,由 $s'1'$求作 *H* 面投影 *s*1,再由 m'引投影连线交于 *s*1 上,交点为 *m*,最后由 *m* 和 m'求得 m''。

另一种作法是过点 *M* 引 *M*Ⅱ线平行于 *AB*,也可求得点 *M* 的 *m* 和 m'',具体作法见图1-91所示。由于点 *M* 所属棱面△*SAB* 在 *H* 面和 *W* 面上的投影是可见的,所以点 *m* 和 m''也是可见的。

(2)棱锥台及其投影

棱锥台可看成由平行于棱底面的平面截去锥顶一部分而形成。由正棱锥截得的棱台叫正棱台,其顶面与底面为相互平行的相似多边形,侧平面为等腰梯形。

图1-92为四棱锥台投影图。四棱台的顶面和底面为水平面,*H* 面投影为两矩形线框,反映实形。*V* 面 *W* 面投影分别积聚为横向直线段。左右侧面为正垂面,*V* 面投影积聚成两条斜线,*H* 面和 *W* 面投影为等腰梯形,是类似形。前后侧面及四条侧棱的投影,分析方法同前。

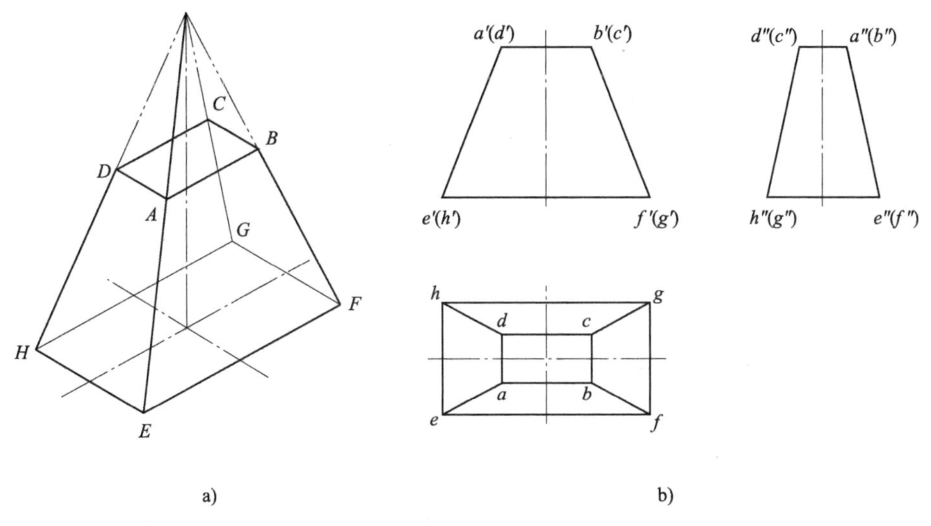

图1-92　四棱台的投影

2. 曲面立体的投影

曲面体是由回转面或由回转面和平面所围成的曲面立体。形成曲面的动线称为母线,固定直线称为回转轴。曲面上任一位置的母线都称为素线,素线上任一点的运动轨迹均为圆,称为纬圆,纬圆垂直于轴线。常见的回转体有圆柱体、圆锥体、圆球及圆环等。

1)圆柱体

圆柱体是由两条相互平行的直线,其中一条直线(直母线)绕另一条直线(轴线)旋转一周而形成。圆柱体(圆柱)由两个相互平行的底平面(圆)和圆柱面围成。任意位置的母线称为素线,圆柱面上的所有素线相互平行。

(1)圆柱的投影

从图1-93a)可以看出，圆柱的水平投影是圆，是上下底圆面的水平投影，也是圆柱面积聚性投影；正面投影和侧面投影这两个矩形的四条直线，分别是圆柱的上下底面和圆柱面对正面和侧面转向轮廓线的投影。图1-93b)中的点Ⅰ、Ⅱ，分别位于对正面和对侧面的一条转向轮廓线上。

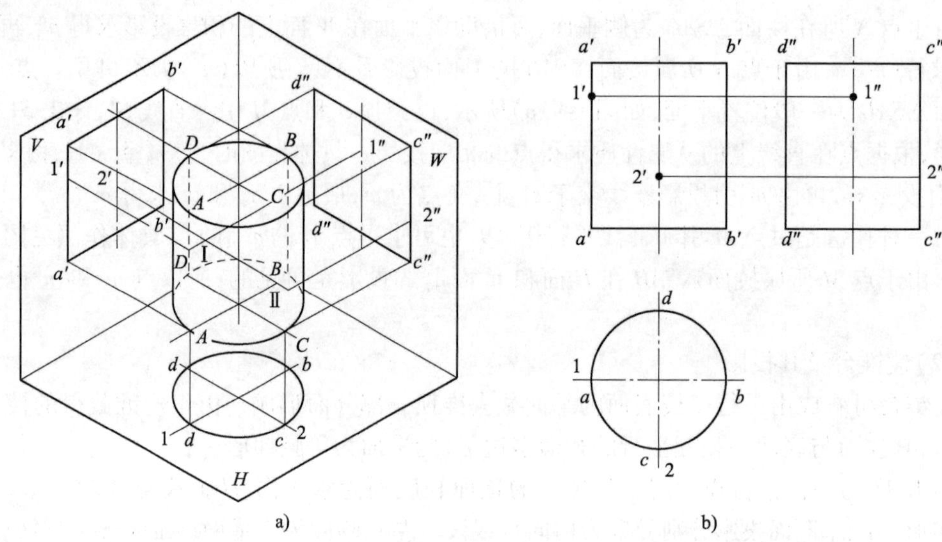

图1-93　圆柱的投影

(2)圆柱表面上取点

在图1-94中已知圆柱面上两点Ⅰ和Ⅱ的正面投影1′和2′，求作其余两投影的方法。

由于圆柱面的水平投影积聚为圆，因此，利用"长对正"即可求出点的水平投影1和2。再根据点的正面投影和水平投影，求得侧面投影1″和2″。由于点Ⅱ在圆柱面的右半部，其侧面投影不可见。

2)圆锥体

圆锥面是由两条相交的直线，其中一条直线(母线)绕另一条直线(轴线)旋转一周而形成，交点称为锥顶。母线在旋转时，其上任一点的运动轨迹是个圆，为曲面上的纬圆。纬圆垂直于旋转轴，圆心在轴上。圆锥体(圆锥)由圆锥面和一个底平面围成。圆锥面上任意位置的母线称为素线，所有素线交于锥顶。

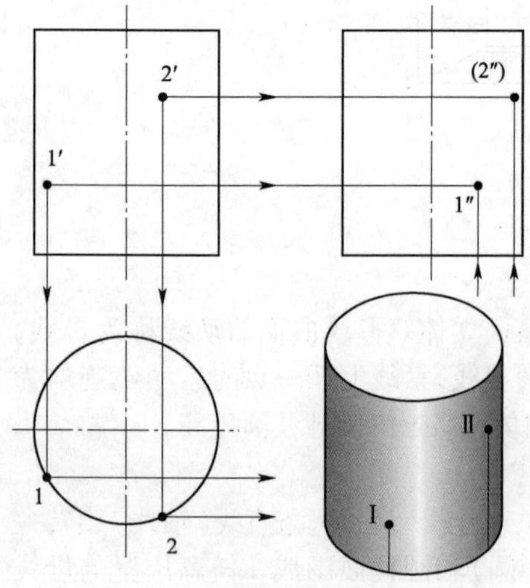

图1-94　圆柱上取点的作图方法

(1)圆锥的投影

如图1-95a)所示为一轴线垂直于水平面的圆锥，底面为水平面，因此它的水平投影反映实形(圆)，其正面和侧面投影积聚成一直线。对圆锥面要分别画出决定其投影范围的外形轮廓线，其中最左素线SA、最右素线SB为圆锥面前后可见和不可见部分的分界线，即前半圆锥面可见，后半圆锥面不可见；在侧面投影中，最前素线SC、最后素线SD是圆锥面左右可见和不可见部分的分界线，即左半圆锥面可见，右半圆锥面不可见。

作图时，先画出轴线和对称中心的各面投影，然后画出底面圆的三面投影及锥顶的投影，最后分别画出其外形轮廓线，完成圆锥的各个投影，如图 1-95b)所示。

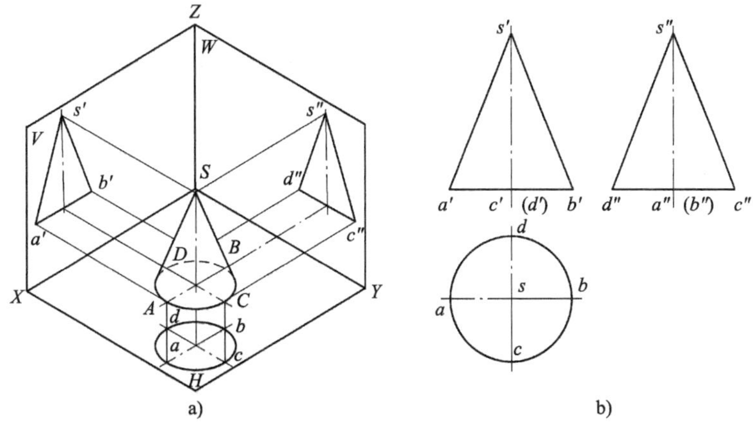

图 1-95 圆锥体的投影

(2)圆锥表面上取点

①辅助素线法

如图 1-96a)所示，过锥顶 S 与点 K 作辅助素线 SG 的三面投影，再根据直线上点的投影规律，作出 k、k''，最后进行可见性判别。由 k'的位置及可见性可知，点 K 在右前半圆锥面上，所以 k 可见，k''不可见。

②纬圆法

如图 1-96b)所示，过点 K 作平行于锥底的辅助圆，即在正面投影中过 k' 作一水平线 $1'2'$，则 $1'2'$ 即为辅助圆的正面投影，并反映辅助圆的直径。在水平投影上，以 S 为圆心，以 $1'2'$ 为直径作圆，该圆即为辅助圆的水平投影，由正面投影和水平投影可得辅助圆的侧面投影。因为点 K 在辅助圆上，可根据辅助圆的三面投影求出点 K 的另两个投影。

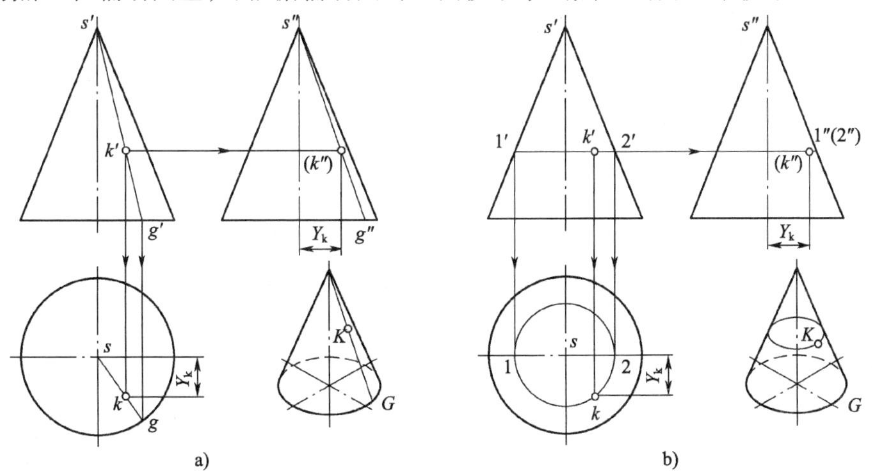

图 1-96 圆锥体表面取点

3)圆球体

圆球体(简称圆球)由圆球面围成，圆球面可以看成是圆母线绕其直径旋转而形成的。

(1)圆球的投影

图 1-97 是球的投影图，它们都是大小相同的圆，圆的直径都等于球的直径。从图 1-97a)可以看出，球面对三个投影面的转向轮廓线都是平行于相应投影面的最大的圆，它们

的圆心就是球心。例如,球对正面的转向轮廓线就是平行于正面的最大圆 A,其正面投影 a' 确定了球的正面投影范围,水平投影 a 与相应圆的水平中心线重合,侧面投影 a''与相应圆的铅垂中心线重合。球对水平投影面和侧面的转向轮廓线也可做类似分析。图 1-97b)中画出了对正面转向轮廓线上点 K 的三个投影。

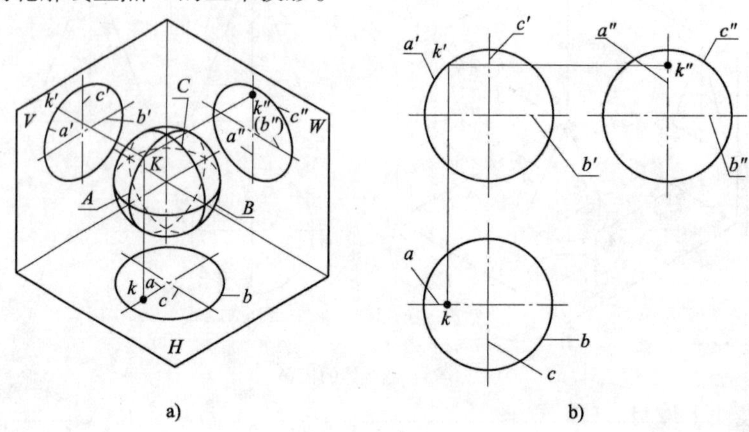

图 1-97　圆球的投影

(2)球面上取点

图 1-98 中已知球面上点 1 的正面投影 1′,求其余两个投影。

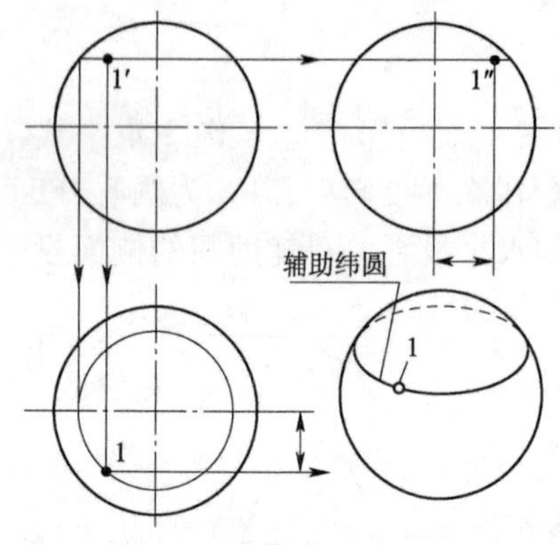

图 1-98　圆球的表面取点

由于通过球心的直线都可以看作球的轴线,在这个图中,把球的轴线视为铅垂线,辅助纬圆平行于水平面。作图方法和步骤是从正面投影着手,过已知点作辅助纬圆的三面投影,再在辅助纬圆上求得已知点的其余两投影。

3. 基本立体的尺寸标注

视图只用来表达物体的形状,而物体的大小要由图样上标注的尺寸数值来确定。制造零件时是根据图样上标注的尺寸数值来加工的。

任何物体都具有长、宽、高三个方向的尺寸。在视图上标注基本几何体的尺寸时,应将三个方向的尺寸标注齐全,既不能少也不能重复。

表 1-4 列举了一些常见的基本几何体应注出的尺寸及其注法。

常见的基本几何体的尺寸及其注法　　　　表 1-4

平 面 立 体		回 转 立 体	
立体图	三视图	立体图	三视图
			ϕ

续上表

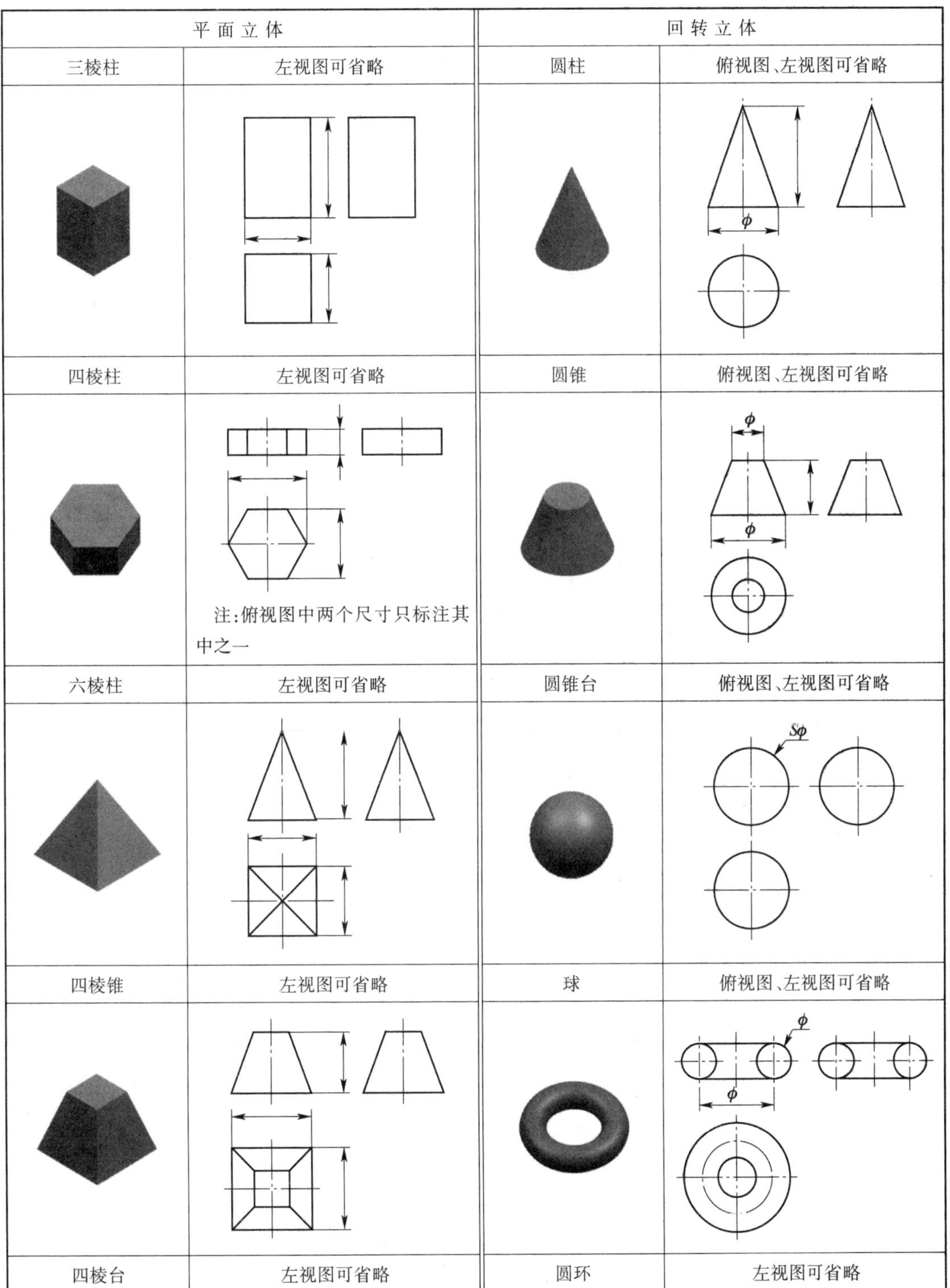

平面立体		回转立体	
三棱柱	左视图可省略	圆柱	俯视图、左视图可省略
四棱柱	左视图可省略	圆锥	俯视图、左视图可省略
	注:俯视图中两个尺寸只标注其中之一		
六棱柱	左视图可省略	圆锥台	俯视图、左视图可省略
四棱锥	左视图可省略	球	俯视图、左视图可省略
四棱台	左视图可省略	圆环	左视图可省略

三、切割体的投影

在工程中,经常会遇到这样一类零件,它们可以看作是基本立体被平面截切而成的,如图 1-99 所示。要想正确地画出这类零件的投影,需要熟练地掌握基本立体与平面的交线

(截交线)的投影分析与作图方法。

1. 切割体及截交线的概念

平面与立体相交(图1-100),可以认为是立体被平面截切。因此该平面通常称为截平面,截平面与立体表面的交线称为截交线,截交线所围成的平面图形称为断面。

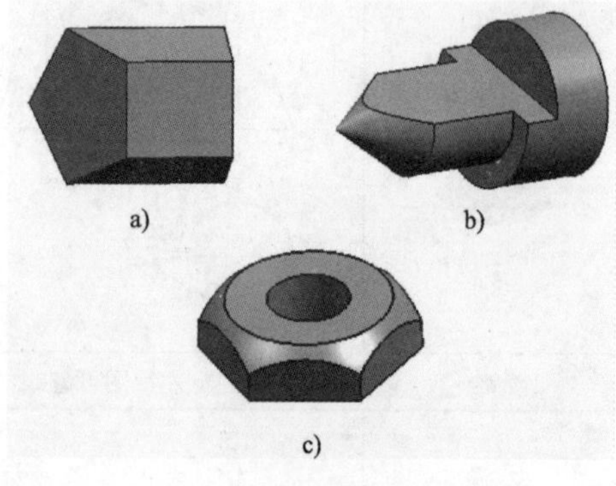

图1-99　几种常见的零件表面交线

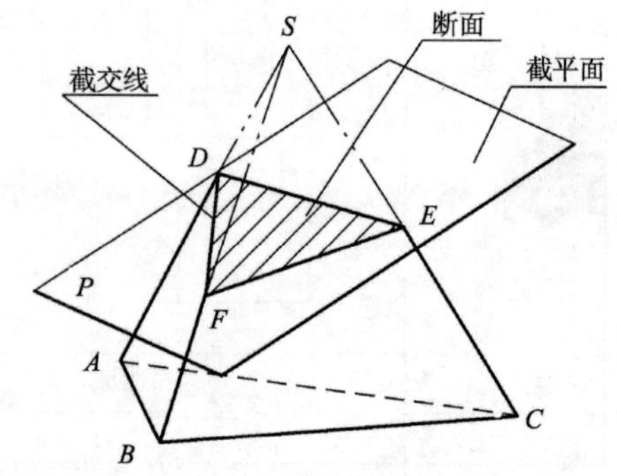

图1-100　平面截切平面立体

一般截交线都具有以下性质。

(1)共有性:截交线既在截平面上,又在立体表面上,因此截交线是截平面与立体表面的共有线。截交线上的点是截平面与立体表面的共有点。

(2)封闭性:由于立体表面是封闭的,因此截交线必定是封闭的线条,截断面是封闭的平面图形。

(3)截交线的形状决定于立体表面的形状和截平面与立体的相对位置。

由以上性质可以看出,求画截交线的实质就是要求出截平面与基本体表面的一系列共有点,然后依次连接各点即可。

2. 平面切割体的投影

由于平面立体的表面都是由平面所组成的,所以它的截交线是由直线围成的封闭的平面多边形。多边形的各个顶点是截平面与平面立体的棱线或底边的交点,多边形的每一条边是平面立体表面与截平面的交线。因此,求平面立体切割后的投影,首先要求出平面立体的截交线投影,就是求出截平面与平面立体上被截各棱线或底边的交点的投影,然后依次相接。

【例1-1】试求正四棱锥被一正垂面P截切后的投影(图1-101)。

分析:

因截平面P与四棱锥四个棱面相交,所以截交线为四边形,它的四个顶点即为四棱锥的四条棱线与截平面P的交点。截平面垂直于正投影面,而倾斜于侧投影面和水平投影面。所以,截交线的正投影积聚在P'上,而其侧投影和水平投影则具有类似形。

作图:

先画出完整正四棱锥的三个投影。

因截平面P的正投影具有积聚性,所以截交线四边形的四个顶点A、B、C、D的正投影$1'$、$2'$、$3'$、$4'$可直接得出,据此即可在水平投影上和侧面投影上分别求出1、2、3、4和$1''$、$2''$、$3''$、$4''$。将顶点的同面投影依次连接起来,即得截交线的投影。在三个投影图上擦去被截平面P截去的投影,即完成作图,注意侧面投影上的虚线不要遗漏。具体作法见图1-101。

3. 回转切割体的投影

平面与回转立体相交的截交线是二者的共有线,一般是封闭的平面曲线,也可能是由截平面上的曲线和直线所围成的平面图形或多边形。其形状取决于回转体的几何特征，以及回转体与截平面的相对位置。

当截交线是圆或直线时，可借助绘图仪器直接作出截交线的投影。当截交线为非圆曲线时，则需采用描点作图。即先作出能确定截交线的形状和范围的特殊点，再作出若干个一般点，判断可见性，然后将这些共有点连成光滑曲线。所谓特殊点包括曲面投影的转向轮廓线上的点，截交线在对称轴上的点，以及截交线上最高、最低点，最左、最右点，最前、最后点等。

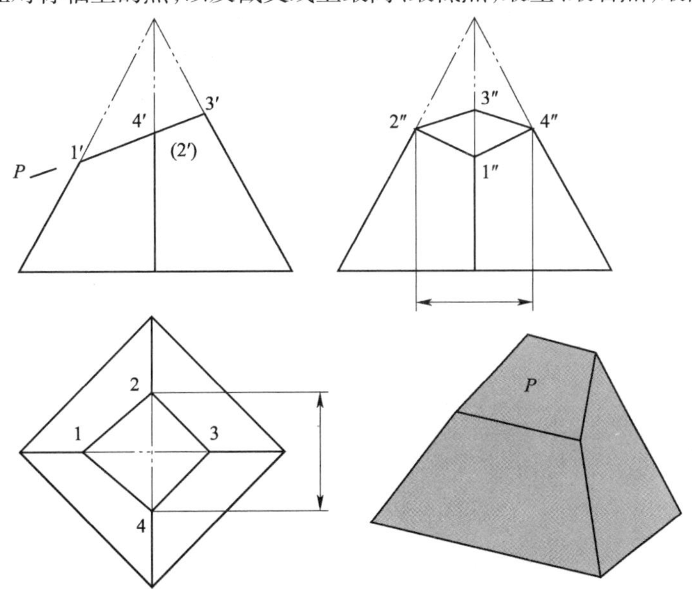

图 1-101　四棱锥被一正垂面截切

1）圆柱切割体

根据截平面与圆柱轴线的相对位置不同，圆柱切割后其截交线有三种不同形状，如表 1-5 所示。

圆柱切割后截交线的形状　　表 1-5

截平面的位置	平行于轴线	垂直于轴线	倾斜于轴线
截交线的形状	矩形	圆	椭圆
立体图			
投影图			

当截平面与圆柱轴线垂直相交时，其截交线为圆；当截平面与圆柱轴线倾斜相交时，其截交线为椭圆；当截平面与圆柱轴线平行时，其截交线为矩形（其中两对边为圆柱面的素线）。

【**例 1-2**】求一斜切圆柱的截交线的投影,如图 1-102 所示。

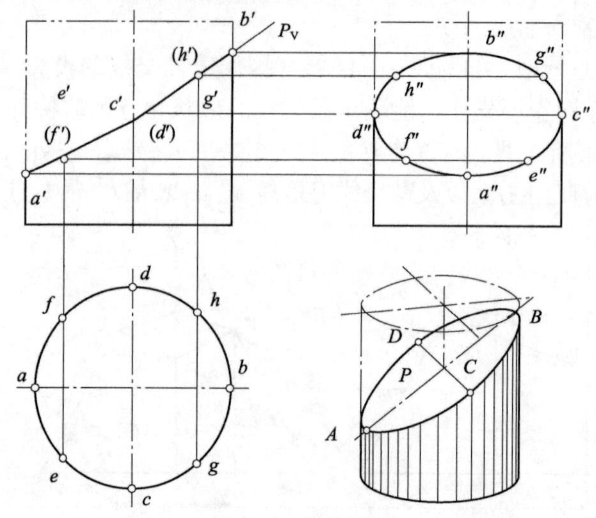

图 1-102　斜切圆柱的投影

分析:

圆柱被正垂面 P 截断,由于截平面 P 与圆柱轴线倾斜,故所得的截交线是一椭圆,它既位于截平面 P 上,又位于圆柱面上。因截平面 P 在 V 面上的投影有积聚性,故截交线的 V 面投影应与 P_v 重合。圆柱面的 H 面投影有积聚性,截交线的 H 面投影与圆柱面的 H 面投影重合。所以,只需要求出截交线的 W 面投影。

作图:

(1)作截交线的特殊点。特殊点通常指截交线上一些能确定截交线形状和范围的特殊位置点,如最高、最低、最左、最右、最前和最后点,以及轮廓线上的点。对应椭圆首先应求出长短轴的四个端点。因长轴的端点 A、B 是椭圆的最低点和最高点,位于圆柱的最左、最右两条素线上;短轴两端点 C、D 是椭圆最前点和最后点,位于圆柱的最前、最后两条素线上。这四点在 H 面上的投影分别是 a、b、c、d,在 V 面上的投影分别是 a'、b'、c'、d'。根据对应关系,可求出在 W 面上的投影 a''、b''、c''、d''。求出了这些特殊点,就确定了椭圆的大致范围。

(2)求一般点。为了准确地作出截交线,在特殊点之间还需求出适当数量的一般点。如图 1-102 所示,在截交线的水平投影上,取对称于中心线的四点 e、f、g、h,按投影关系可找到其正面投影 e'、f'、g'、h',再求出侧面投影 e''、f''、g''、h''。

(3)依次光滑连接各点,即可得截交线的侧面投影。

2)圆锥切割体

平面与圆锥体表面的交线有五种情况,见表 1-6。

圆锥切割后截交线的形状　　表 1-6

截平面位置	通过锥顶	垂直于轴线	倾斜于轴线 ($\alpha > \varphi$)	倾斜于轴线 ($\alpha = \varphi$)	倾斜于轴线 ($\alpha = 0°$ 或 $\alpha < \varphi$)
截交线	等腰三角形	圆	椭圆	抛物线加直线段	双曲线加直线段
轴测图					

续上表

截平面位置	通过锥顶	垂直于轴线	倾斜于轴线 （$\alpha>\varphi$）	倾斜于轴线 （$\alpha=\varphi$）	倾斜于轴线 （$\alpha=0°$或$\alpha<\varphi$）
投影图					

【例 1-3】求作被正平面截切的圆锥截交线，如图 1-103a）所示。

分析：

截平面为不过锥顶但平行于圆锥轴线的正平面，其截交线是双曲线和直线围成的平面图形。截交线的水平投影和侧面投影都积聚为直线，只需求正面投影，正面投影反映双曲线实形。

作图：

（1）求特殊点。点Ⅲ为最高点，位于最前素线上，点Ⅰ、Ⅴ为最低点，位于底圆上。可由其水平投影 3、1、5 及 3″、1″、5″求得其正面投影 3′、1′、5′。

（2）求一般点。在截交线已知的侧面投影上适当取两点的投影 2″、4″，然后采用辅助圆在圆锥表面上取点，求得其水平投影 2、4 和正面投影 2′、4′。

（3）依次光滑连接各点 1′、2′、3′、4′、5′，即得双曲线的正面投影。

（4）圆球切割体。

平面与球面的交线总是圆。如图 1-104 所示，是球面与投影面平行面（水平面 Q 和侧面平面 P）相交时，交线投影的基本作图方法。

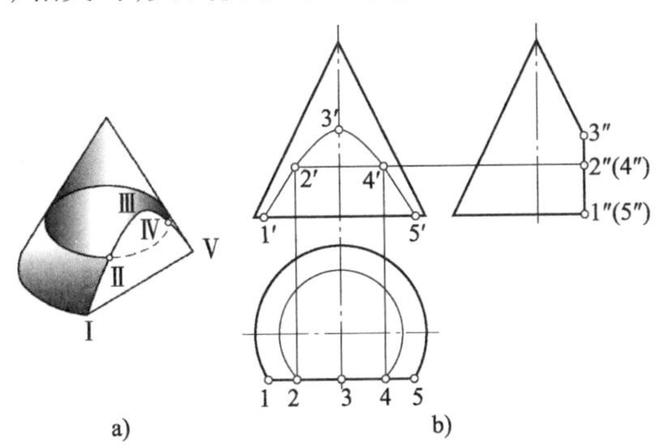

图 1-103　正平面截切圆锥

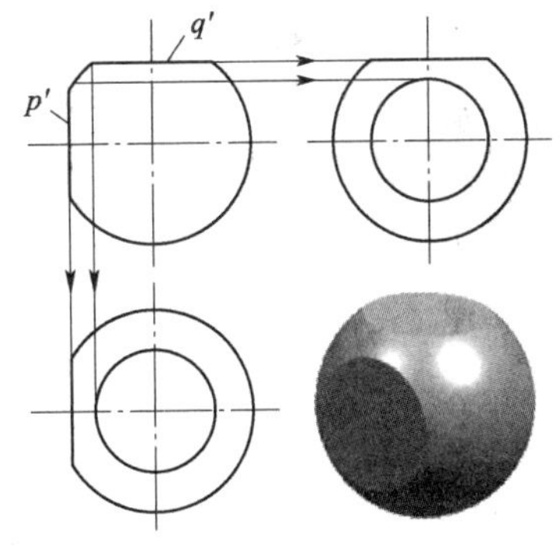

1-104　平面与球面交线的基本作图

【例 1-4】画出图 1-105a）所示立体的投影。

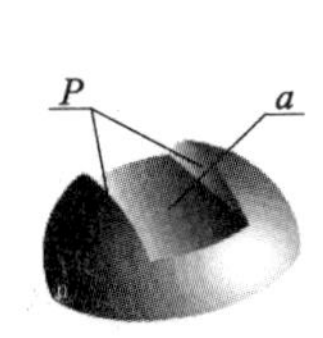

a)立体图

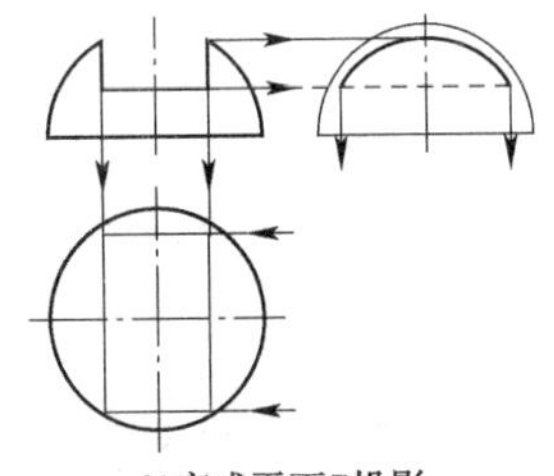

b)完成平面P投影

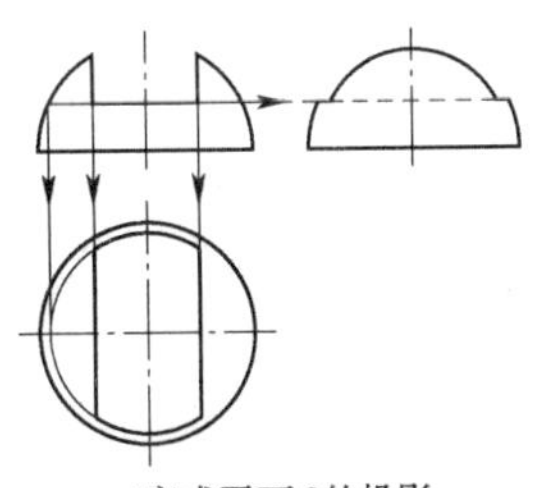

c)完成平面Q的投影

图 1-105　球上开槽的画法

分析：

该立体是在半个球的上部开出一个方槽后形成的。左右对称的两个侧平面 P 和水平面 Q 与球面的交线是圆弧，P 和 Q 彼此相交于直线段。

作图：

先画出立体的三个投影后，再根据方槽的正面投影作出其水平投影和侧面投影。

(1)完成侧平面 P 的投影如图 1-105b)所示。根据分析，平面 P 的边界由平行于侧面的圆弧和直线组成。先由正面投影作出其侧面投影，其水平投影的两个端点，应由其余两个投影来确定。

(2)完成水平面 Q 的投影如图 1-105c)所示。由分析可知，平面 Q 的边界是由相同的两段水平圆弧和两段直线组成的对称图形。作水平投影时，要注意圆弧半径的求法。

【例 1-5】求作顶尖头部被截后的投影交线，如图 1-106 所示。

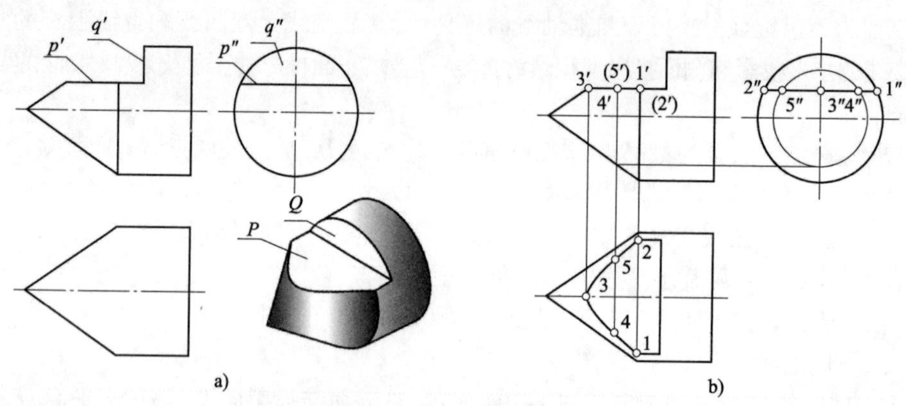

图 1-106　顶尖头部的截交线

分析：

顶尖是由轴线垂直于侧面的圆锥和圆柱组成的同轴回转体，圆锥与圆柱的公共底圆是它们的分界线，顶尖的切口由平行于轴线的平面 P 和垂直于轴线的平面 Q 截切。平面 P 与圆锥面的交线为双曲线，与圆柱面的交线为两条直线；平面 Q 与圆柱的交线是一圆弧；平面 P、Q 彼此相交于直线段，如图 1-106a)所示。

作图：

(1)求作平面 P 与顶尖的截交线，如图 1-106b)所示。由于其正面投影和侧面投影有积聚性，故只需求出水平投影。首先找出圆锥与圆柱的分界线，从正面投影可知，分界点即为 1′、2′，侧面投影为 1″、2″，进而求出 1、2。分界点左边为双曲线，其中 1、2、3 为特殊点，4、5 为一般点，具体作图步骤读者自己分析。右边为直线，可直接画出。

(2)平面 Q 的正面投影和水平投影都积聚为直线，侧面投影积聚到圆周上的一段圆弧，可直接求出。

(3)判别可见性，将各点依次光滑连接并加深。

4. 切割体的尺寸标注

切割体除了要标注基本体的尺寸外，还要标注切口(截切)位置的尺寸。因为截平面与立体的相对位置确定后，截交线已完全确定，所以不能标注截交线的尺寸。

下面是一些常见切割体的尺寸标注法示例，如图 1-107 所示。

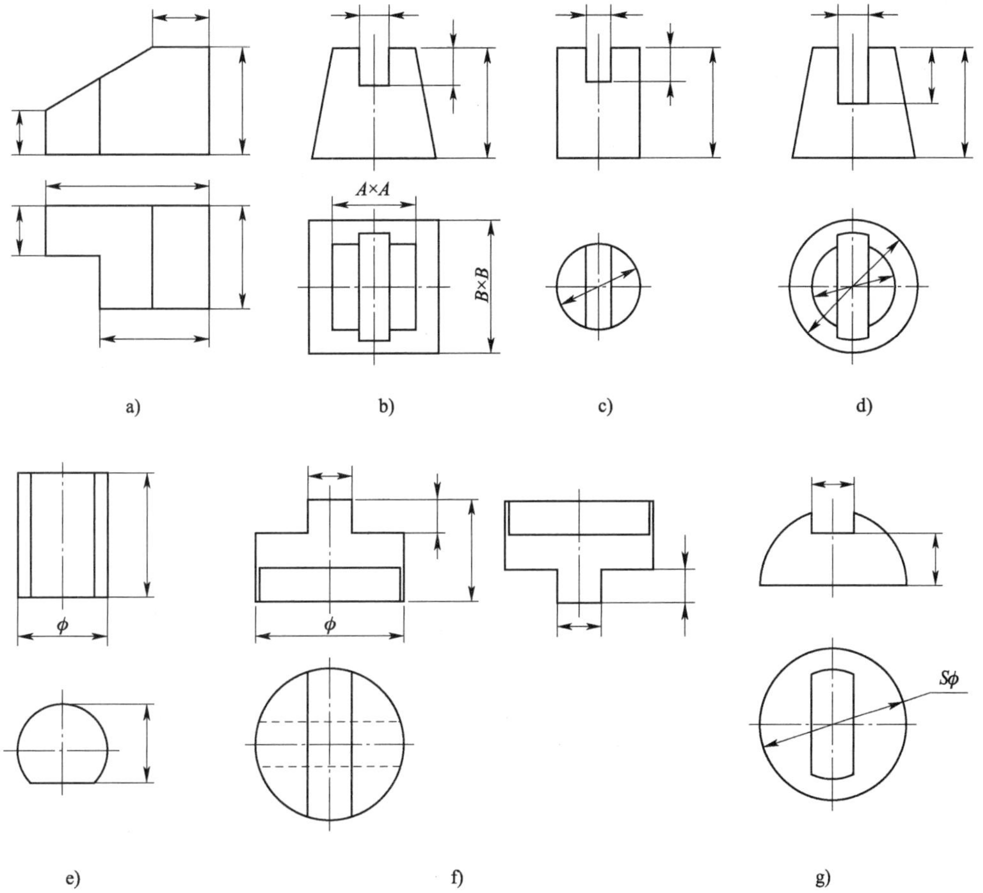

图1-107　切割体的尺寸标注

四、两回转体表面相交——相贯线

两曲面立体相交，其表面交线称为相贯线。两立体相交后组成的形体，称为相贯体。常见的机械零件以回转体相贯居多，如三通管（图1-108），我们着重介绍这类相贯线的性质及画法。

1. 相贯线的几何性质及其求法

由于相贯线是两立体表面的交线，因此，它具有以下基本性质。

（1）共有性。相贯线是两曲面立体表面的共有线，相贯线上的所有点都是两曲面立体表面的共有点。

图1-108　三通管

（2）分界性。相贯线是两相交曲面立体的分界线。

（3）封闭性。由于立体的表面是封闭的，因此相贯线一般是封闭的空间曲线，特殊情况下为平面曲线或直线。

相贯线的作图方法：

根据相贯线的性质求两回转体相贯线的问题，可以归结为求两回转体表面上的共有点的问题。

求作相贯线的一般步骤是：根据给出的投影，分析两相交回转体的形状、大小及其轴线的相对位置，判定相贯线各投影的特点，再进行作图。

求相贯线上点的方法主要有两种:一是表面取点法;二是辅助平面法。

求相贯线时,应尽可能首先确定相贯线上的特殊点。例如,相贯线上与投影面距离最近、最远的点以及位于曲面转向线上的点。因为这些点可以帮助确定相贯线投影的大致形状并判别它们的可见性。除特殊点外,还要作出适当数量的一般点,以便使连线光滑、准确,同时要用虚、实线分别表示不可见和可见的部分。

判别可见性的原则是:只有同时位于两立体可见表面的相贯线的投影才是可见的,否则是不可见的。

2. 表面取点法求相贯线

当两曲面立体相交,其中至少有一个为圆柱体,其轴线垂直于某投影面时,则圆柱面在该投影面上的投影为一个圆。其他投影可根据表面取点的方法作出。

【**例 1-6**】如图 1-109a)所示,求作轴线正交的两圆柱的相贯线的投影。

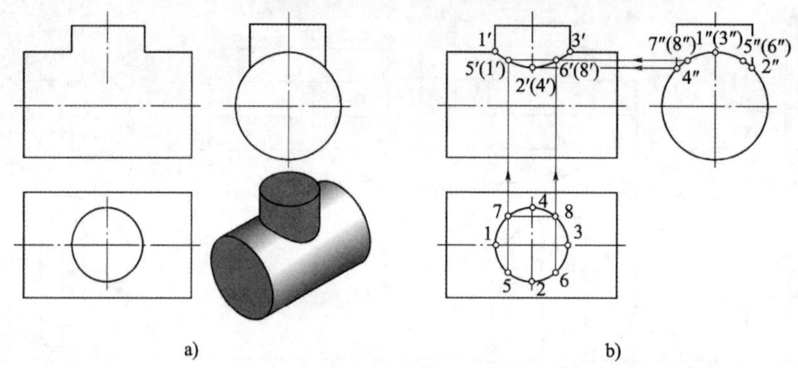

图 1-109　两圆柱相贯

分析:

由于两圆柱正交,因此相贯线为前后、左右均对称的空间曲线。其水平投影重影于直立圆柱的水平投影上,侧面投影重影与水平圆柱的侧面投影上,所以只需作相贯线的正面投影。

作图:

(1)求特殊点。从水平投影和侧面投影可以看出,两圆柱 V 面投影轮廓线的交点为相贯线的最左点Ⅰ(1,1′,1″)和最右点Ⅲ(3,3′,3″),同时它们又是最高点。从侧面投影中可以直接得到最低点Ⅱ(2,2′,2″)和Ⅳ(4,4′,4″),同时它们又是最前点和最后点。

(2)求一般点。由于相贯线的水平投影具有积聚性,且已知相贯线前后左右都对称,可以在水平投影上取点 5、6、7、8,由于水平圆柱的侧面投影具有积聚性,可作出其侧面投影 5″、6″、7″、8″,最后由水平、侧面投影求得其正面投影 5′、6′、7′、8′。

(3)判别可见性。相贯线正面投影的可见与不可见部分重合,故画成粗实线。

(4)依次光滑连接各点的正面投影,即为所求,见图 1-109b)。

机件中经常会遇到穿圆孔的基本体,圆柱孔实为内圆柱面。因此,相交的两柱面可以是两个外表面(图 1-110a),或是一个外表面与另一个内表面(图 1-110b),也可以是两个内表面(图 1-110c),其相贯线的形状和作法是完全相同的。

3. 辅助平面法求相贯线

辅助平面法是用辅助平面同时截切相贯的两回转体,在两回转体表面得到两条截交线,这两条截交线的交点即为相贯线上的点。这些点既在相贯两立体的表面上,又在辅助平面上，因此根据三面共点原理，用若干个辅助平面求出相贯线上一系列共有点即可求得相贯线。但应强调的是，取辅助平面时，必须使它们与两回转体相交后，所得截交线的投影为最简单（直线或圆）。另外，有些也可应用立体表面上取点、线的方法求之。

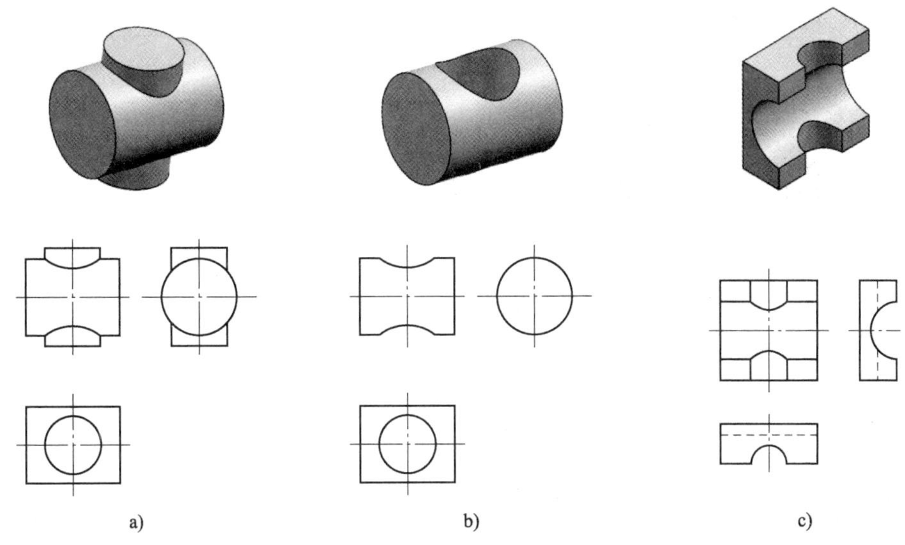

图 1-110　两圆柱面相交的三种形式

【例 1-7】如图 1-111 所示，求圆柱与圆锥的相贯线。

分析：

圆柱与圆锥轴线垂直相交，圆柱全部穿进左半圆锥，相贯线为封闭的空间曲线。由于这两个立体前后对称，因此相贯线也前后对称。又由于圆柱的侧面投影积聚成圆，相贯线的侧面投影也必然重合在这个圆上。需要求的是相贯线的正面投影和水平投影。可选择水平面作辅助平面，它与圆锥面的截交线为圆，与圆柱面的截交线为两条相互平行的直线，圆与直线的交点即为相贯线上的点，如图 1-110a）所示。

作图：

（1）求特殊点，如图 1-111b）所示。在侧面投影圆上确定 1″、2″，它们是相贯线上的最高点和最低点的侧面投影，可直接求出 1′、2′，再根据投影规律求出 1、2。

过圆柱轴线作水平面 P_1，与圆柱相交于最前、最后两条素线；与圆锥相交为一圆，它们的水平投影的交点即为相贯线上最前点Ⅲ和最后点Ⅳ的水平投影 3、4，由 3、4 和 3″、4″可求出正面投影 3′、4′，这是一对重影点。

（2）求一般位置点，如图 1-111c）所示。作水平面 P_2，求得Ⅴ、Ⅵ两点的投影。需要时还可以在适当位置再作水平辅助面，求出相贯线上的点（如作水平面 P_3，求出Ⅶ、Ⅷ两点的投影）。

（3）依次连接各点的同面投影，根据可见性判别原则可知：水平投影中 3、7、2、8、4 点连接，连接线在圆柱面下部，故不可见，表示为虚线，其余点的连线表示为实线，如图 1-111d）所示。

4. 回转体相贯的特殊情况

除了上面所讲到的常见形式外，相贯线还有以下几种特殊情况。

（1）轴线相交且平行于同一投影面的圆柱与圆柱、圆柱与圆锥、圆锥与圆锥相贯，若它们能公切于一个球，则它们的相贯线是垂直于这个投影面的椭圆。

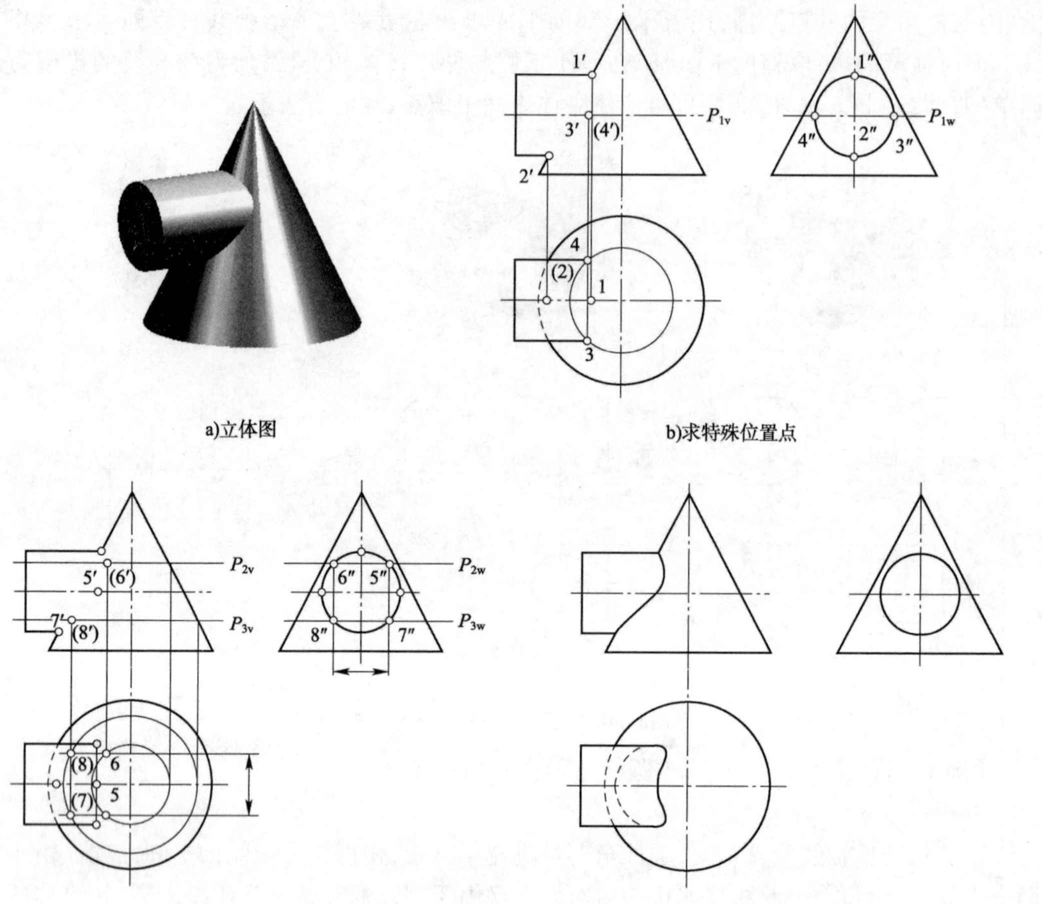

a)立体图　　b)求特殊位置点

c)求一般位置点　　d)连接完成全图

图 1-111　圆柱与圆锥的相贯线

图 1-112 中,圆柱与圆柱、圆柱与圆锥、圆锥与圆锥相贯,轴线都分别相交,且都平行于正平面,还公切于一个球,因此它们的相贯线都是垂直于正平面的两个椭圆。连接它们的正面投影的转向轮廓线的交点,即相贯线的正面投影。

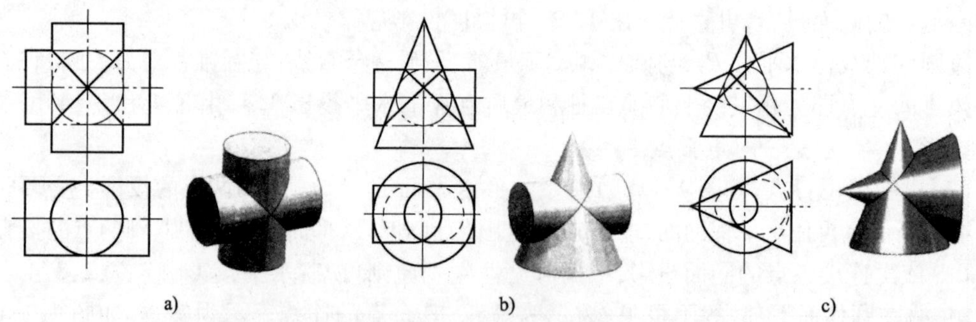

a)　　b)　　c)

图 1-112　公切于同一个球的圆柱、圆锥的相贯线

(2)两个同轴回转体的相贯线,是垂直于轴线的圆(图 1-113)。

(3)相贯线是直线。

①两圆柱的轴线平行时,相贯线在圆柱面上的部分是直线,如图 1-114a)所示。

②两圆锥共锥顶时,相贯线在锥面上的部分是直线,如图 1-114b)所示。

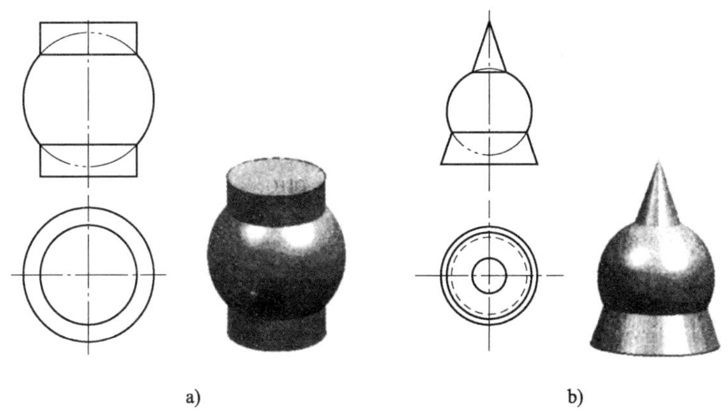

图 1-113　两个同轴回转体的相贯线

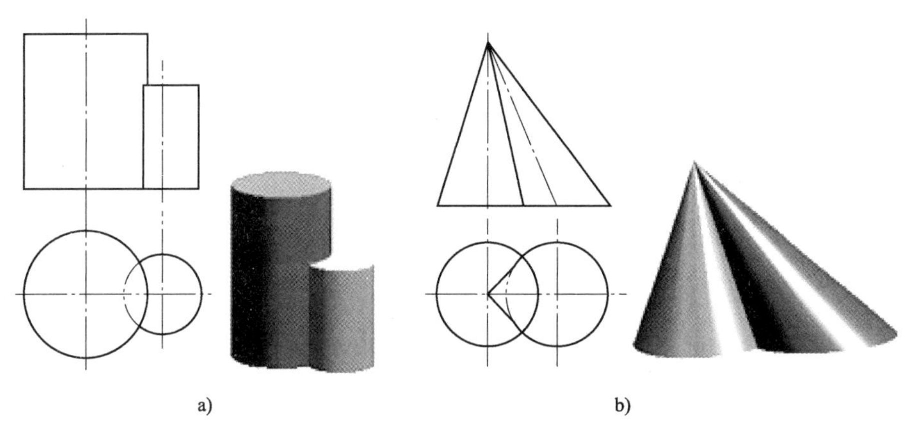

图 1-114　圆柱、圆锥相贯的特殊情况

5. 相贯体的尺寸标注

标注相贯体的尺寸，除了要标注两相交基本体的定形尺寸外，还应标注反映两个基本体相对位置的定位尺寸，并将定位尺寸集中标注在反映两基本体相对位置明显的特征视图上。

下面是一些常见的相贯体尺寸标注法示例，如图 1-115 所示。

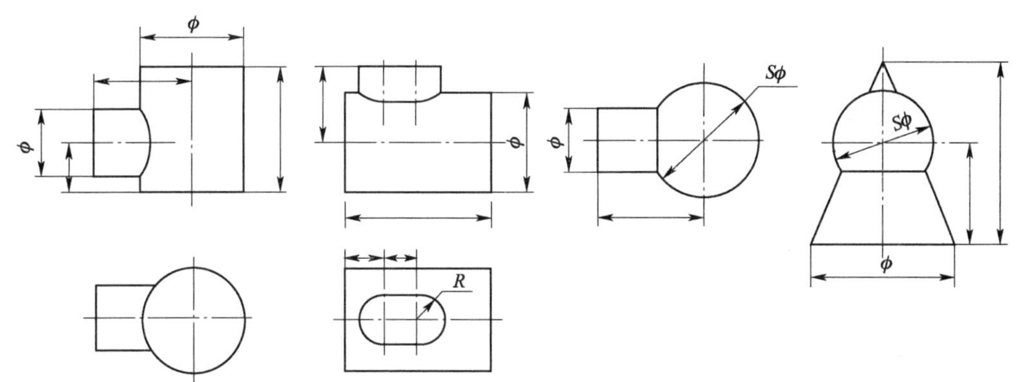

图 1-115　相贯体的尺寸标注

注意：当两相贯的基本体形状、大小和相对位置确定后，相贯线的形状、大小及位置也随之确定，所以相贯线上不应再标注尺寸。

五、组合体

任何复杂的机器零件,从形体角度看,都是由一些基本形体组合而成的。这种由基本形体组合而成的物体称为组合体。下面首先学习组合体的构造及形体分析法,在此基础上进一步讨论组合体的画图、看图及尺寸标注等问题。

1. 组合体的组合形式和表面连接关系

1)组合体的组合形式

组合体的组合形式可分为叠加、切割(包括穿孔)、综合。最基本的组合方式为叠加和切割,但应用较多的是这两种方式的综合运用。

叠加:指组合体由若干基本形体按一定要求叠加而成。

切割:指组合体由某一基本形体切去若干形体而成。

综合:指组合体同时兼有叠加和切割两种组合形式,如图 1-116 所示。

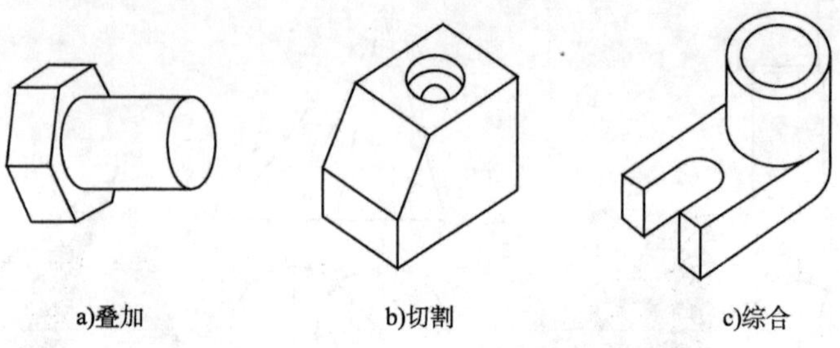

图 1-116　组合体的组合形式

2)组合体的表面连接关系

(1)平齐或不平齐

当两基本体表面平齐时,结合处不画分界线。当两基本体表面不平齐时,结合处应画出分界线。

举例:如图 1-117a)所示组合体,上、下两表面平齐,在主视图上不应画分界线。如图 1-117b)所示组合体,上、下两表面不平齐,在主视图上应画出分界线。

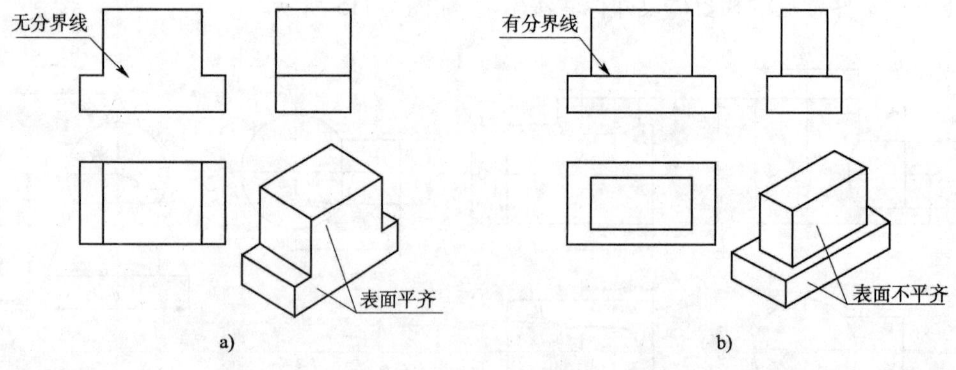

图 1-117　组合体的组合形式

(2)相切

当两基本体表面相切时,在相切处不画分界线。

举例:如图 1-118a)所示组合体,它由底板和圆柱体组成,底板的侧面与圆柱面相切,在相切处形成光滑的过渡,因此主视图和左视图中相切处不应画线,此时应注意两个切点 A、B 的正面投影 a'、(b') 和侧面投影 a''、(b'') 的位置。图 1-118b)是常见的错误画法。

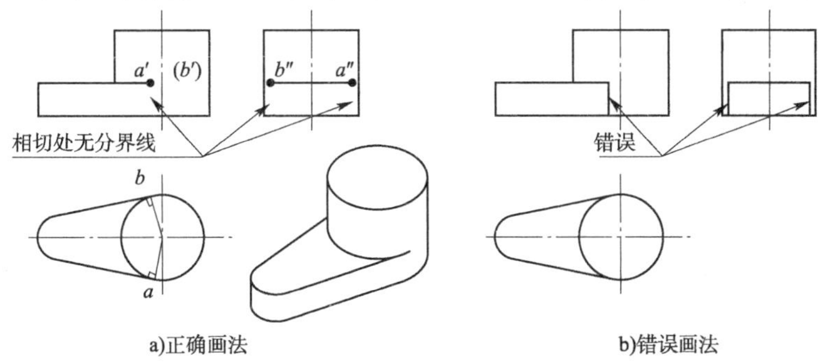

图 1-118 表面相切的画法

(3)相交

当两基本体表面相交时,在相交处应画出分界线。

举例:如图 1-119a)所示组合体,它也是由底板和圆柱体组成,但本例中底板的侧面与圆柱面是相交关系,故在主、左视图中相交处应画出交线。图 1-119b)是常见的错误画法。

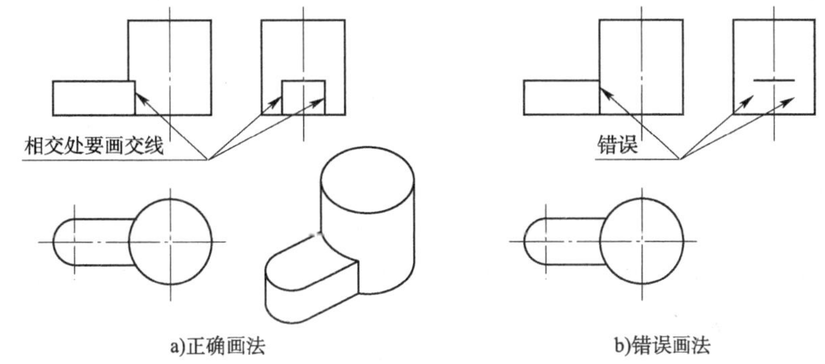

图 1-119 表面相交的画法

2. 组合体视图的画法

画组合体的视图时,经常采用形体分析法和线面分析法。所谓形体分析法,就是将组合体分成几个部分、弄清楚各部分的形状、组合方式、相对位置及表面连接关系,以便于画图和读图的方法。所谓线面分析法,就是分析组合体各表面及棱线、外形素线等与投影面的相对位置,以明确其投影特征;分析表面之间的连接关系及表面交线的形成和画法,以便于画图和读图的方法。

1)应用形体分析法画图举例

(1)形体分析

画图前,首先应对组合体进行形体分析,分析该组合体是由哪些基本体所组成的,了解它们之间的相对位置、组合形式以及表面间的连接关系及其分界线的特点。

图 1-120 中的支座由大圆筒、小圆筒、底板和肋板组成,从图中可以看出大圆筒与底板接合,底板的底面与大圆筒底面共面,底板的侧面与大圆筒的外圆柱面相切;肋板叠加在底板的上表面上,右侧与大圆筒相交,其表面交线为 A、B、C、D,其中 D 为肋板斜面与圆柱面相交而产生的椭圆弧;大圆筒与小圆筒的轴线正交,两圆筒相贯连成一体,因此两者的内外圆柱面相交处都有相贯线。通过对支座进行这样的分析、弄清它的形体特征,对于画图有很大帮助。

在具体画图时，可以按各个部分的相对位置，逐个画出它们的投影以及它们之间的表面连接关系，综合起来即得到整个组合体的视图。

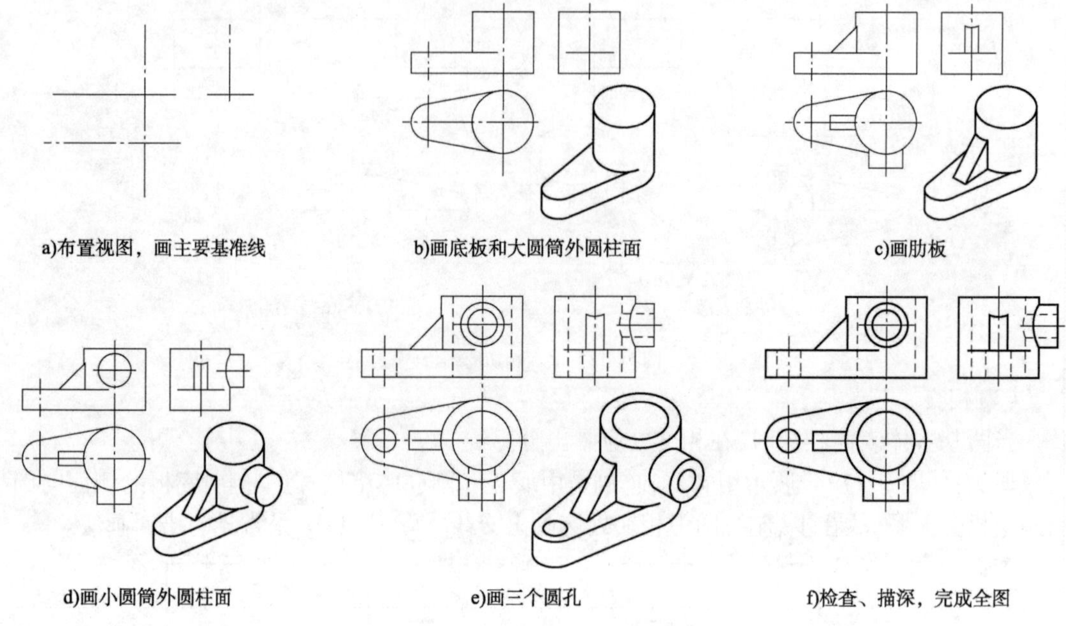

图 1-120　支座三视图的作图步骤

(2)选择主视图

在表达组合体形状的一组视图中，主视图是最主要的视图。在画三视图时，主视图的投影方向确定以后，其他视图的投影方向也就被确定了。因此，主视图的选择是绘图中的一个重要环节。主视图的选择一般根据形体特征原则来考虑，即以最能反映组合体形体特征的那个视图作为主视图，同时兼顾其他两个视图表达的清晰性。选择时还应考虑物体的安放位置，尽量使其主要平面和轴线与投影面平行或垂直，以便使投影能得到实形。

(3)确定比例和图幅

视图确定后，要根据物体的复杂程度和尺寸大小，按照标准的规定选择适当的比例与图幅。选择的图幅要留有足够的空间以便于标注尺寸和画标题栏等。

(4)布置视图位置

布置视图时，应根据已确定的各视图每个方向的最大尺寸，并考虑到尺寸标注和标题栏等所需的空间，匀称地将各视图布置在图幅上。

(5)绘制底稿

支座的绘图步骤如图 1-120 所示。

绘图时应注意的问题：

①为保证三视图之间相互对正，提高画图速度，减少差错，应尽可能把同一形体的三面投影联系起来作图，并依次完成各组成部分的三面投影。不要孤立地先完成一个视图，再画另一个视图。

②先画主要形体，后画次要形体；先画各形体的主要部分，后画次要部分；先画可见部分，后画不可见部分。

③应考虑到组合体是各个部分组合起来的一个整体，作图时要正确处理各形体之间的表面连接关系。

2）应用线面分析法画图举例

对于切割体来说，在挖切过程中形成的面和交线较多，形体不完整。解决这类问题时，在用形体分析法分析形体的基础上，对某些线面还要作线面投影特性的分析，这样才能绘出正确的图形。现以图1-121所示的组合体为例说明作图步骤。

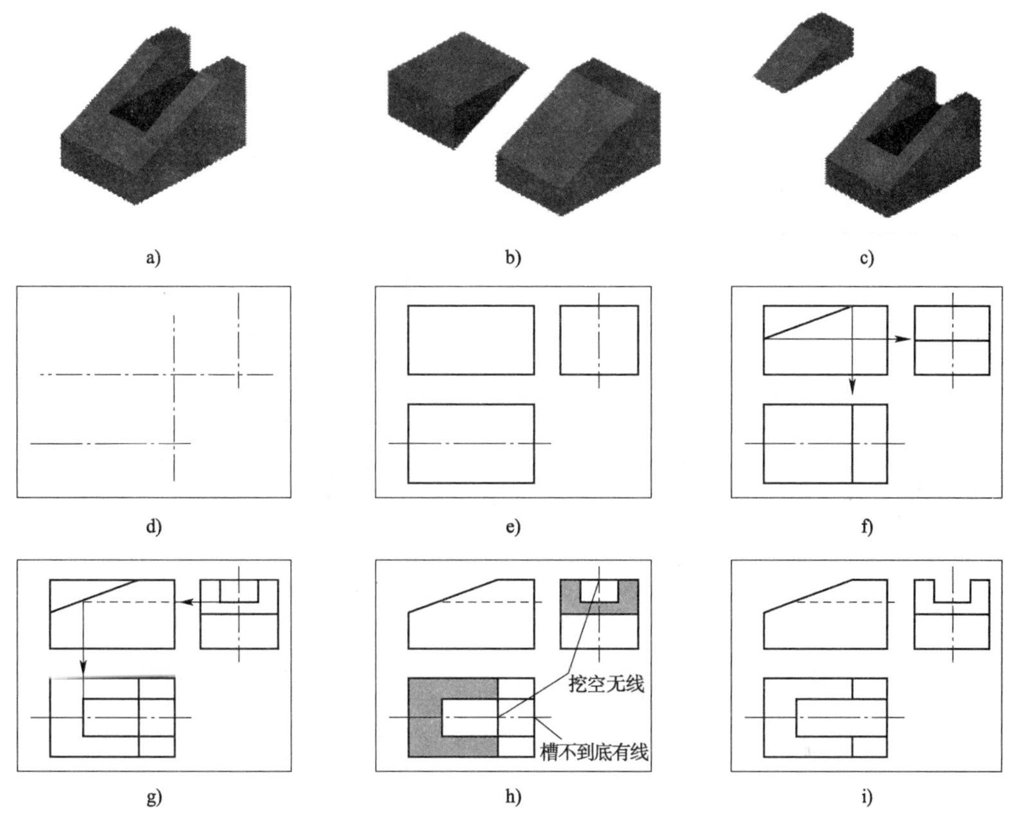

图1-121　线面分析法画图步骤

3. 组合体的尺寸标注

1）尺寸基准

标注尺寸的起始位置称为尺寸基准。组合体有长、宽、高三个方向的尺寸，每个方向至少应有一个尺寸基准。组合体的尺寸标注中，常选取对称面、底面、端面、轴线或圆的中心线等几何元素作为尺寸基准。在选择基准时，每个方向除一个主要基准外，根据情况还可以有几个辅助基准。基准选定后，各方向的主要尺寸（尤其是定位尺寸）就应从相应的尺寸基准进行标注。

举例：如图1-122所示支架，是用竖板的右端面作为长度方向尺寸基准；用前、后对称平面作为宽度方向尺寸基准；用底板的底面作为高度方向的尺寸基准。

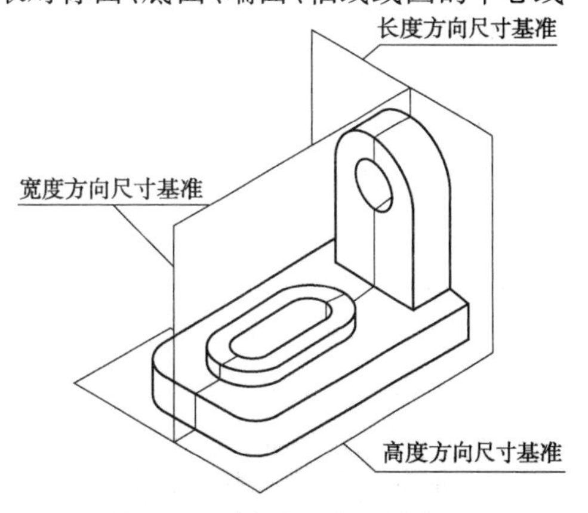

图1-122　支架的尺寸基准分析

2）尺寸标注要完整

尺寸种类：要使尺寸标注完整，既无遗漏，又不重复，最有效的办法是对组合体进行形体分析，根据各基本体形状及其相对位置分别标注以下几类尺寸。

(1)定形尺寸

确定各基本体形状大小的尺寸。

举例:图 1-123a)中的 50、34、10、*R*8 等尺寸确定了底板的形状。而 *R*14、18 等是竖板的定形尺寸。

(2)定位尺寸

确定各基本体之间相对位置的尺寸。

举例:如图 1-123a)俯视图中的尺寸 8 确定竖板在宽度方向的位置,主视图中尺寸 32 确定 ϕ16 孔在高度方向的位置。

(3)总体尺寸

确定组合体外形总长、总宽、总高的尺寸。总体尺寸有时和定形尺寸重合,如图 1-123a)中的总长 50 和总宽 34 同时也是底板的定形尺寸。对于具有圆弧面的结构,通常只注中心线位置尺寸,而不标注总体尺寸。如图 1-123b)中总高可由 32 和 *R*14 确定,此时就不再标注总高 46 了。当标注了总体尺寸后,有时可能会出现尺寸重复,这时可考虑省略某些定形尺寸。如图 1-123c)中总高 46 和定形尺寸 10、36 重复,此时可根据情况将此二者之一省略。

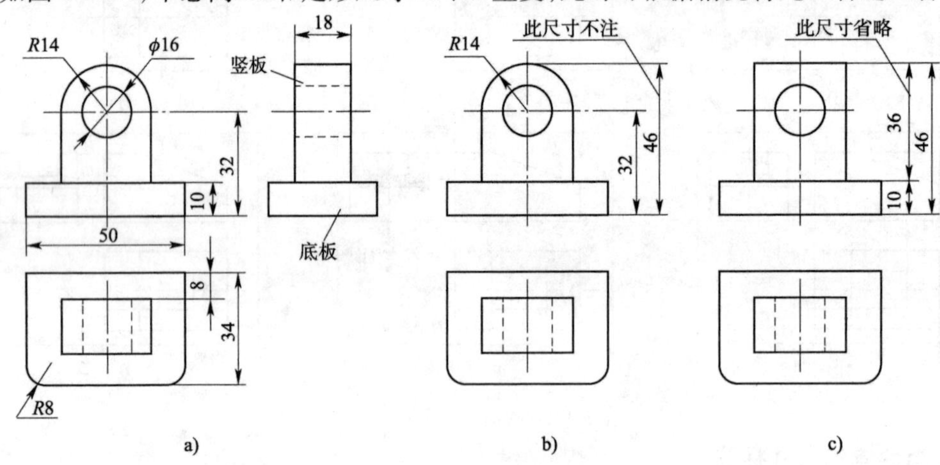

图 1-123 尺寸种类

3)标注尺寸的方法和步骤

标注组合体的尺寸时,应先对组合体进行形体分析,选择基准,标注注出定形尺寸、定位尺寸和总体尺寸,最后检查、核对。

以图 1-124a)、b)所示的支座为例说明组合体尺寸标注的方法和步骤。

(1)进行形体分析。

该支座由底板、圆筒、支撑板、肋板四个部分组成,它们之间的组合形式为叠加,如图 1-124c)所示。

(2)选择尺寸基准。

该支座左右对称,故选择对称平面作为长度方向尺寸基准;底板和支撑板的后端面平齐,可选作宽度方向尺寸基准;底板的下底面是支座的安装面,可选作高度方向尺寸基准,如图 1-124a)所示。

(3)根据形体分析,逐个注出底板、圆筒、支撑板、肋板的定形尺寸,如图 1-124d)、e)所示。

(4)根据选定的尺寸基准,注出确定各部分相对位置的定位尺寸。如图 1-124f)中确定圆筒与底板相对位置的尺寸 32，以及确定底板上两个 $\phi8$ 孔位置的尺寸 34 和 26。

（5）标注总体尺寸。图 1-124 中所示支座的总长与底板的长度相等，总宽由底板宽度和圆筒伸出部分长度确定，总高由圆筒轴线高度加圆筒直径的一半确定，因此这几个总体尺寸都已标出。

（6）检查尺寸标注有无重复、遗漏，并进行修改和调整，最后结果如图 1-124f）所示。

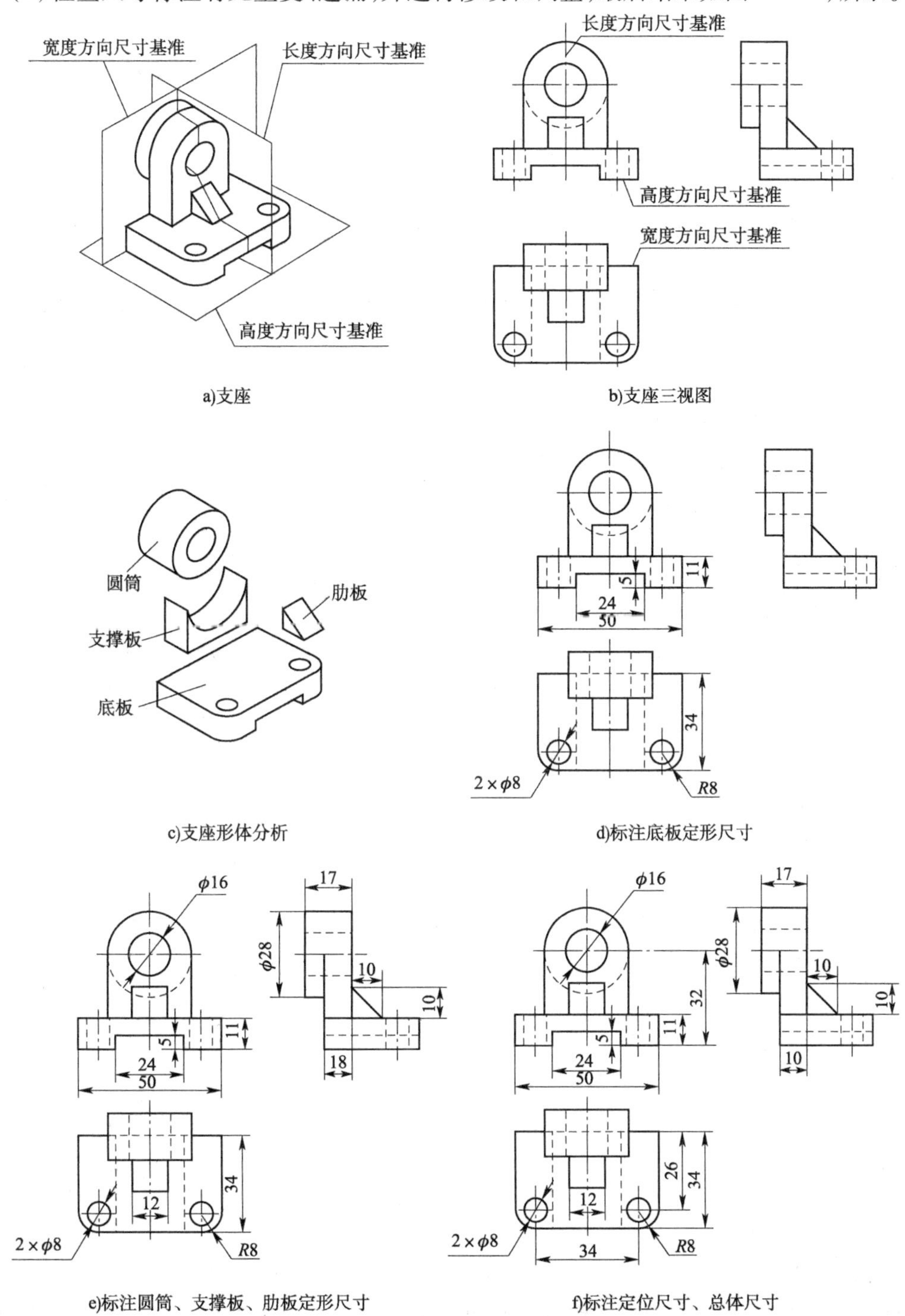

图 1-124　支座的尺寸标注

4. 标注尺寸要清晰

标注尺寸不仅要求正确、完整,还要求清晰,以方便读图。为此,在严格遵守机械制图国家标准的前提下,还应注意以下几点:

(1)尺寸应尽量标注在反映形体特征最明显的视图上。

举例:如图 1-124d)中底板下部开槽宽度 24 和高度 5,标注在反映实形的主视图上较好。

(2)同一基本形体的定形尺寸和确定其位置的定位尺寸,应尽可能集中标注在一个视图上。

举例:如图 1-124f)上将两个 $\phi8$ 圆孔的定形尺寸 $2\times\phi8$ 和定位尺寸 34、26 集中标注在俯视图上,这样便于在读图时寻找尺寸。

(3)直径尺寸应尽量标注在投影为非圆的视图上,而圆弧的半径应标注在投影为圆的视图上。

举例:如图 1-124e)中圆筒的外径 $\phi28$ 标注在其投影为非圆的左视图上,底板的圆角半径 $R8$ 标注在其投影为圆的俯视图上。

(4)尽量避免在虚线上标注尺寸。

举例:如图 1-124e)将圆筒的孔径 $\phi16$ 标注在主视图上,而不是标注在俯、左视图上,因为 $\phi16$ 孔在这两个视图上的投影都是虚线。

(5)同一视图上的平行并列尺寸,应按"小尺寸在内,大尺寸在外"的原则来排列,且尺寸线与轮廓线、尺寸线与尺寸线之间的间距要适当。

(6)尺寸应尽量配置在视图的外面,以避免尺寸线与轮廓线交错重叠,保持图形清晰。

5. 常见结构的尺寸注法

图 1-125 列出了组合体上一些常见结构的尺寸注法。要求学生熟记图例。

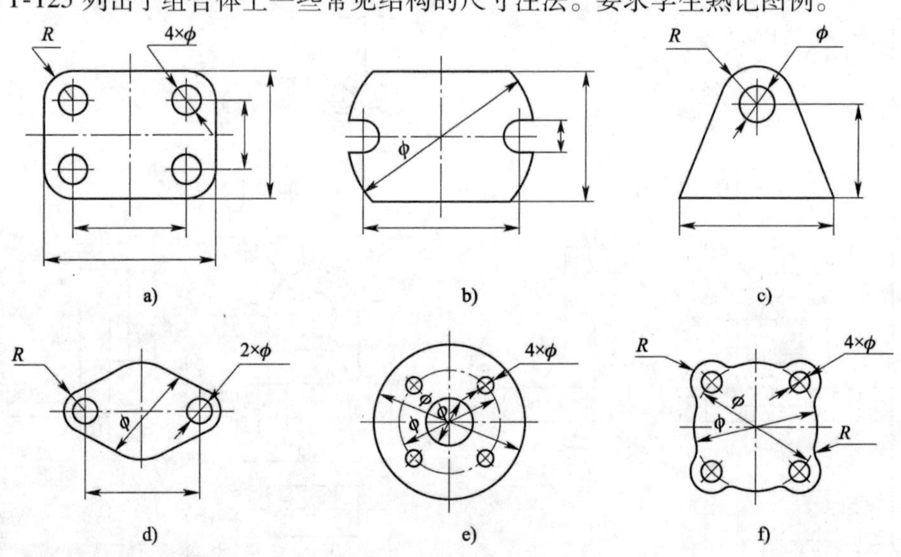

图 1-125 常见结构的尺寸注法

任务实施

针对任务中的轴承座模型图,根据前面知识准备中相关知识点的讲解,下面阐述任务的具体实施过程。

1. 轴承座三视图的绘制过程

1）形体分析

拿到物体后，先分析它的形状和结构特点，是由哪几个基本体组成的，再分析它们之间的相互位置，然后选择视图。

轴承座形体分析：组合形式，堆积形成，如图 1-126 所示。

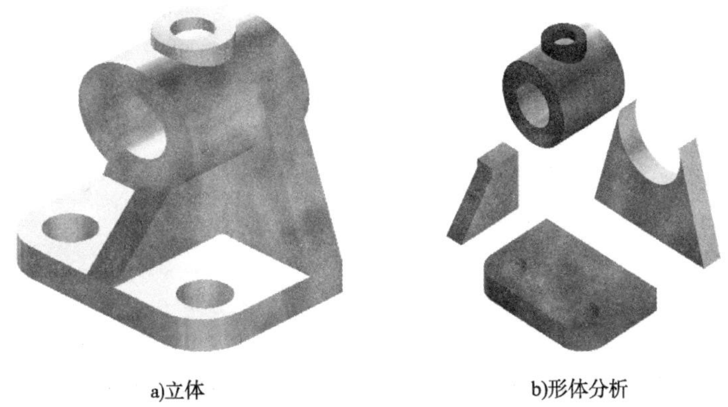

a)立体　　b)形体分析

图 1-126　轴承座

2）视图选择

在选择视图时，首先要选好主视图，如图 1-127 所示。确定主视图一般应符合以下原则：

（1）符合自然安放位置。

（2）反映形体特征，也就是在主视图上能清楚地表达组成该组合体的各基本形体的形状及它们之间的相对位置关系。

（3）尽量减少其他视图中的虚线。

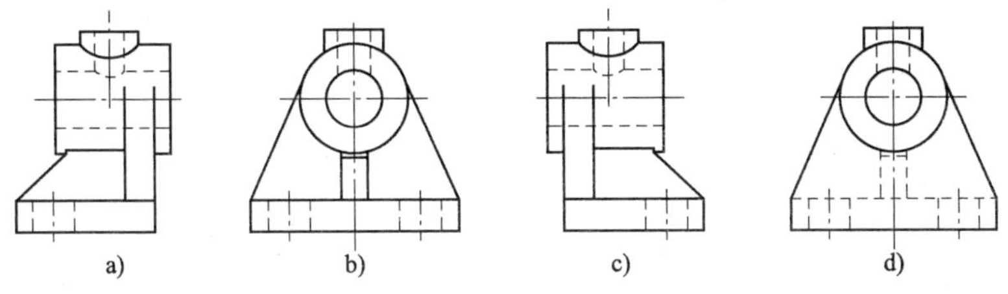

a)　b)　c)　d)

图 1-127　选择主视图

3）画图

（1）选比例、定图幅

根据物体的大小选定作图比例，并在视图之间留出标注尺寸的位置和适当的间距，据此选用合适的标准图幅。

（2）布图、画基准线

基准线是指画图时测量尺寸的基准，每个视图需要确定两个方向的基准线。通常用对称中心线、轴线和大端面作为基准线，如图 1-128a）所示

（3）逐个画出各形体的三视图

画形体的顺序：先实后空；先大后小；先画轮廓，后画细节。

注意：三个视图配合画，从反映形体特征的视图画起，再按投影规律画出其他两个视图。

①轴承的三视图，如图 1-128b）所示。

②画底板的三视图，如图 1-128c）所示。

③支承板的三视图，如图 1-128d）所示。

④画肋板的三视图，如图 1-128e）所示。

4）检查底稿、描深

各部分的底稿画好后，要进行认真检查，然后按规定线型描深，如图 1-128f）所示。

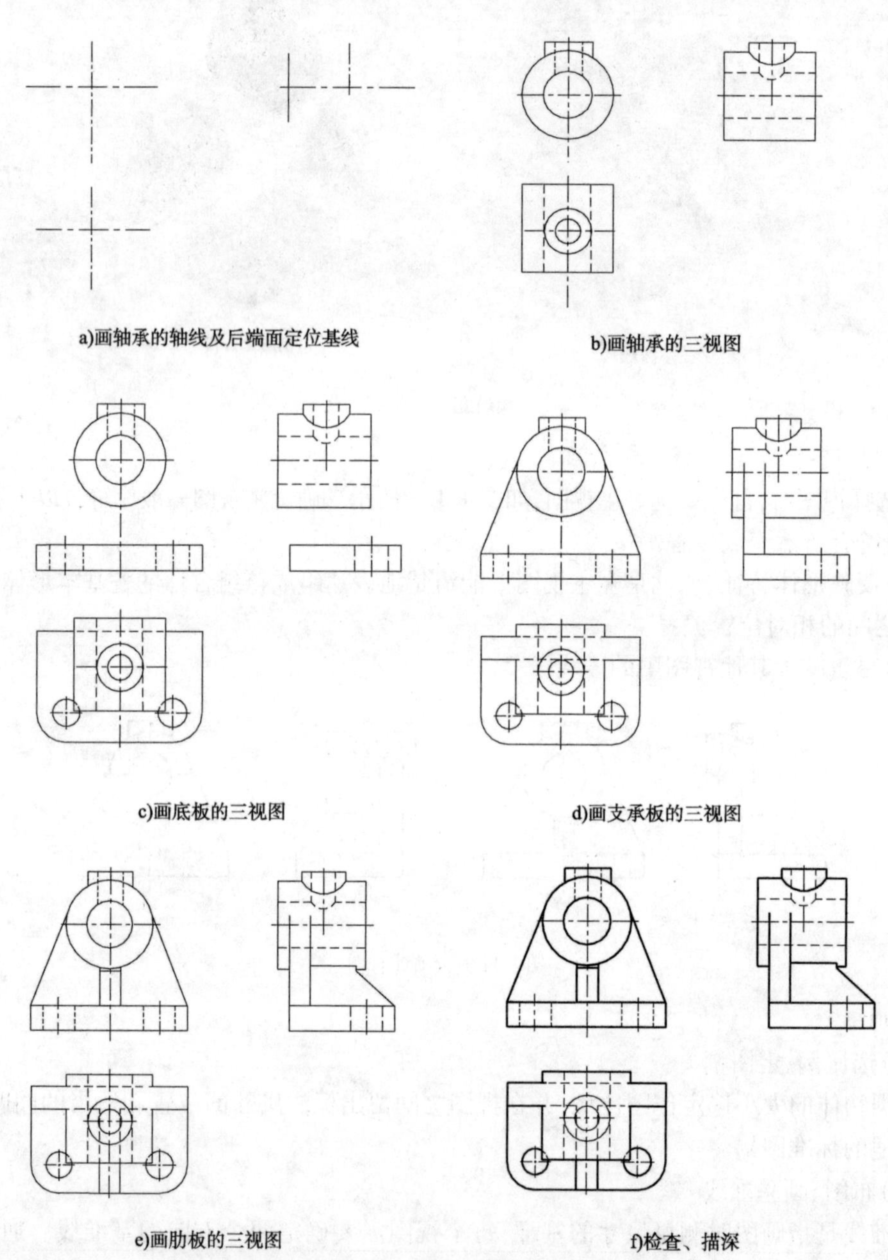

图 1-128　轴承座三视图画图步骤

2. 轴承座模型尺寸标注

轴承座的尺寸标注步骤，如图 1-129 所示。

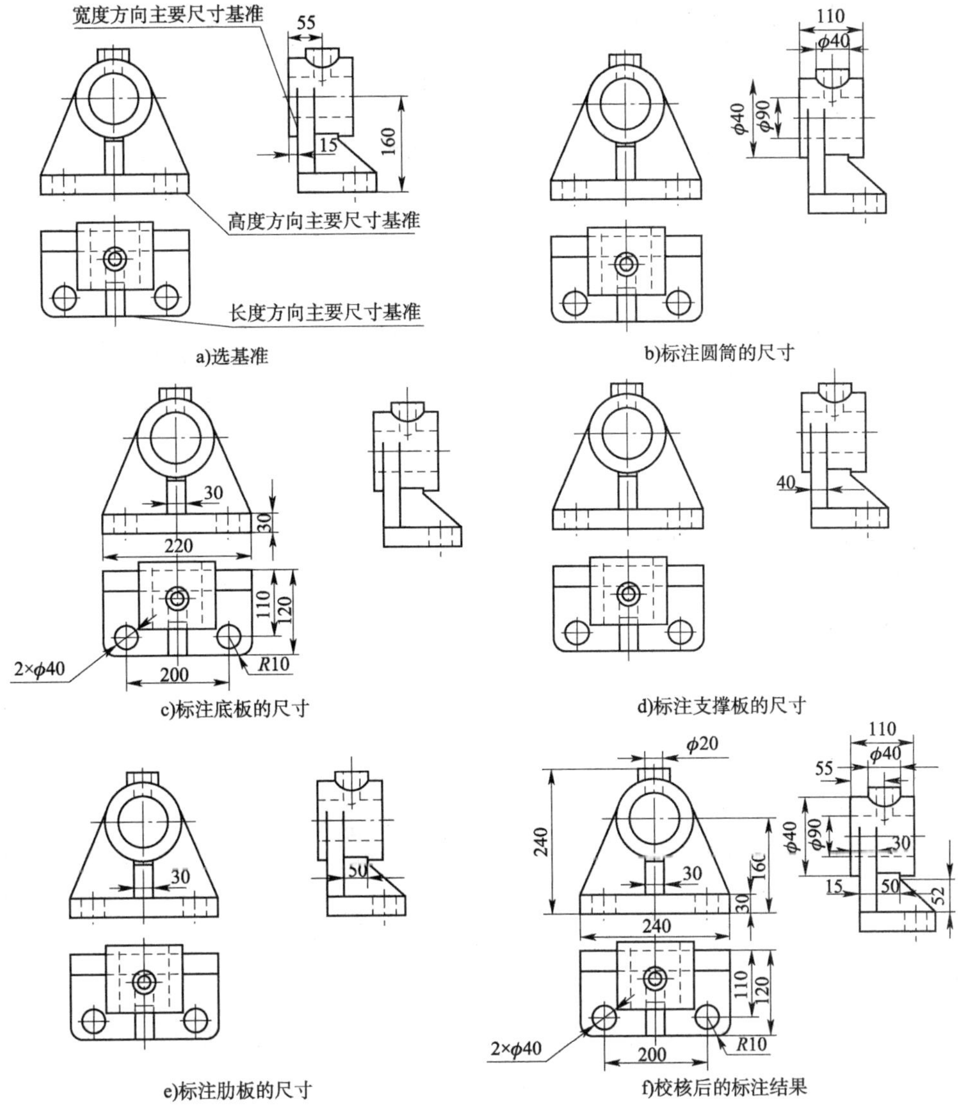

a)选基准

b)标注圆筒的尺寸

c)标注底板的尺寸

d)标注支撑板的尺寸

e)标注肋板的尺寸

f)校核后的标注结果

图 1-129 轴承座的尺寸标注

自我评价

1. 已知 B 点的三面投影，并知点 A 在点 B 之前 10mm、下 5mm、右 15mm，点 C 在点 B 正后方 6mm。求作 A、C 两点的投影，见图 1-130。

2. 求作各点的三面投影。已知空间点 A(20、17、25)，B(0、10、16)，如图 1-131 所示。

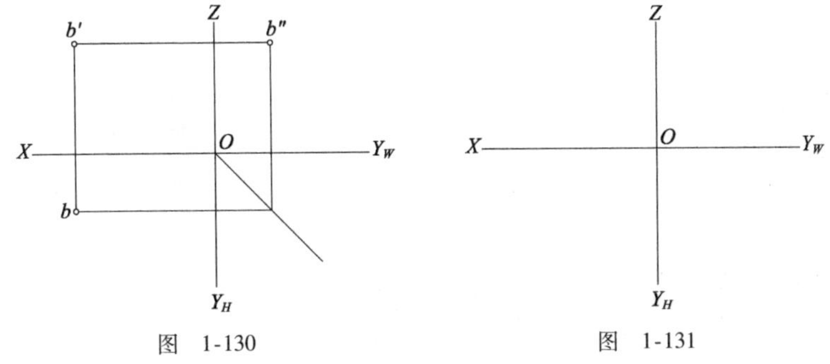

图 1-130　　图 1-131

3. 根据立体图，在三视图中分别标出 A、B、C 的投影，如图 1-132 所示。

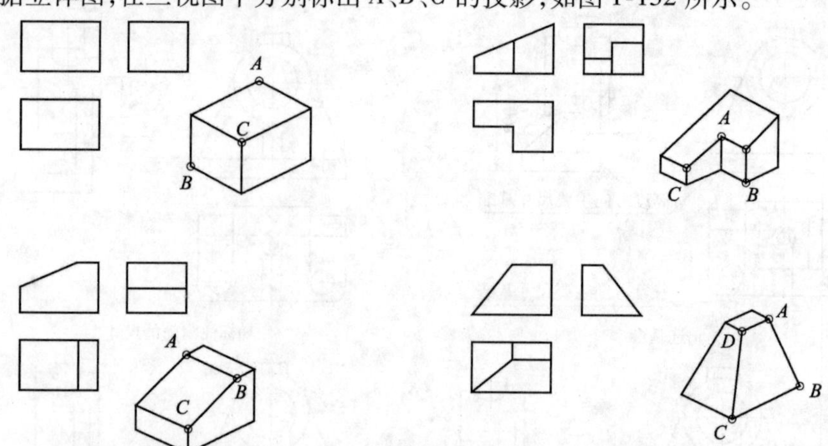

图　1-132

4. 求三棱锥表面 6 根直线的 W 面影。试将 6 直线与投影面的相对位置填入右表内，如图 1-333 所示。

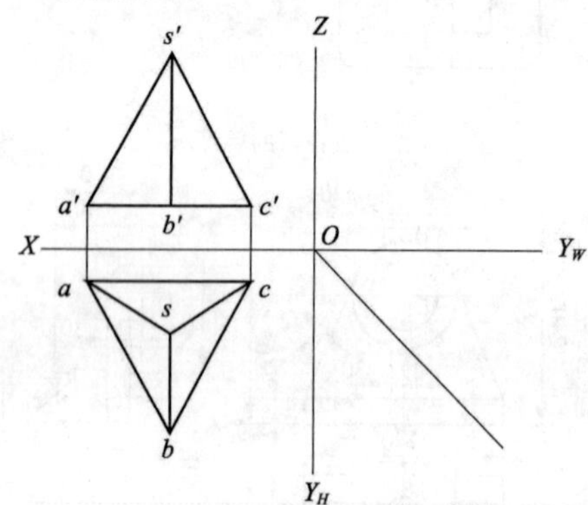

直线	与投影面的相对位置
SA	
SB	
SC	
AB	
BC	
AC	

图　1-133

5. 求平面的第三面投影，并填空（倾斜、平行、垂直），如图 1-134 所示。

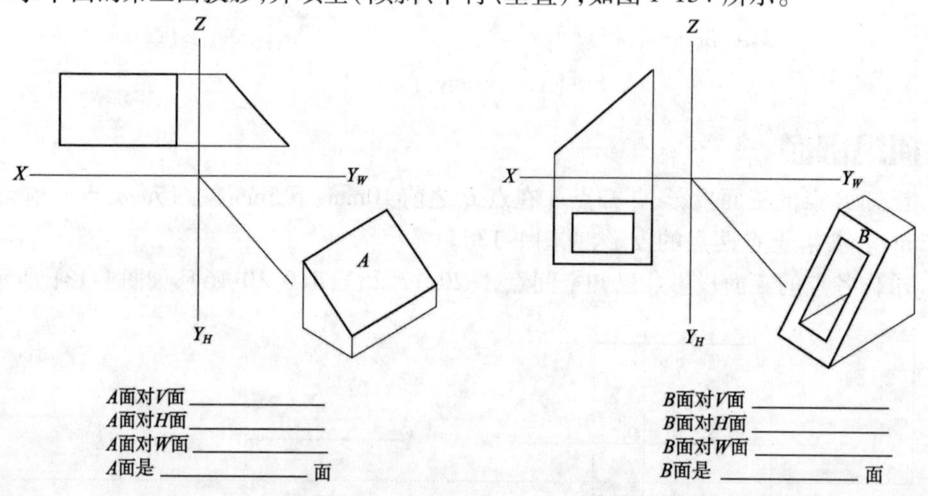

A面对V面 ____________
A面对H面 ____________
A面对W面 ____________
A面是 ____________ 面

B面对V面 ____________
B面对H面 ____________
B面对W面 ____________
B面是 ____________ 面

图　1-134

6. 已知△ABC 平面上的直线 MN，求作另一面投影，如图 1-135 所示。

7. 补画视图及六棱柱表面点的另两面投影，如图 1-136 所示。

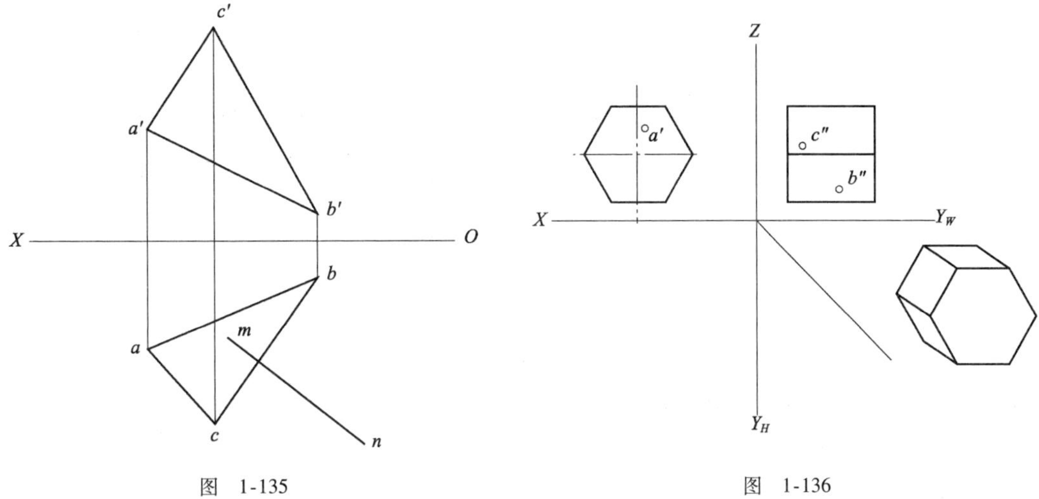

图 1-135　　图 1-136

8. 补画基本体的第三视图，并求其表面点的投影，如图 1-137 所示。

9. 补画第三视图，并求点的另两面投影，如图 1-138 所示。

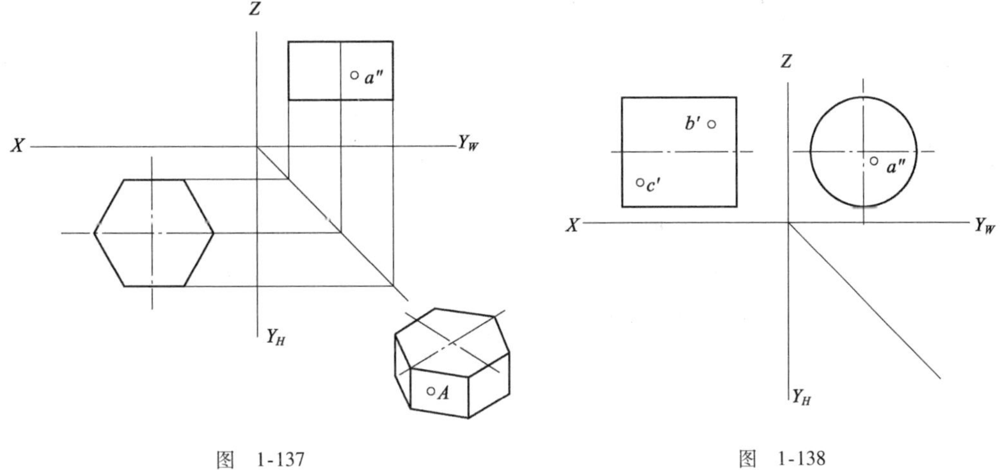

图 1-137　　图 1-138

10. 补画截交线，如图 1-139 所示。

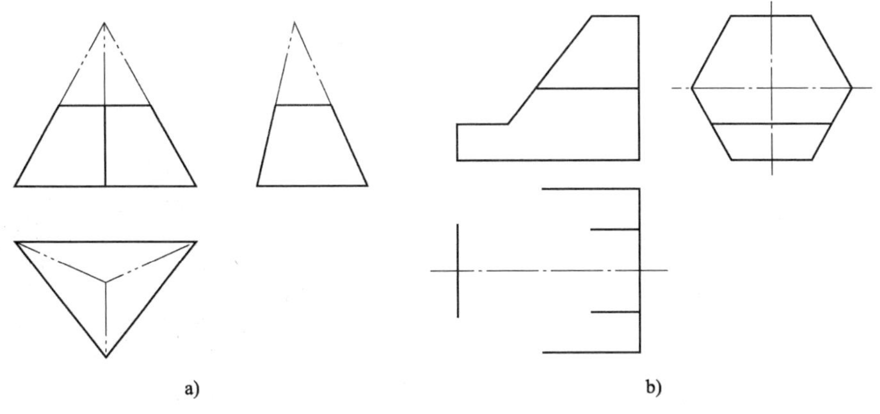

图 1-139

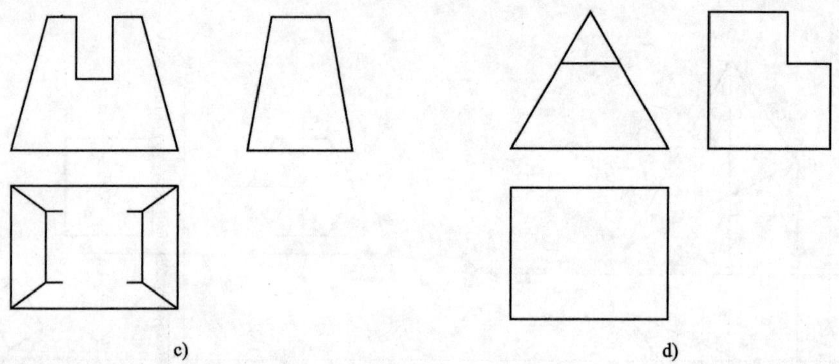

图 1-139

11. 补画图第三视图,如图 1-140 所示。

12. 分析相贯线的投影,补画相贯线,如图 1-141 所示。

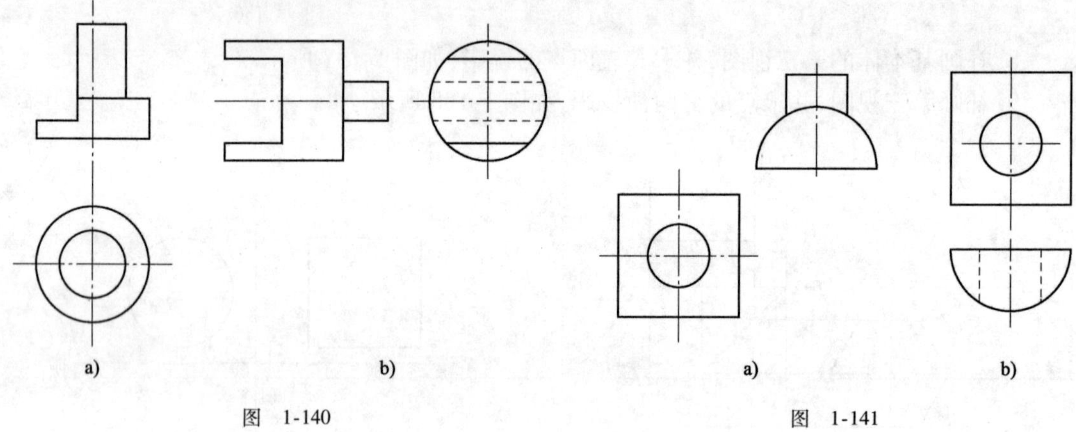

图 1-140　　图 1-141

13. 根据轴测图,画出三视图,如图 1-142 所示。

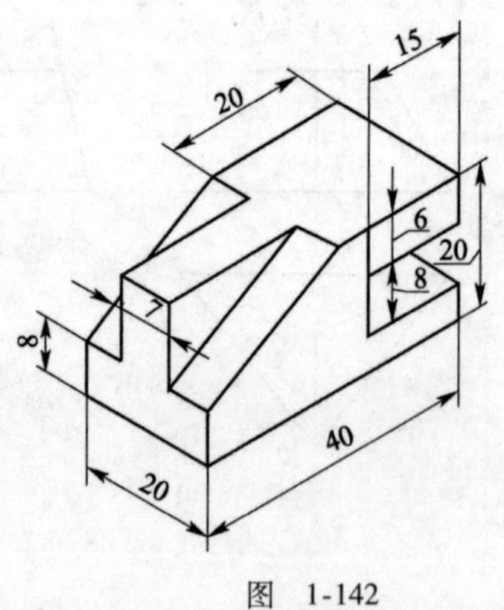

图 1-142

任务三　支座三视图的绘制

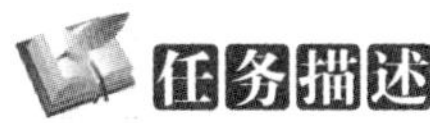

图 1-143 是某机械支座的三视图，要求在看懂所给零件视图的基础上构思支座的实体形状。

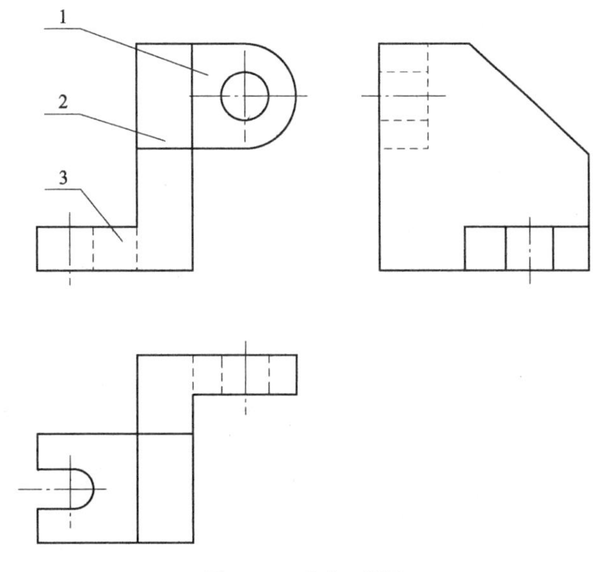

图 1-143　支座三视图

组合体的读图方法和步骤

1. 读图时应该注意的几个问题

1）理解视图中线框和图线的含义

视图是由图线和线框组成的，弄清视图中线框和图线的含义对读图有很大帮助。

（1）视图中的每个封闭线框可以是物体上一个表面（平面、曲面或它们相切形成的组合面）的投影，也可以是一个孔的投影。如图 1-144 所示，主视图上的线框 *A*、*B*、*C* 是平面的投影，线框 *D* 是平面与圆柱面相切形成的组合面的投影，主、俯视图中大、小两个圆线框分别是大小两个孔的投影。

（2）视图中的每一条图线可以是面的积聚性投影，如图 1-144 中直线 1 和 2 分别是 *A* 面和 *E* 面的积聚性投影；也可以是两个面的交线的投影，如图中直线 3 和 5 分别是肋板斜面 *E* 与拱形柱体左侧面和底板上表面的交线，直线 4 是 *A* 面和 *D* 面交线；还可以是曲面的转向轮廓线的投影，如左视图中直线 6 是小圆孔圆柱面的转向轮廓线（此时不可见，画虚线）。

（3）视图中相邻的两个封闭线框，表示位置不同的两个面的投影。如图 1-144 中 *B*、*C*、*D* 三个线框两两相邻，从俯视图中可以看出，*B*、*C* 以及 *D* 的平面部分互相平行，且 *D* 在最前，*B* 居中，*C* 最靠后。

（4）大线框内包括的小线框，一般表示在大立体上凸出或凹下的小立体的投影。如图

1-144中俯视图上的小圆线框表示凹下的孔的投影,线框 E 表示凸起的肋板的投影。

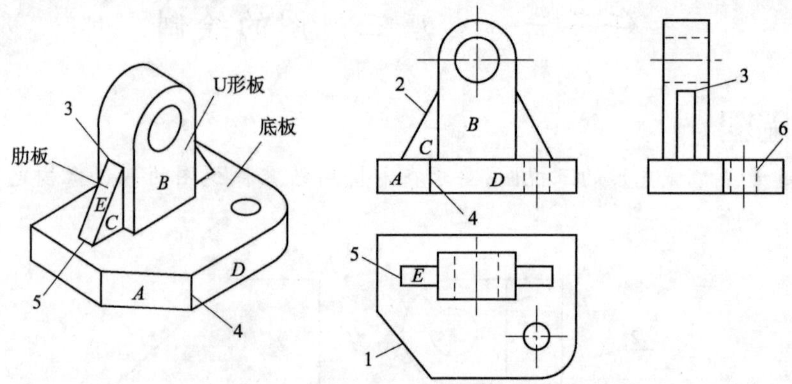

图 1-144　视图中线框和图线的含义

2)将几个视图联系起来进行读图

一个组合体通常需要几个视图才能表达清楚,一个视图不能确定物体形状。如图 1-145 所示的三组视图,它们的主视图都相同,但由于俯视图不同,表示的实际是三个不同的物体。

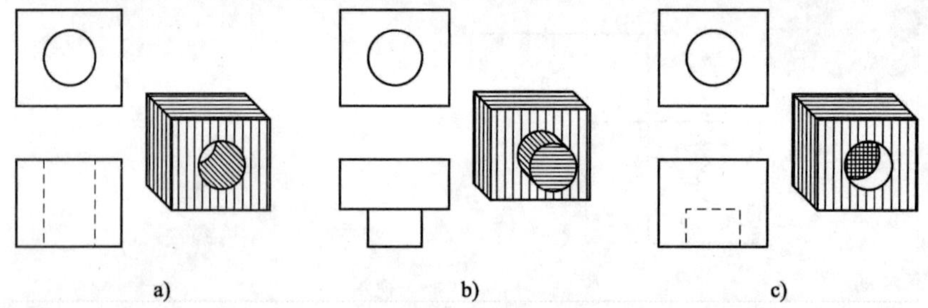

图 1-145　一个视图不能确定物体的形状

有时即使有两个视图相同,若视图选择不当,也不能确定物体的形状。如图 1-146 所示的三组视图,他们的主、俯视图都相同,但由于左视图不同,也表示了三个不同的物体。

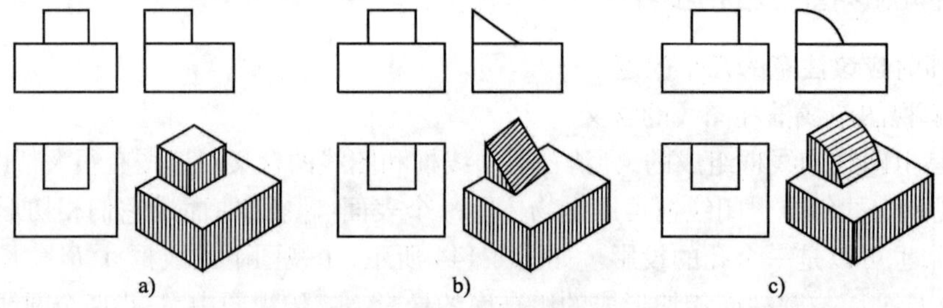

图 1-146　两个视图不能确定物体的形状

在读图时,一般应从反映特征形状最明显的视图入手,联系其他视图进行对照分析,才能确定物体形状,切忌只看一个视图就下结论。

2. 组合体的读图方法

常见的读图方法是形体分析法,对于较难读懂的地方,常采用线面分析法。

1)用形体分析法读图

根据组合体的特点,将其分成大致几个部分,然后逐一将每一部分的几个投影对照进行分析,想象出其形状,并确定各部分之间的相对位置和组合形式,最后综合想象出整个物体的形状。这种读图方法称为形体分析法。此法用于叠加类组合体较为有效。

读图步骤：

(1)分离出特征明显的线框

三个视图都可以看作是由三个线框组成的，因此可大致将该物体分为三个部分。其中，主视图中Ⅰ、Ⅲ两个线框特征明显，俯视图中线框Ⅱ的特征明显，如图1-147a)所示。

(2)逐个想象各形体形状

根据投影规律，依次找出Ⅰ、Ⅱ、Ⅲ三个线框在其他两个视图的对应投影，并想象出它们的形状，如图1-147b)～图1-147d)所示。

(3)综合想象整体形状

确定各形体的相互位置，初步想象物体的整体形状，如图1-147e)、f)所示。然后把想象的组合体与三视图进行对照、检查，如根据主视图中的圆线框及它在其他两视图中的投影想象出通孔的形状，最后想象出的物体形状如图1-147g)所示。

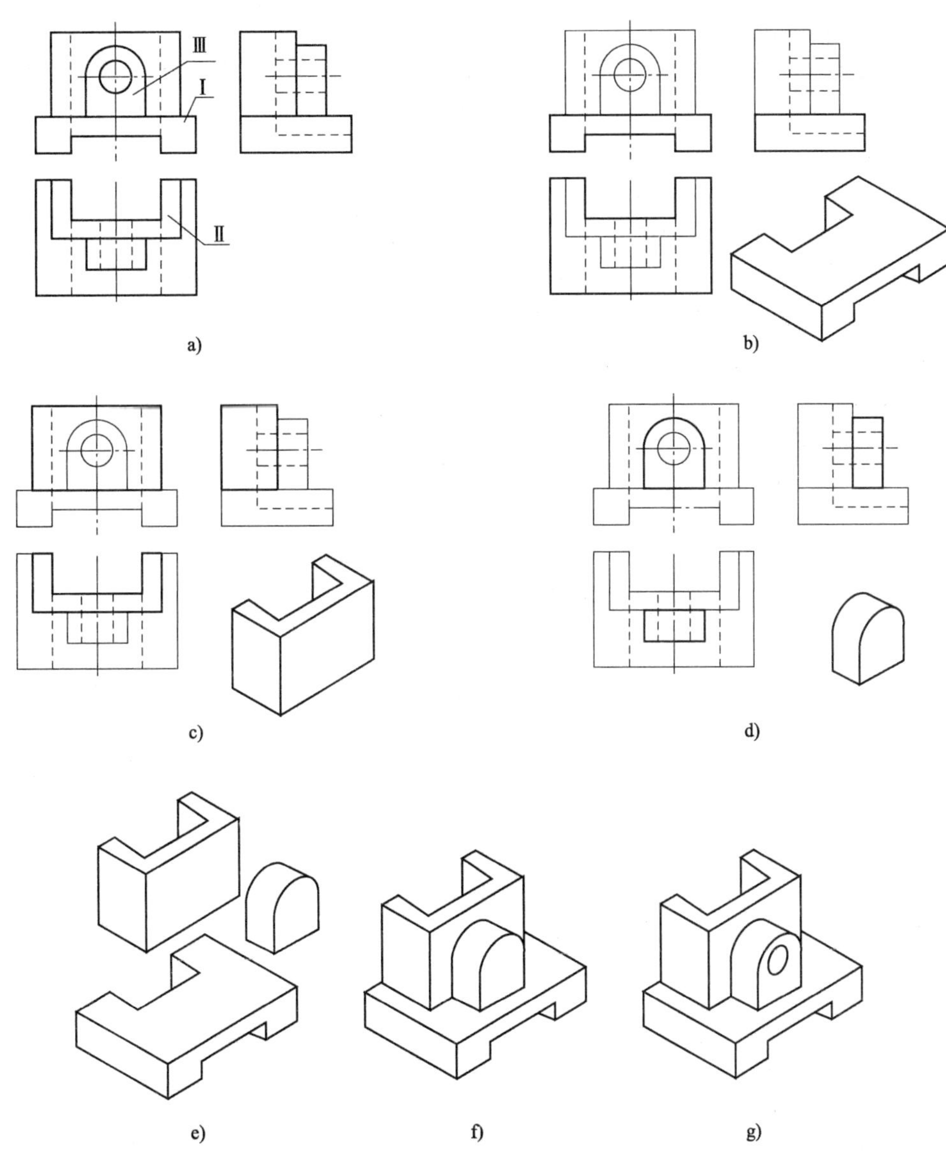

图1-147 用形体分析法读组合体的三视图

2)用线面分析法读图

在读图过程中,遇到物体形状不规则,或物体被多个面切割,物体的视图往往难以读懂,此时可以在形体分析的基础上进行线面分析。

线面分析法读图,就是运用投影规律,通过对物体表面的线、面等几何要素进行分析,确定物体的表面形状、面与面之间的位置及表面交线,从而想象出物体的整体形状。此法用于切割类组合体较为有效。

读图步骤:

(1)初步判断主体形状

物体被多个平面切割,但从三个视图的最大线框来看,基本都是矩形,据此可判断该物体的主体应是长方体。

(2)确定切割面的形状和位置

图 1-148b)是分析图,从左视图中可明显看出该物体有 a、b 两个缺口。其中,缺口 a 是由两个相交的侧垂面切割而成,缺口 b 是由一个正平面和一个水平面切割而成。还可以看出主视图中线框 1′、俯视图中线框 1 和左视图中线框 1″有投影对应关系,据此可分析出它们是一个一般位置平面的投影。主视图中线段 2′、俯视图中线框 2 和左视图中线段 2″有投影对应关系,可分析出它们是一个水平面的投影。并且可看出Ⅰ、Ⅱ两个平面相交。

(3)逐个想象各切割处的形状

可以暂时忽略次要形状,先看主要形状。比如看图时可先将两个缺口在三个视图中的投影忽略,如图 1-148c)所示。此时物体可认为是由一个长方体被Ⅰ、Ⅱ两个平面切割而成,可想象出此时物体的形状,如图 1-148c)的立体图所示。然后再依次想象缺口 a、b 处的形状,分别如图 1-148d)、e)所示。

(4)想象整体形状

综合归纳各截切面的形状和空间位置,想象物体的整体形状,如图 1-148f)所示。

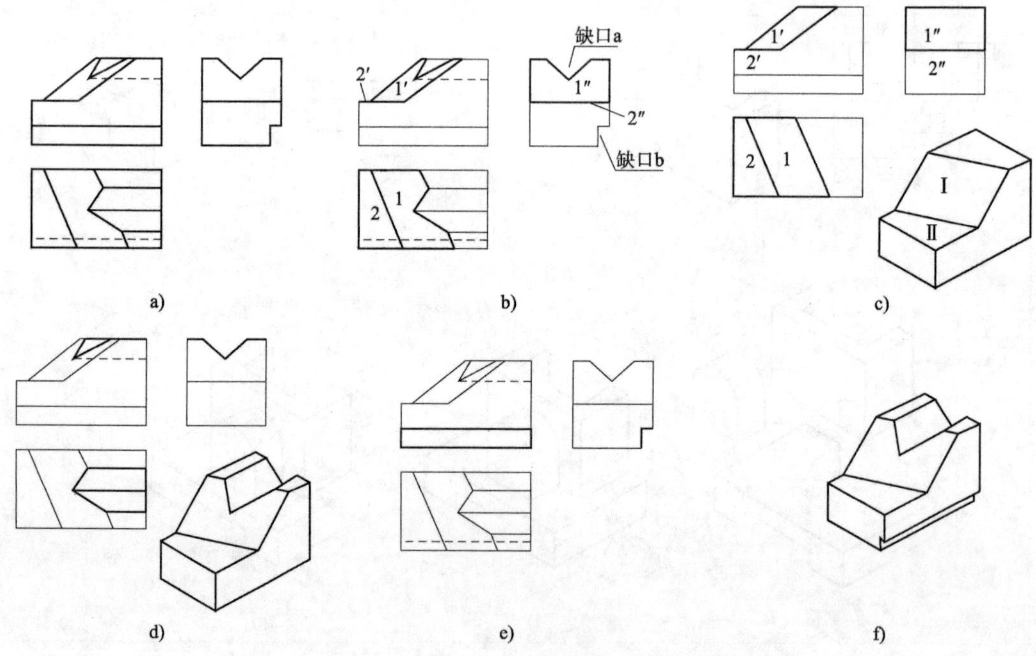

图 1-148 用线面分析法读组合体的三视图

3)组合体的读图步骤

根据两个视图补画第三视图,是培养读图和画图能力的一种有效手段。而对于较复杂的组合体视图,需要综合运用这两种方法读图,下面以例题说明。

如图 1-149a)所示,根据已知的组合体主、俯视图,作出其左视图。

作图方法和步骤:

(1)形体分析

主视图可以分为四个线框,根据投影关系在俯视图上找出它们的对应投影,可初步判断该物体是由四个部分组成的。下部Ⅰ是底板,其上开有两个通孔;上部Ⅱ是一个圆筒;在底板与圆筒之间有一块支撑板Ⅲ,它的斜面与圆筒的外圆柱面相切,它的后表面与底板的后表面平齐;在底板与圆筒之间还有一个肋板Ⅳ。根据以上分析,想象出该物体的形状,如图 1-149f)所示。

(2)画出各部分在左视图的投影

根据上面的分析及想出的形状,按照各部分的相对位置,依次画出底板、圆筒、支撑板、肋板在左视图中的投影。作图步骤如图 1-149b)~图 149e)所示。最后检查、描深,完成全图。

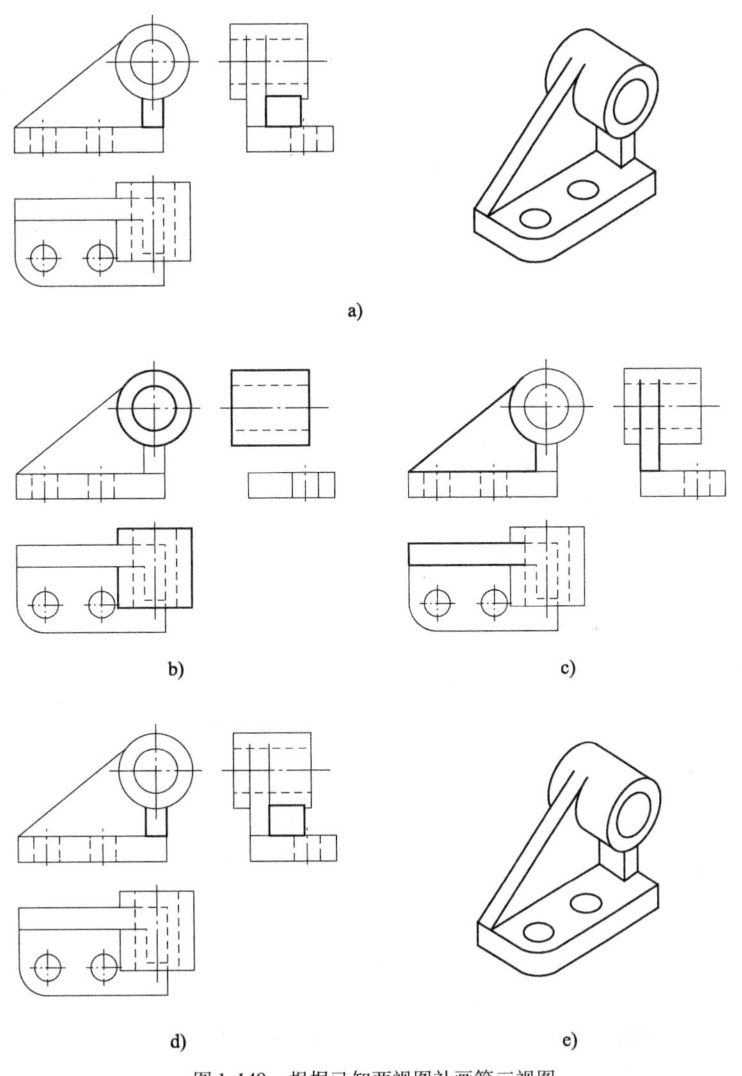

图 1-149　根据已知两视图补画第三视图

按照组合体的读图方法及步骤，对图 1-143 所示的支座的三视图进行分析识读，过程如下：

1）分解视图

从主视图着手，将图形分解成若干部分，如图 1-150 中的 1、2、3 三个部分。

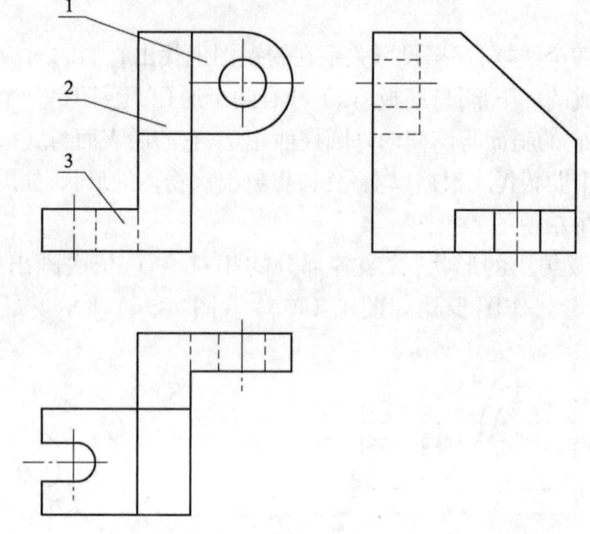

图 1-150　支座三视图分解

2）投影关系

根据视图间投影规律，找出分解后各组成部分在各视图中的投影。

3）逐个想象

根据分解后各组成部分的视图想象出各自的空间形状，如图 1-151a）~图 151c）所示。

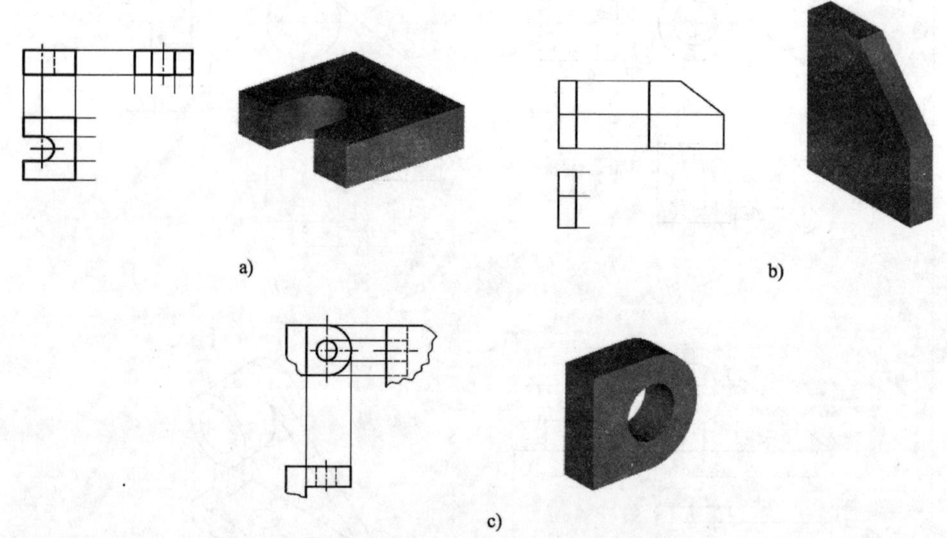

图 1-151　各组成部分的投影联系

4）综合想象

在认清各组成部分形状和位置的基础上，分析它们之间的构成形式，最后综合想象出该视图所表示的支座的完整形状，如图 1-152 所示。

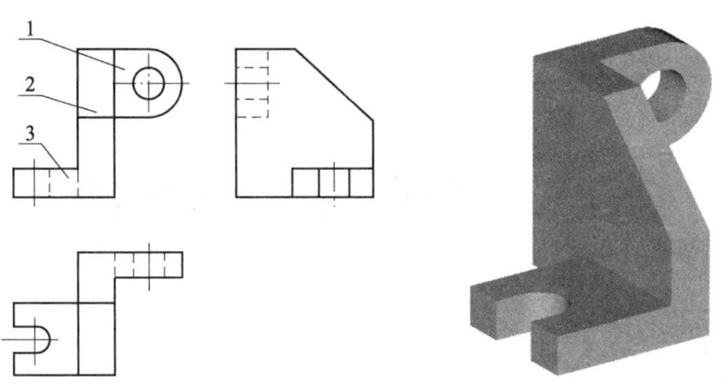

图 1-152　支座

自我评价

1. 补画组合体三面视图中的漏线，如图 1-153 所示。

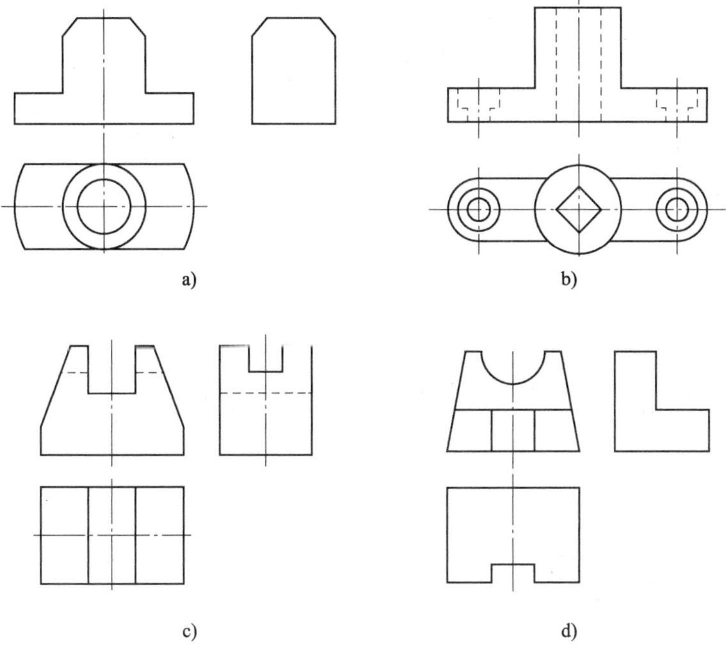

图　1-153

2. 根据两面视图，想出组合体的形状，并补画第三视图，如图 1-154 所示。

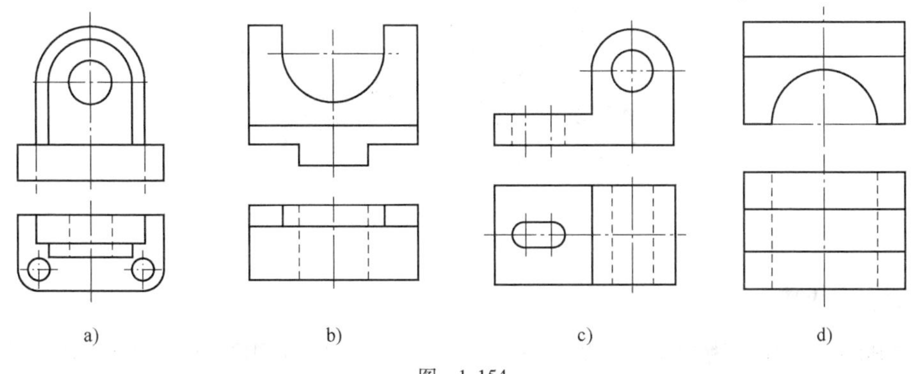

图　1-154

项目二　零件常用表达方法

知识目标

1. 掌握各种视图、剖视、断面图的定义、画法、标注及适用范围。
2. 掌握各种视图、剖视、断面图的选择与配置的基本方法,培养绘图能力。
3. 具有应用各种视图、剖视和断面图进行零件综合表达的能力。
4. 掌握局部放大视图的定义、画法、标注及适用范围。
5. 掌握常用简化画法和规定画法。
6. 具有应用各种图样画法综合表达零件的能力。

能力目标

1. 能够针对零件的形状、结构特点,合理、灵活地选择各种视图、剖视图、断面图来表达零件,并进行综合分析、比较,确定出最佳的表达方案。
2. 能够根据零件的结构形状,应用各种图样画法对零件进行综合表达。
3. 能够在绘制零件的视图过程中灵活运用各种简化画法。

任务一　支架零件视图表达方案的选择

任务描述

图2-1所示为一支架零件的模型图,要求根据此模型图的结构形式,选用适当的一组表达该支架,尺寸可根据模型自行按比例确定。

图2-1　支架模型图

知识准备

技术制图国家标准为工程图样规定一系列表示法:视图、剖视图、断面图、局部放大图和简化表示法等。根据零件的结构、形状特点,可以完整、简洁、清晰地表达零件的内外结构和形状。

一、视图

视图是机件向投影面投影所得的图形机件的可见部分,必要时才画出其不可见部分。视图主要用来表达机件的外部结构形状。视图分为:基本视图、向视图、局部视图和斜视图。

1. 基本视图

当机件的外部结构形状在各个方向(上下、左右、前后)都不相同时,三视图往往不能清晰地把它表达出来。因此,必须加上更多的投影面,以得到更多的视图。

为了清晰地表达机件六个方向的形状,可在 H、V、W 三投影面的基础上,再增加三个基本投影面。这六个基本投影面组成了一个方箱,把机件围在当中,如图 2-2a)所示。机件在每个基本投影面上的投影,都称为基本视图。图 2-2b)表示机件投影到六个投影面上后,投影面展开的方法。展开后,六个基本视图的配置关系和视图名称见图 2-2c)。按图 2-2b)所示位置在一张图纸内的基本视图,一律不注视图名称。

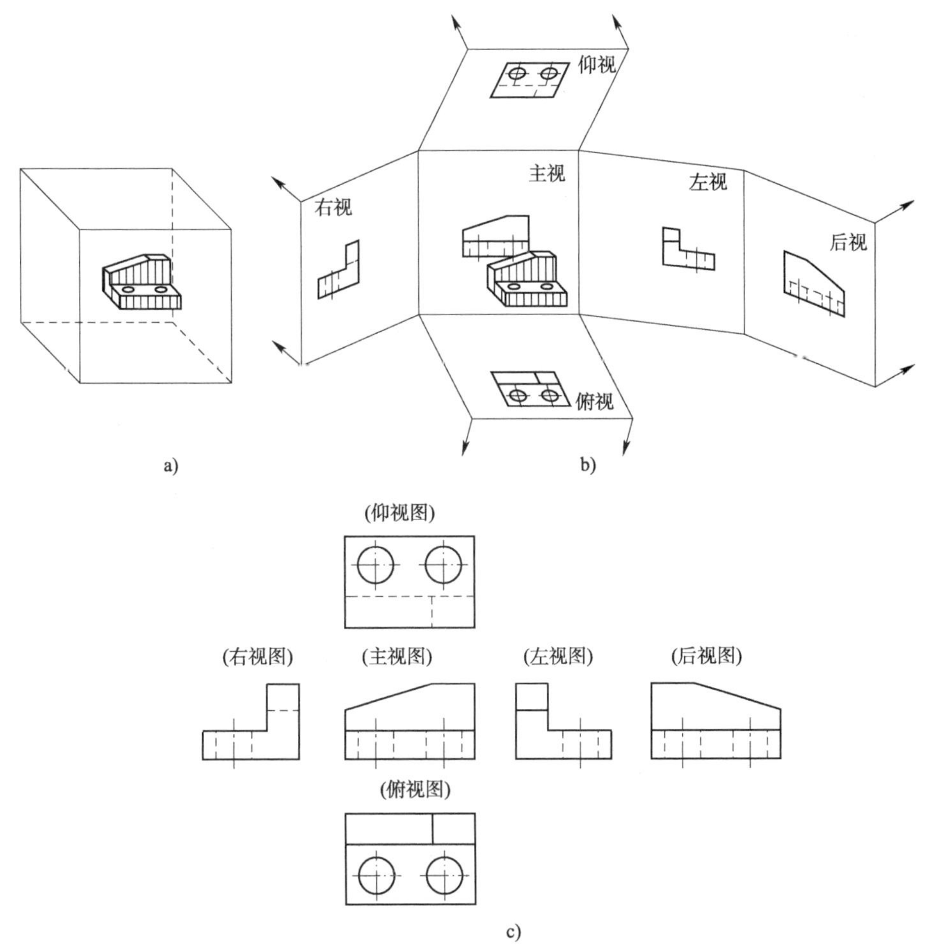

图 2-2　基本投影面展开

六个基本视图之间,仍然保持着与三视图相同的投影规律,如下所示。

主、俯、仰、(后):长对正。

主、左、右、后:高平齐。

俯、左、仰、右:宽相等。

此外，除后视图以外，各视图的里边（靠近主视图的一边），均表示机件的后面，各视图的外边（远离主视图的一边），均表示机件的前面，即“里后外前”。

强调：虽然机件可以用六个基本视图来表示，但实际上画哪几个视图，要看具体情况而定。

2. 向视图

有时为了便于合理地布置基本视图，可以采用向视图。向视图是可自由配置的视图，它的标注方法为：在向视图的上方注写“×”（×为大写的英文字母，如“*A*”“*B*”“*C*”等），并在相应视图的附近用箭头指明投影方向，并注写相同的字母，如图2-3所示。

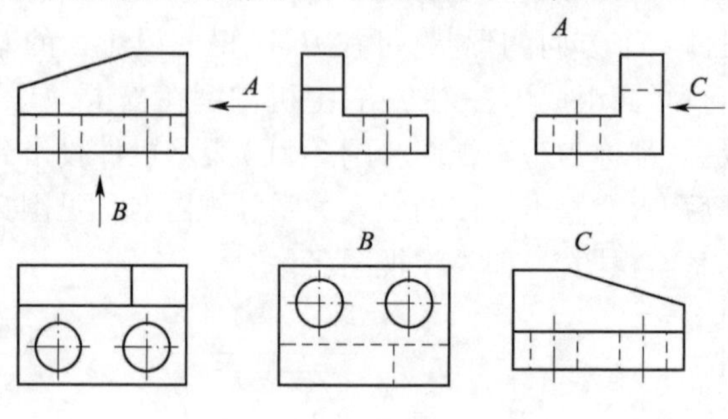

图2-3　向视图

3. 局部视图

当采用一定数量的基本视图后，机件上仍有部分结构形状尚未表达清楚，而又没有必要再画出完整的其他的基本视图时，可采用局部视图来表达。

只将机件的某一部分向基本投影面投射所得到的图形，称为局部视图。局部视图是不完整的基本视图，利用局部视图可以减少基本视图的数量，使表达简洁，重点突出。例如图2-4a）所示工件，画出了主视图和俯视图，已将工件基本部分的形状表达清楚，只有左、右两侧凸台和左侧肋板的厚度尚未表达清楚，此时便可像图中的*A*向和*B*向那样，只画出所需要表达的部分而成为局部视图，如图2-4b）所示。这样重点突出、简单明了，有利于画图和看图。

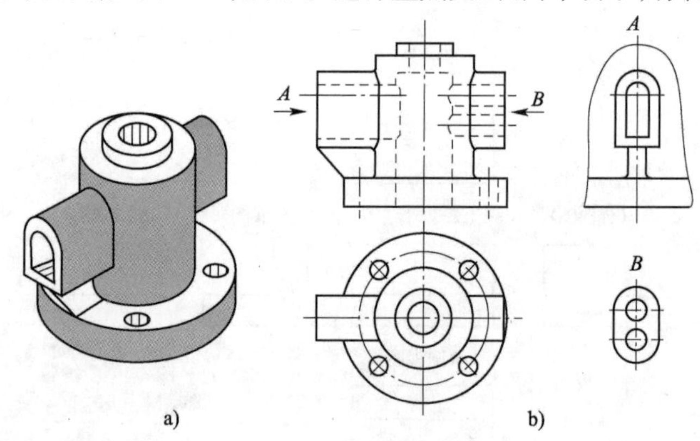

图2-4　局部视图

画局部视图时应注意：

（1）在相应的视图上用带字母的箭头指明所表示的投影部位和投影方向，并在局部视图上方用相同的字母标明“×”。

（2）局部视图最好画在有关视图的附近，并直接保持投影联系。也可以画在图纸内的其他地方，如图2-4b）中右下角画出的“*B*”。当表示投影方向的箭头标在不同的视图上时，同一部位的局部视图的图形方向可能不同。

(3)局部视图的范围用波浪线表示，如图 2-4b)中“A”。所表示的图形结构完整且外轮廓线又封闭时，则波浪线可省略，如图 2-4b)中“B”。

4. 斜视图

将机件向不平行于任何基本投影面的投影面进行投影，所得到的视图称为斜视图。斜视图适合于表达机件上的斜表面的实形。如图 2-5 所示是一个弯板形机件，它的倾斜部分在俯视图和左视图上的投影都不是实形。此时，就可以另外加一个平行于该倾斜部分的投影面，在该投影面上则可以画出倾斜部分的实形投影，如图 2-5 中的 A 向所示。

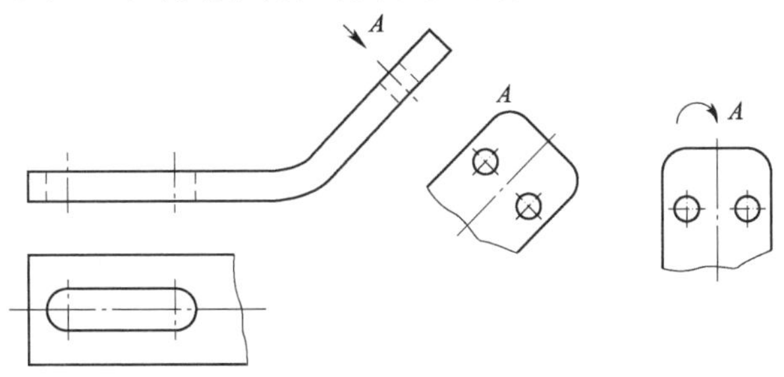

图 2-5　斜视图

斜视图的标注方法与局部视图相似，并且应尽可能配置在与基本视图直接保持投影联系的位置，也可以平移到图纸内的适当地方。为了画图方便，也可以旋转，但必须在斜视图上方注明旋转标记，如图 2-5 所示。

画斜视图时增设的投影面只垂直于一个基本投影面，因此，机件上原来平行于基本投影面的一些结构，在斜视图中最好以波浪线为界而省略不画，以避免出现失真的投影。在基本视图中也要注意处理好这类问题，例如图 2-5 中不用俯视图而用 A 向视图。

二、剖视图

六个基本视图基本解决了机件外形的表达问题，但当零件的内部结构较复杂时，视图的虚线也将增多，要清晰地表达机件的内部形状和结构，常采用剖视图的画法。

1. 剖视图的形成

1)概念

想用一剖切平面剖开机件，然后将处在观察者和剖切平面之间的部分移去，而将其余部分向投影面投影所得的图形，称为剖视图(简称剖视)。

2)举例

例如，图 2-6a)所示的机件，在主视图中，用虚线表达其内部结构，不够清晰。按照图 2-6b)所示的方法，假想沿机件前后对称平面把它剖开，拿走剖切平面前面的部分后，将后面部分再向正投影面投影，这样，就得到了一个剖视的主视图。图 2-6c)表示机件剖视图的画法。

2. 剖视图的画法

画剖视图时，首先要选择适当的剖切位置，使剖切平面尽量通过较多的内部结构(孔、槽等)的轴线或对称平面，并平行于选定的投影面。例如在图 2-6 中，以机件的前后对称平面为剖切平面。

其次，内外轮廓要画齐。机件剖开后，处在剖切平面之后的所有可见轮廓线都应画齐，不得遗漏。

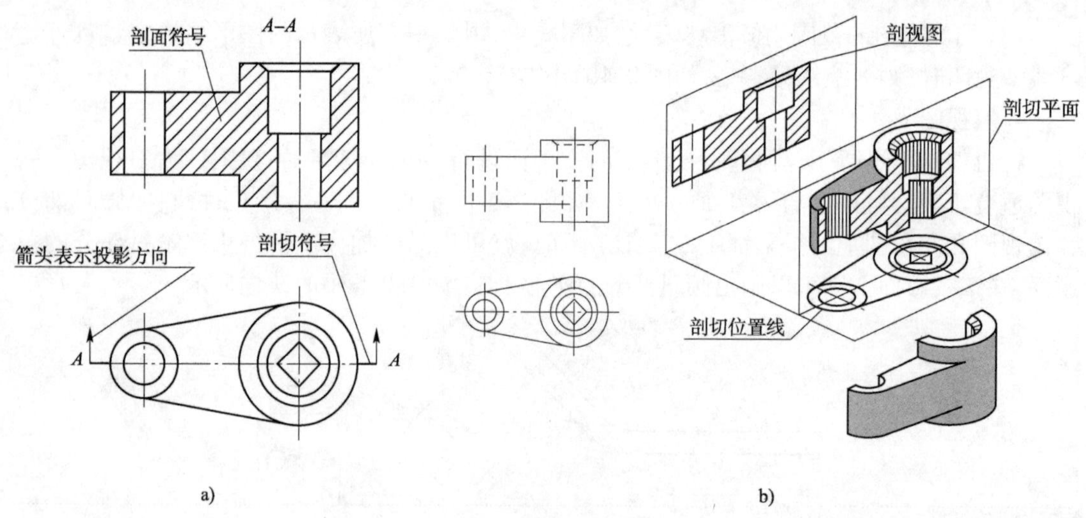

图 2-6　剖视图的形成

最后要画上剖面符号。在剖视图中，凡是被剖切的部分应画上剖面符号。金属材料的剖面符号，应画成与水平方向呈 45°的互相平行、间隔均匀的细实线。同一机件各个视图的剖面符号应相同。但是如果图形的主要轮廓线与水平方向呈 45°或接近 45°时，该图剖面线应画成与水平方向呈 30°或 60°角，其倾斜方向仍应与其他视图的剖面线一致，如图 2-7 所示。

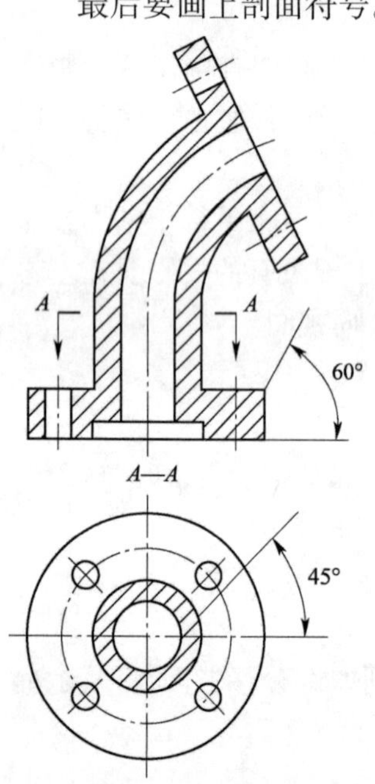

图 2-7　剖视图的画法

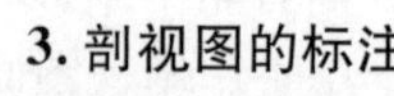

3. 剖视图的标注

剖视图一般包括三部分：剖切平面的位置、投影方向和剖视图的名称。标注方法如图 2-6 所示：在剖视图中用剖切符号（即粗短线）标明剖切平面的位置，并写上字母；用箭头指明投影方向；在剖视图上方用相同的字母标出剖视图的名称“×—×”。

4. 画剖视图应注意的问题

（1）剖视只是一种表达机件内部结构的方法，并不是真正剖开和拿走一部分。因此，除剖视图以外，其他视图要按原来形状画出。

（2）剖视图中一般不画虚线，但如果画少量虚线可以减少视图数量，而又不影响剖视图的清晰时，也可以画出这种虚线。

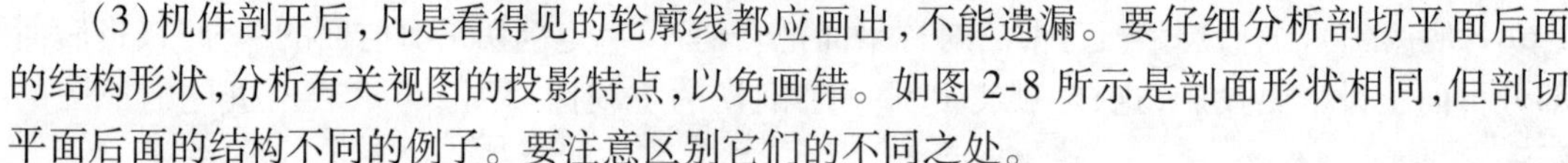

（3）机件剖开后，凡是看得见的轮廓线都应画出，不能遗漏。要仔细分析剖切平面后面的结构形状，分析有关视图的投影特点，以免画错。如图 2-8 所示是剖面形状相同，但剖切平面后面的结构不同的例子。要注意区别它们的不同之处。

三、剖视图的种类

为了用较少的图形，把机件的形状完整清晰地表达出来，就必须使每个图形能较多地表达机件的形状。这样，就产生了各种剖视图。按剖切范围的大小，剖视图可分为全剖视图、半剖视图、局部剖视图。按剖切面的种类和数量，剖视图可分为阶梯剖视图、旋转剖视图、斜剖视图和复合剖视图。

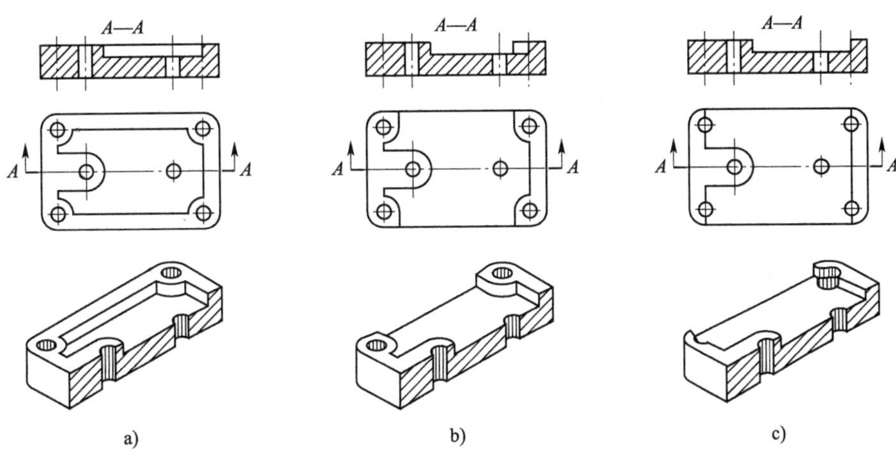

图 2-8　几种底板的剖视图

1. 全剖视图

1）概念

用剖切平面，将机件全部剖开后进行投影所得到的剖视图，称为全剖视图（简称全剖视）。例如图 2-9 中的主视图和左视图均为全剖视图。

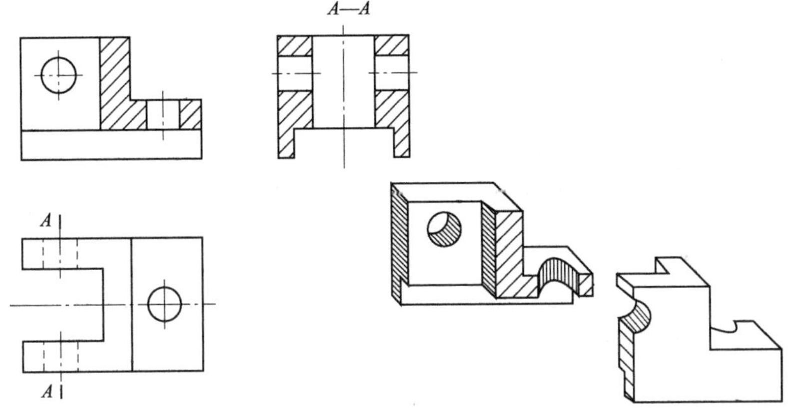

图 2-9　全剖视图及其标注

2）应用

全剖视图一般用于表达外部形状比较简单，内部结构比较复杂的机件。

3）标注

当剖切平面通过机件的对称（或基本对称）平面，且全剖视图按投影关系配置，中间又无其他视图隔开时，可以省略标注，否则必须按规定方法标注。如图 2-9 中的主视图的剖切平面通过对称平面，所以省略了标注；而左视图的剖切平面不是通过对称平面，则必须标注，但它是按投影关系配置的，所以箭头可以省略。

2. 半剖视图

1）概念

当机件具有对称平面时，以对称中心线为界，在垂直于对称平面的投影面上投影得到的，由半个剖视图和半个视图合并组成的图形称为半剖视图。

2）应用

半剖视图既充分地表达了机件的内部结构，又保留了机件的外部形状，因此它具有内外兼顾的特点。但半剖视图只适宜于表达对称的或基本对称的机件。

3）标注

半剖视图的标注方法与全剖视图相同。例如图2-10a）所示的机件为前后对称，图2-10b）中主视图所采用的剖切平面通过机件的前后对称平面，所以不需要标注；而俯视图所采用的剖切平面并非通过机件的对称平面，所以必须标出剖切位置和名称，但箭头可以省略。

4）注意事项

（1）具有对称平面的机件，在垂直于对称平面的投影面上，才宜采用半剖视。如机件的形状接近于对称，而不对称部分已另有视图表达时，也可以采用半剖视。

（2）半个剖视和半个视图必须以细点画线为界。如果作为分界线的细点画线刚好和轮廓线重合，则应避免使用。如图2-11所示主视图，尽管图的内外形状都对称，似乎可以采用半剖视。但采用半剖视图后，其分界线恰好和内轮廓线相重合，不满足分界线是细点画线的要求，所以不应用半剖视表达，而宜采取局部剖视表达，并且用波浪线将内、外形状分开。

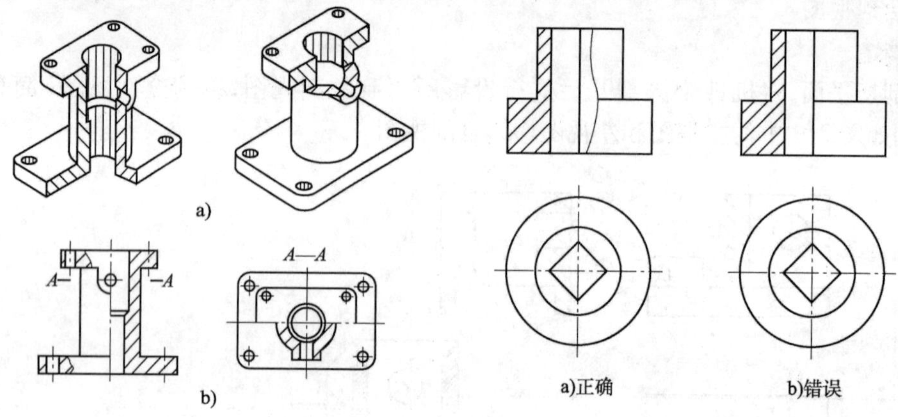

图2-10　半剖视图及其标注　　图2-11　对称机件的局部剖视

（3）半剖视图中的内部轮廓在半个视图中不必再用虚线表示。

3. 局部剖视图

1）概念

将机件局部剖开后进行投影得到的剖视图称为局部剖视图。局部剖视图也是在同一视图上同时表达内外形状的方法，并且用波浪线作为剖视图与视图的界线。图2-10的主视图和图2-12的主视图和左视图，均采用了局部剖视图。

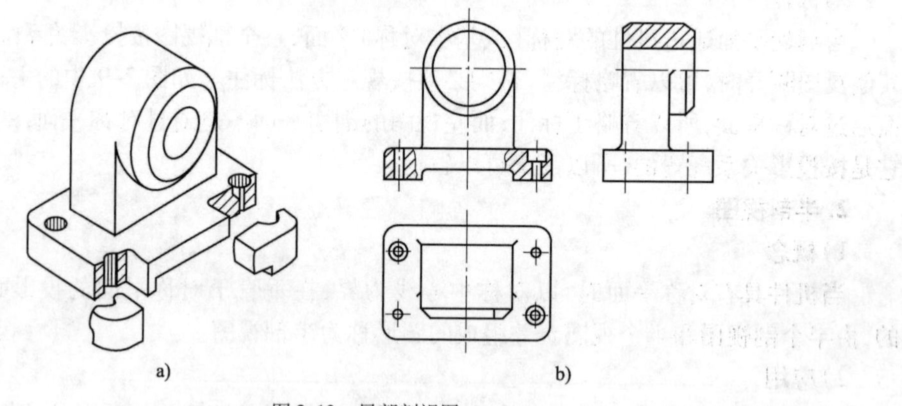

图2-12　局部剖视图

2)应用

从以上几例可知,局部剖视是一种比较灵活的表达方法,剖切范围根据实际需要决定。但使用时要考虑到看图方便,剖切不要过于零碎。它常用于下列两种情况:

(1)机件只有局部内形要表达,而又不必或不宜采用全剖视图时。

(2)不对称机件需要同时表达其内外形状时,宜采用局部剖视图。

3)波浪线的画法

表示视图与剖视范围的波浪线,可看作机件断裂痕迹的投影,波浪线的画法应注意以下几点:

(1)波浪线不能超出图形轮廓线,如图 2-13a)所示。

(2)波浪线不能穿孔而过,如遇到孔、槽等结构时,波浪线必须断开。如图 2-13a)所示。

(3)波浪线不能与图形中任何图线重合,也不能用其他线代替或画在其他线的延长线上,如图 2-13b)、c)所示。

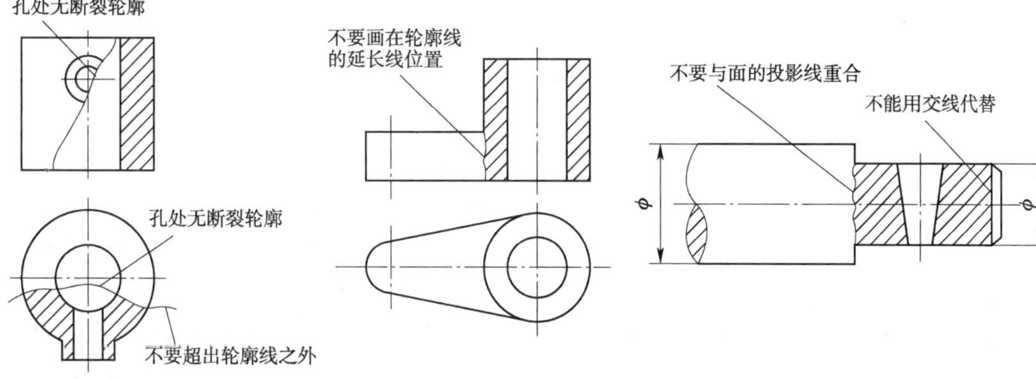

图 2-13 局部剖视图的波浪线的画法

(4)当被剖切部位的局部结构为回转体时,允许将该结构的中心线作为局部剖视图与视图的分界线。图 2-14 所示为拉杆的局部剖视图。

4)标注

局部剖视图的标注方法和全剖视图相同。但如局部剖视图的剖切位置非常明显,则可以不标注。

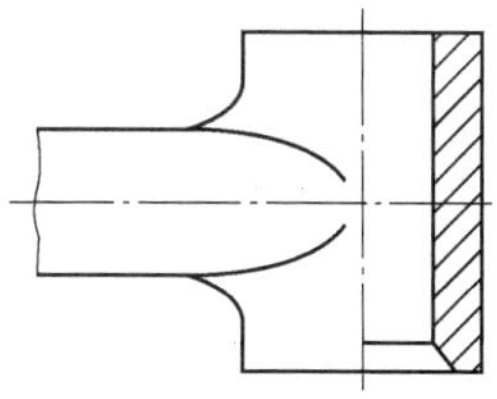

图 2-14 拉杆局部剖视图

四、剖切面的种类

剖视图是假想将机件剖开而得到的视图,因为机件内部形状的多样性,剖开机件的方法也不尽相同。机械制图国家标准规定有:单一剖切平面、几个互相平行的剖切平面、两个相交的剖切平面、不平行于任何基本投影面的剖切平面、组合的剖切平面等。

1. 单一剖切平面

用一个剖切平面剖开机件的方法称为单一剖,所画出的剖视图,称为单一剖视图。单一剖切平面一般为平行于基本投影面的剖切平面。前面介绍的全剖视图、半剖视图、局部剖视图均为用单一剖切平面剖切而得到的,可见,这种方法应用最多。

2. 几个互相平行的剖切平面

1)概念

用两个或多个互相平行的剖切平面把机件剖开的方法,称为阶梯剖,所画出的剖视图,称为阶梯剖视图。它适宜于表达机件内部结构的中心线排列在两个或多个互相平行的平面内的情况。

2)举例

如图 2-15a)所示机件,内部结构(小孔和沉孔)的中心位于两个平行的平面内,不能用单一剖切平面剖开,而是采用两个互相平行的剖切平面将其剖开,主视图即为采用阶梯剖方法得到的全剖视图,如图 2-15c)所示。

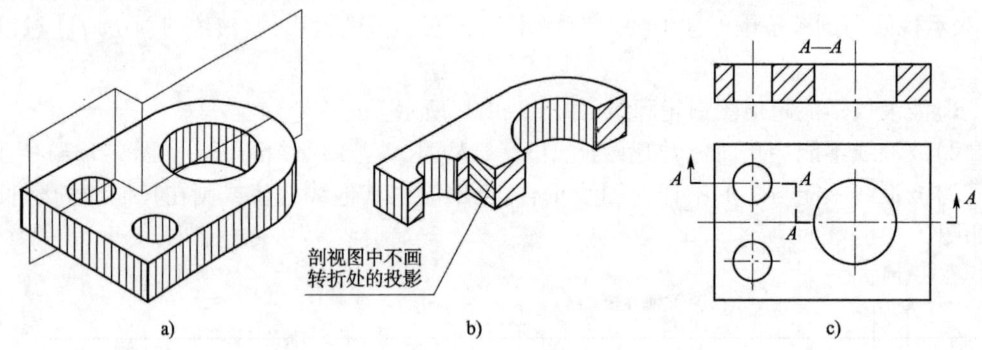

图 2-15　阶梯剖视图

3)注意事项

(1)为了表达孔、槽等内部结构的实形,几个剖切平面应同时平行于同一个基本投影面。

(2)两个剖切平面的转折处,不能划分界线,如图 2-15b)所示。因此,要选择一个恰当的位置,使之在剖视图上不致出现孔、槽等结构的不完整投影。当它们在剖视图上有共同的对称中心线和轴线时,也可以各画一半,这时细点画线就是分界线,如图 2-16 所示。

(3)阶梯剖视必须标注,标注方法如图 2-15c)所示。在剖切平面迹线的起始、转折和终止的地方,用剖切符号(即粗短线)表示它的位置,并写上相同的字母;在剖切符号两端用箭头表示投影方向(如果剖视图按投影关系配置,中间又无其他图形隔开时,可省略箭头);在剖视图上方用相同的字母标出名称“×—×”。

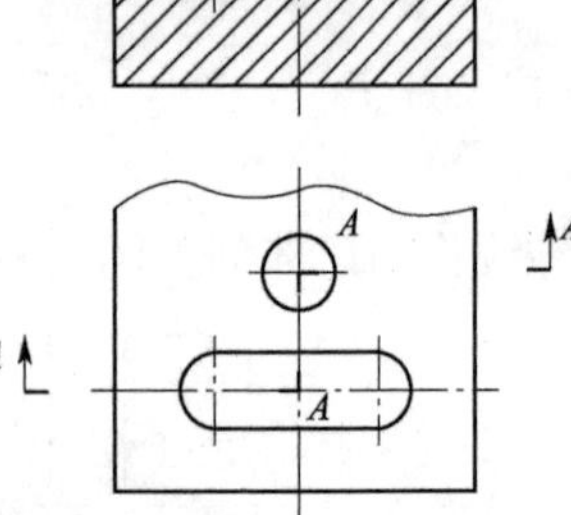

图 2-16　阶梯剖视的特例

3. 两个相交的剖切平面

1)概念

用两个相交的剖切平面(交线垂直于某一基本投影面)剖开机件的方法称为旋转剖,所画出的剖视图,称为旋转剖视图。

2)举例

如图 2-17 所示的凸缘盘,它中间的大圆孔和均匀分布在四周的小圆孔都需要剖开表示,如果用相交于凸缘盘轴线的侧平面和正垂面去剖切,并将位于正垂面上的剖切面绕轴线旋转到和侧面平行的位置,这样画出的剖视图就是旋转剖视图。可见,旋转剖适用于有回转轴线的机件,而轴线恰好是两剖切平面的交线。并且两剖切平面一个为投影面平行面,一个为投影面垂直面,如图 2-17b)是凸缘盘用旋转剖视表示的例子。

同理,如图 2-18 所示的摇臂,也可以用旋转剖视表达。

3）注意事项

（1）倾斜的平面必须旋转到与选定的基本投影面平行，以使投影能够表达实形。但剖切平面后面的结构，一般应按原来的位置画出它的投影，如图2-18b）所示。

（2）旋转剖视图必须标注，标注方法与阶梯剖视相同，如图2-17b）、图2-18b）所示。

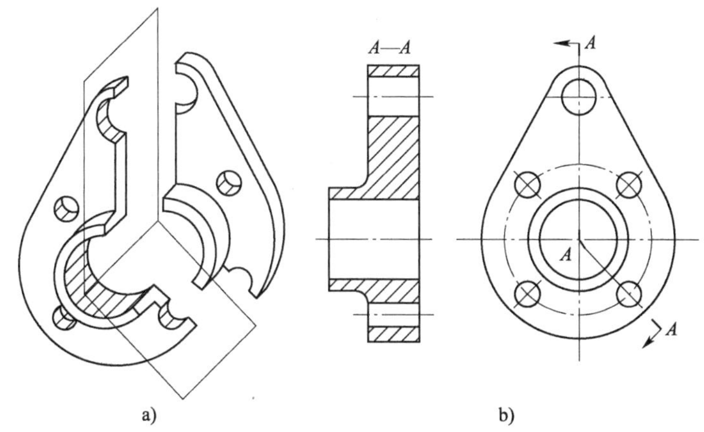

图2-17　凸缘盘的旋转剖视图

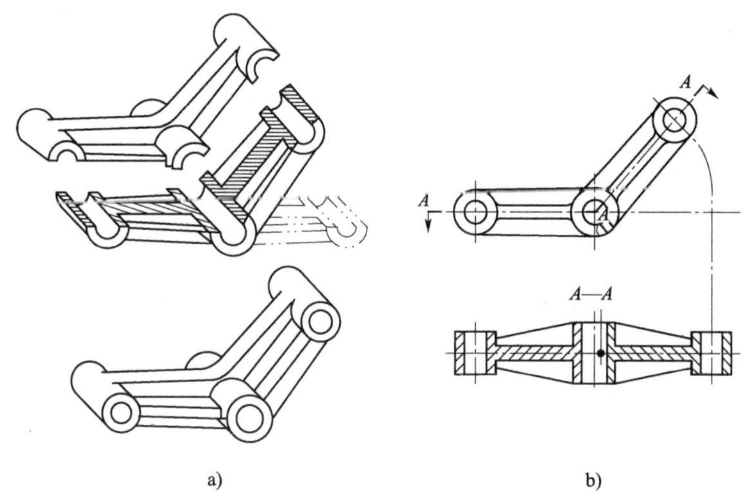

图2-18　摇臂的旋转剖视图

4. 不平行于任何基本投影面的剖切平面

1）概念

用不平行于任何基本投影面的剖切平面剖开机件的方法称为斜剖，所画出的剖视图，称为斜剖视图。斜剖视适用于机件的倾斜部分需要剖开以表达内部实形的时候，并且内部实形的投影是用辅助投影面法求得的。

2）举例

如图2-19所示机件，它的基本轴线与底板不垂直。为了清晰地表达弯板的外形和小孔等结构，宜用斜剖视表达。此时用平行于弯板的剖切面"B—B"剖开机件，然后在辅助投影面上法求出剖切部分的投影即可。

3）注意事项

（1）剖视最好与基本视图保持直接的投影联系，如图2-19中的"B—B"。必要时（如为了合理布置图幅)可以将斜剖视画到图纸的其他地方,但要保持原来的倾斜度,也可以转平后画出,但必须加注旋转符号。

(2)斜剖视主要用于表达倾斜部分的结构。机件上凡在斜剖视图中失真的投影,一般应避免表示。例如在图 2-19 中,按主视图上箭头方向取视图,就避免了画圆形底板的失真投影。

(3)斜剖视图必须标注,标注方法如图 2-19 所示,箭头表示投影方向。

5. 组合的剖切平面

1)概念

当机件的内部结构比较复杂,用阶梯剖或旋转剖仍不能完全表达清楚时,可以采用以上几种剖切平面的组合来剖开机件,这种剖切方法,称为复合剖,所画出的剖视图,称为复合剖视图。

2)举例

如图 2-20a)所示的机件,为了在一个图上表达各孔、槽的结构,便采用了复合剖视,如图 2-20b)所示。应特别注意复合剖视图中的标注方法。

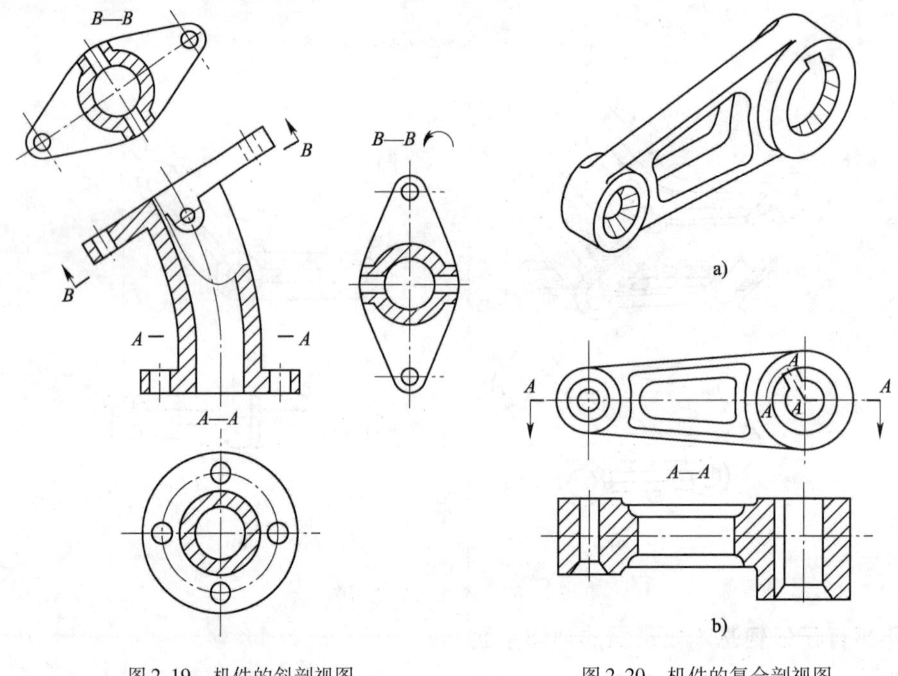

图 2-19　机件的斜剖视图

图 2-20　机件的复合剖视图

五、断面图

1. 断面图的基本概念

1)概念

假想用剖切平面将机件在某处切断,只画出切断面形状的投影并画上规定的剖面符号的图形,称为断面图,简称为断面,如图 2-21 所示。

2)断面图与剖视图的区别

断面图仅画出机件断面的图形,而剖视图则要画出剖切平面以后的所有部分的投影,如图 2-21c)所示。

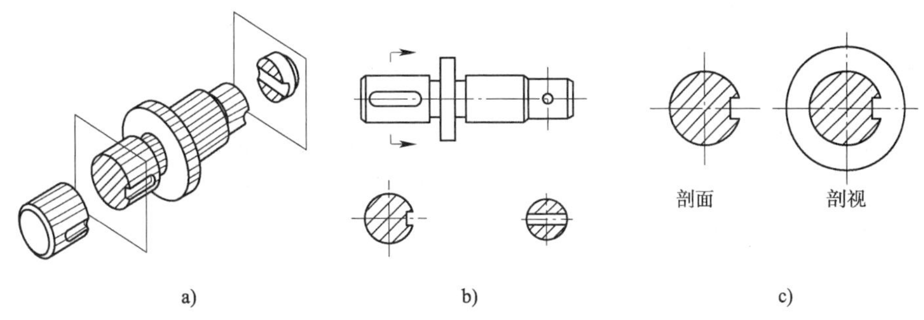

图 2-21 断面图的画法

2. 断面图的分类

断面图分为移出断面图和重合断面图两种。

1)移出断面图

(1)概念

画在视图轮廓之外的断面图称为移出断面图。

(2)举例

如图 2-21b)所示断面即为移出断面。

(3)画法要点

①移出断面的轮廓线用粗实线画出,断面上画出剖面符号。移出断面应尽量配置在剖切平面的延长线上,必要时也可以画在图纸的适当位置。

②当剖切平面通过由回转面形成的圆孔、圆锥坑等结构的轴线时,这些结构应按剖视画出,如图 2-22 所示。

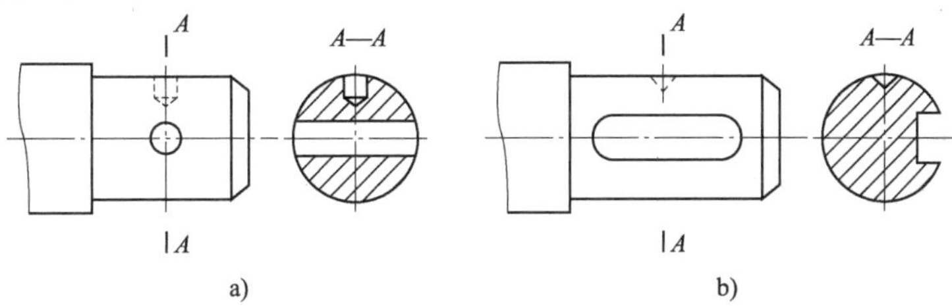

图 2-22 通过圆孔等回转面的轴线时断面图的画法

③当剖切平面通过非回转面,会导致出现完全分离的断面时,这样的结构也应按剖视画出,如图 2-23 所示。

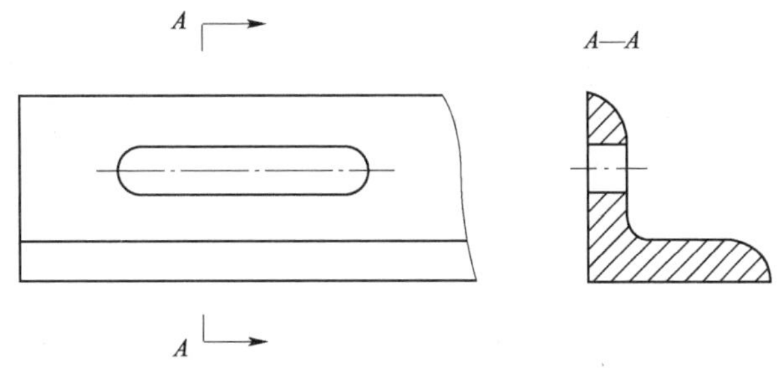

图 2-23 断面分离时的画法

2)重合断面图

画在视图轮廓之内的断面图称为重合断面图。如图 2-24 所示的断面即为重合断面。

为了使图形清晰，避免与视图中的线条混淆，重合断面的轮廓线用细实线画出。当重合断面的轮廓线与视图的轮廓线重合时，仍按视图的轮廓线画出，不应中断，如图2-24a)所示。

3. 剖切位置与标注

(1)当移出断面不画在剖切位置的延长线上时，如果该移出断面为不对称图形，必须标注剖切符号与带字母的箭头，以表示剖切位置与投影方向，并在断面图上方标出相应的名称"×—×"；如果该移出断面为对称图形，因为投影方向不影响断面形状，所以可以省略箭头。

(2)当移出断面按照投影关系配置时，不管该移出断面为对称图形或不对称图形，因为投影方向明显，所以可以省略箭头。

(3)当移出断面画在剖切位置的延长线上时，如果该移出断面为对称图形，只需用细点画线标明剖切位置，可以不标注剖切符号、箭头和字母；如果该移出断面为不对称图形，则必须标注剖切位置和箭头，但可以省略字母。

(4)当重合断面为不对称图形时，需标注其剖切位置和投影方向，如图2-24a)所示；当重合断面为对称图形时，一般不必标注，如图2-24b)所示。

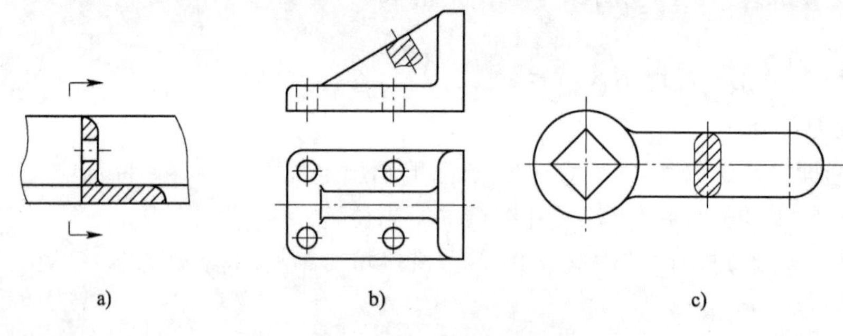

图2-24　重合断面图

任务实施

根据支架模型图，经过结构形状分析，可以确定以下几种表达方案，并进行对比，选择最优的。

方案一：如图2-25所示，采用主视图和俯视图，并在俯视图上采用了*A*—*A*全剖视图表达支架的内部结构，十字肋的形状是用虚线表示的。

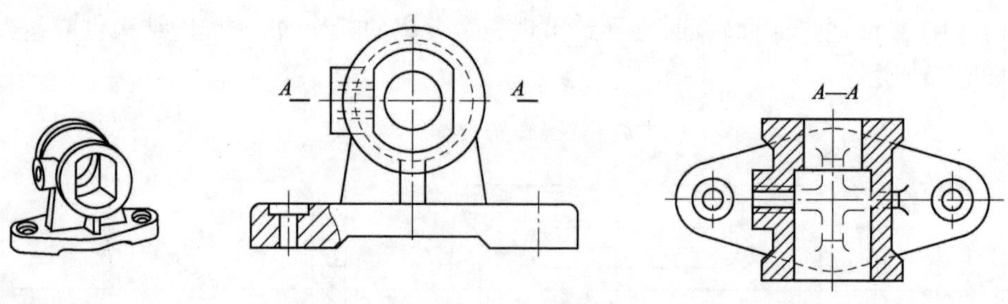

图2-25　方案一

方案二：如图2-26所示，采用主、俯、左三个视图。主视图上作局部剖视，表达安装孔；左视图采用全剖视，表达支架的内部结构形状；俯视图采用了*A*—*A*全剖视图，表达支架的内部结构形状；俯视图采用了*A*—*A*全剖视图，表达了左端圆锥内的螺孔与中间大孔的关系及底板的形状。为了清楚地表达十字肋的形状，增加了一个*B*—*B*移出断面图。

方案三：如图 2-27 所示，主视图和左视图作了局部剖视，使支架上部内、外结构形状表达得比较清楚，俯视图采用了 *B*—*B* 全剖视图表达十字肋与底板的相对位置及实形。

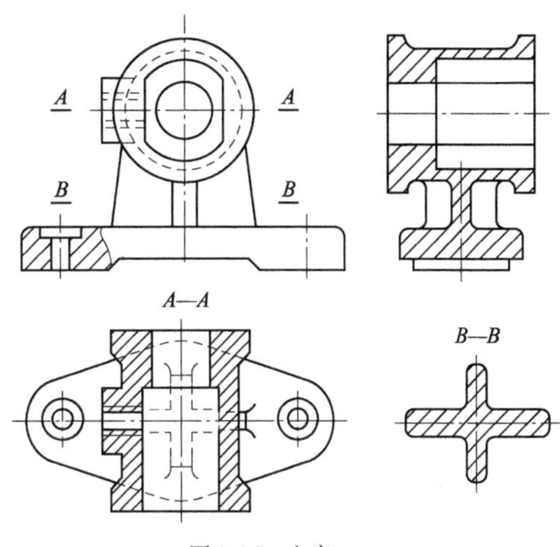

图 2-26　方案二

以上三个表达方案中，方案一虽然视图数量较少，但因虚线较多图形不够清晰；各部分的相对位置表达不够明显，给读图带来一定的困难，所以方案一不可取。

方案二和方案三，都能完整地表达支架的内外部结构形状，方案二的俯、左视图均为全剖视图，表达支架的内部结构；方案三的主、左视图均为局部剖，不仅把支架的内部结构表达清楚了，而且还保留了部分外部结构，使得外部形状及其相对位置的表达优于方案二。再比较俯视图，两方案对底板的形状均已表达清楚。但因剖切平面的位置不同，方案二的 *A*—*A* 剖视图仍在表达支架内部结构和螺孔；方案三 *B*—*B* 剖切的是十字肋，使俯视图突出表现了十字肋与底板的形状及两者的位置关系，从而避免重复表达支架的内部结构，并省去一个断面图。

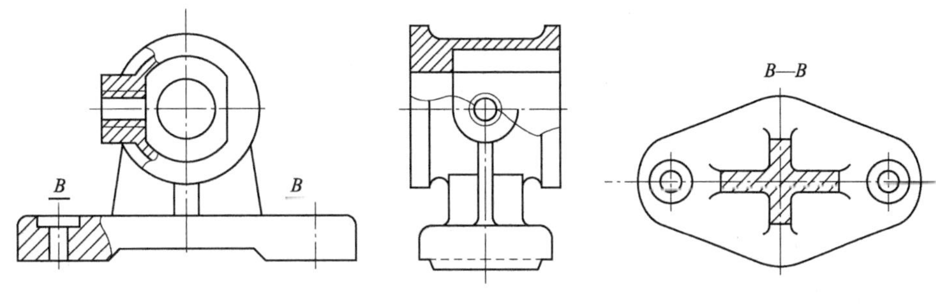

图 2-27　方案三

综合以上分析：方案三的各视图表达意图清楚，剖切位置选择合理，支架内外形状表达基本完整，层次清晰，图形数量适当，便于作图和读图。因此，方案三是一个较好的表达方案。

自我评价

1. 根据主、俯、左视图，画出 *A*、*B*、*C* 向视图，如图 2-28 所示。

2. 画出 *A* 向斜视图和 *B* 向局部视图，如图 2-29 所示。

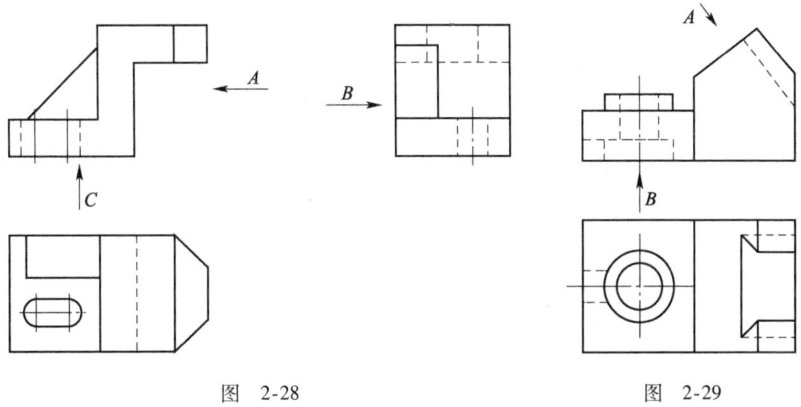

图　2-28

图　2-29

3. 补画下列剖视图中所缺线条，如图 2-30 所示。

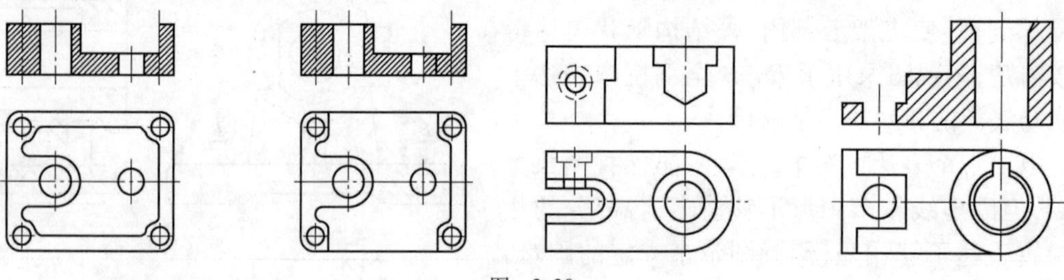

图 2-30

4. 将主视图改画成全剖视图，如图 2-31 所示。

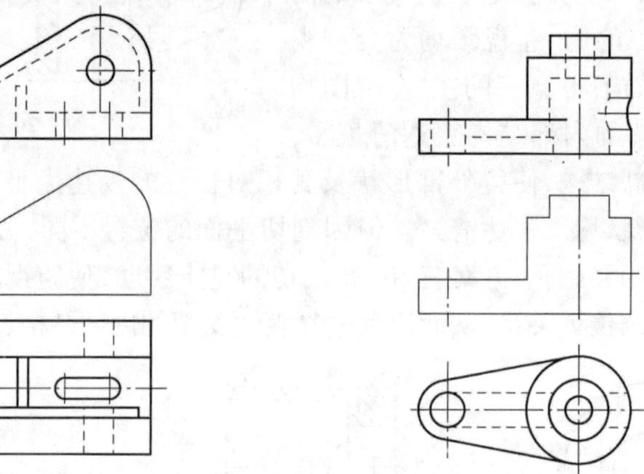

图 2-31

5. 将主视图改画成半剖视图，如图 2-32 所示。

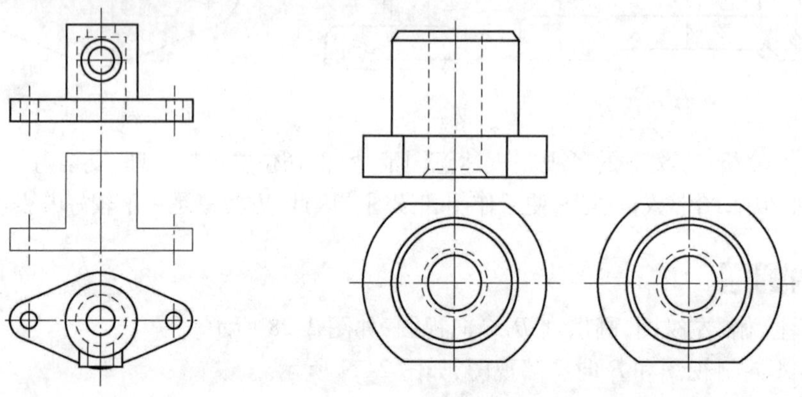

图 2-32

6. 完成下列形体的局部剖视图，如图 2-33 所示。

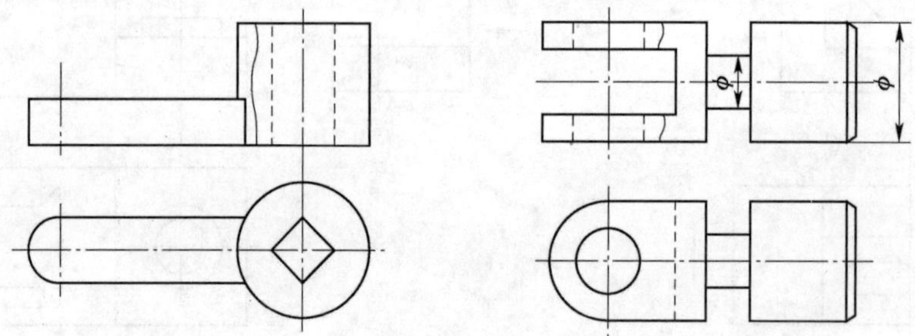

图 2-33

任务二　轴类零件视图表达方法的选择

图 2-34 所示为一个典型轴类零件的模型图，要求根据此模型图的结构形式，选用适当的一组视图来表达该零件。

知识准备

一、局部放大视图

1. 概念

机件上某些细小结构在视图中表达的还不够清楚，或不便于标注尺寸时，可将这些部分用大于原图形所采用的比例画出，这种图称为局部放大图，如图 2-35 所示。

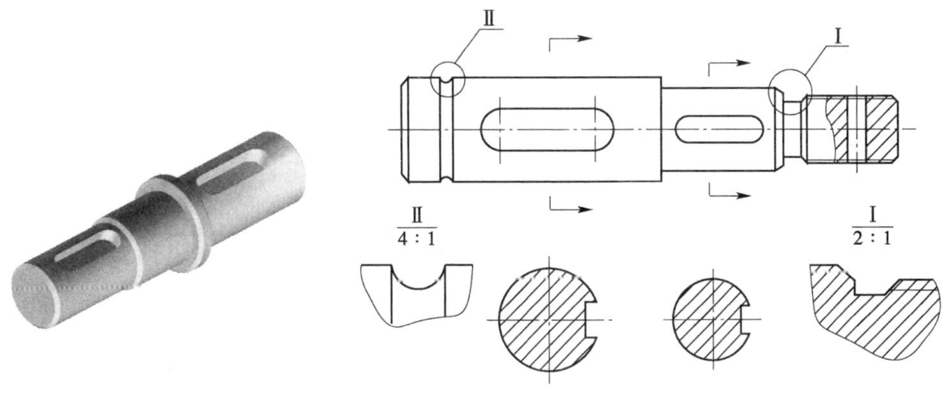

图 2-34　典型轴类模型图　　　图 2-35　局部放大图

2. 标注

局部放大图必须标注，标注方法是：在视图上画一细实线圆，标明放大部位，在放大图的上方注明所用的比例，即图形大小与实物大小之比（与原图上的比例无关），如果放大图不止一个时，还要用罗马数字编号以示区别。

注意：局部放大图可画成视图、剖视图、断面图，它与被放大部位的表达方法无关。局部放大图应尽量配置在被放大部位的附近。

二、简化画法和其他规定画法

1. 有关肋板、轮辐等结构的画法

（1）机件上的肋板、轮辐及薄壁等结构，如纵向剖切都不要画剖面符号，而且用粗实线将它们与其相邻结构分开，如图 2-36 所示。

（2）回转体上均匀分布的肋板、轮辐、孔等结构不处于剖切平面上时，可将这些结构假想旋转到剖切平面上画出，如图 2-37 所示。

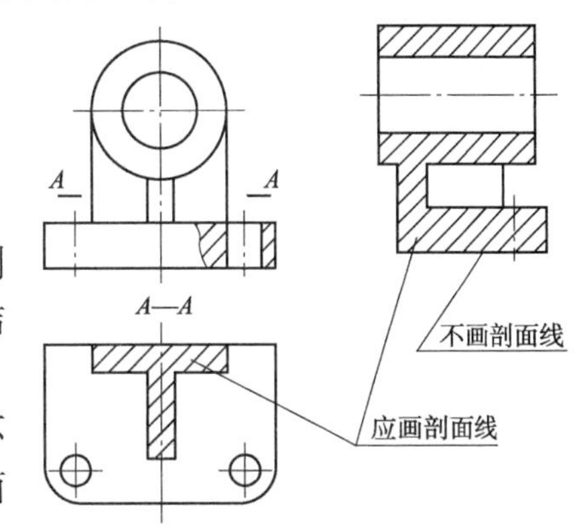

图 2-36　肋板的剖视画法

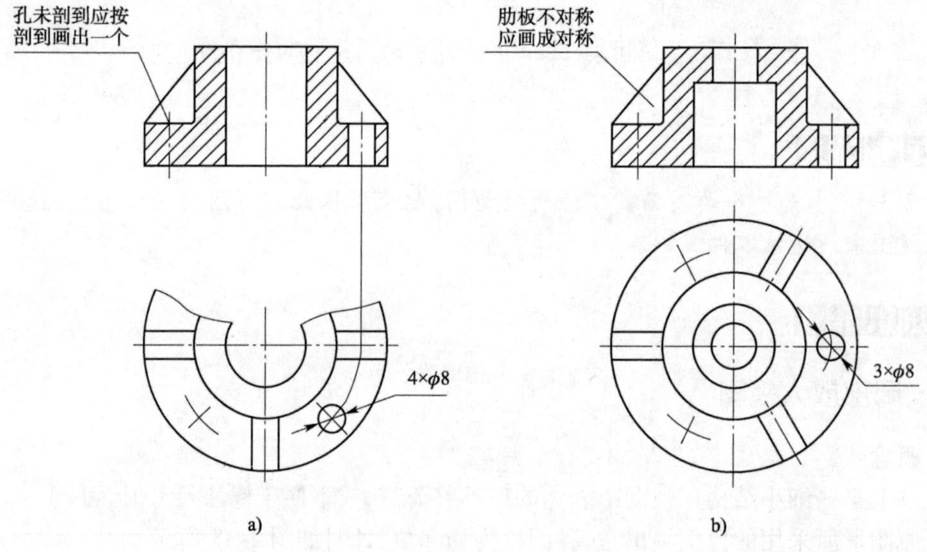

图 2-37　均匀分布的肋板、孔的剖切画法

2. 相同结构的简化画法

当机件上具有若干相同结构(齿、槽、孔等),并按一定规律分布时,只需画出几个完整结构,其余用细实线相连或标明中心位置,并注明总数,如图 2-38 所示。

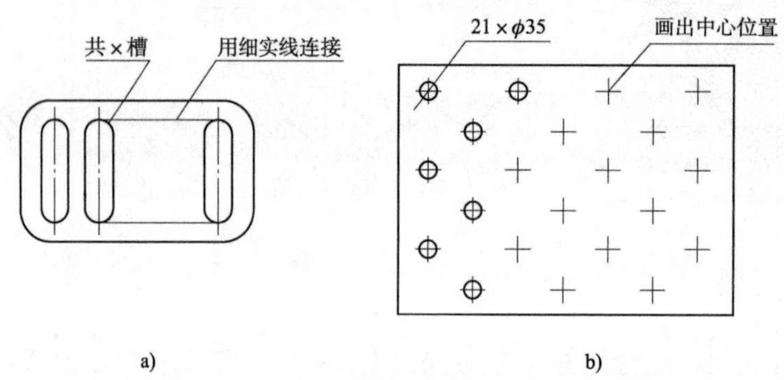

图 2-38　相同结构的简化画法

3. 较长机件的折断画法

较长的机件(轴、杆、型材等),沿长度方向的形状一致或按一定规律变化时,可断开缩短绘制,但必须按原来实长标注尺寸,如图 2-39 所示。

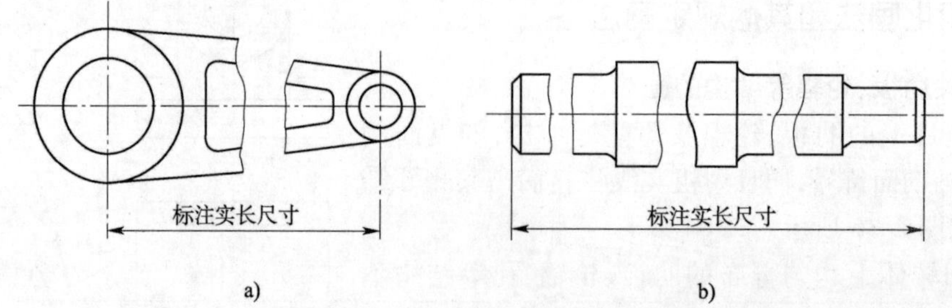

图 2-39　较长机件的折断画法

机件断裂边缘常用波浪线画出,圆柱断裂边缘常用花瓣形画出,如图 2-40 所示。

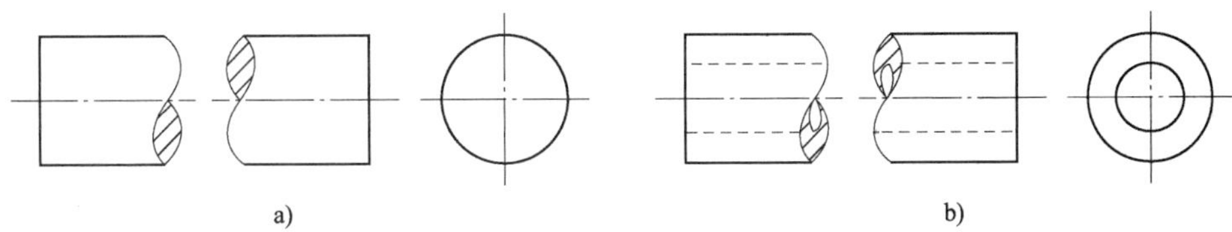

图 2-40　圆柱与圆筒的断裂处画法

4. 较小结构的简化画法

机件上较小的结构，如在一个图形中已表示清楚时，在其他图形中可以简化或省略，如图 2-41a）和图 2-41b）的主视图。

在不致引起误解时，图形中的相贯线允许简化，例如用圆弧或直线代替非圆曲线，如图 2-41a）所示。

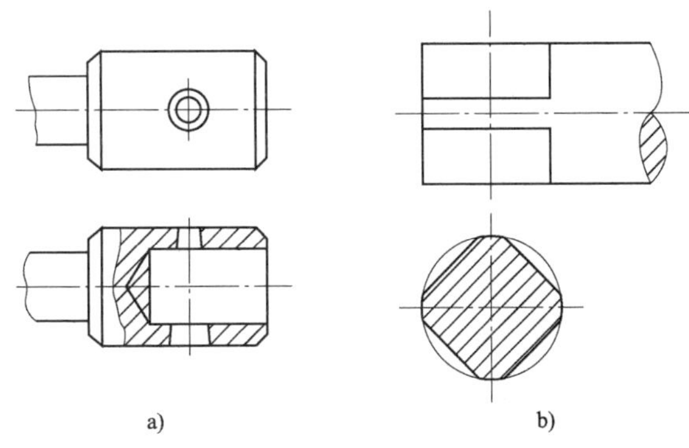

图 2-41　较小结构的简化画法

5. 某些结构的示意画法

网状物、编织物或机件上的滚花部分，可在轮廓线附近用细实线示意画出，并标明其具体要求。图 2-42 即为滚花的示意画法。

当图形不能充分表达平面时，可以用平面符号（相交细实线）表示，如图 2-43 所示。如已表达清楚，则可不画平面符号，如图 2-41b）所示。

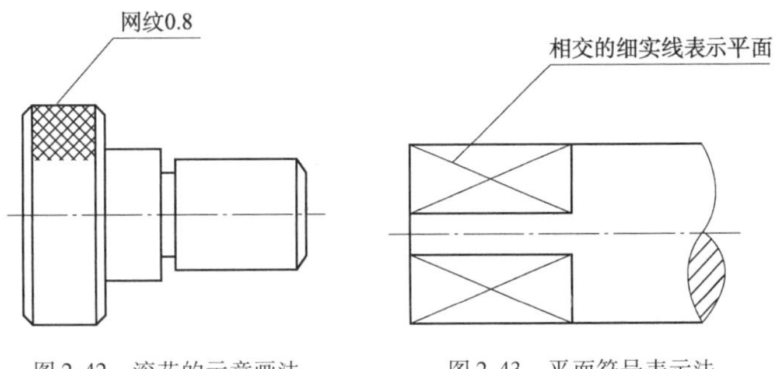

图 2-42　滚花的示意画法　　图 2-43　平面符号表示法

6. 对称机件的简化画法

在不致引起误解时，对于对称机件的视图可以只画一半或四分之一，并在对称中心线的两端画出两条与其垂直的平行细实线，如图 2-44 所示。

7. 允许省略剖面符号的移出断面

在不致引起误解时，零件图中的移出断面，允许省略剖面符号，但剖切位置和断面图的标注，必须按规定的方法标出，如图 2-45 所示。

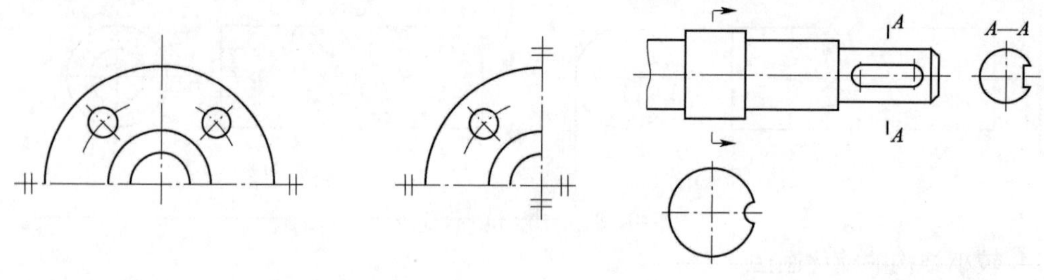

图 2-44　对称机件的简化画法　　　　图 2-45　移出剖面的简化画法

三、机件表达方法综合运用举例

1. 选用原则

实际绘图时，各种表达方法应根据机件结构的具体情况选择使用。

在选择表达机件的图样时，首先应考虑看图方便，并根据机件的结构特点，用较少的图形，把机件的结构形状完整、清晰地表达出来。

在这一原则下，还要注意所选用的每个图形，它既要有各图形自身明确的表达内容，又要注意它们之间的相互联系。

2. 综合运用举例

现以图 2-46 所示的阀体的表达方案为例，说明表达方法的综合运用。

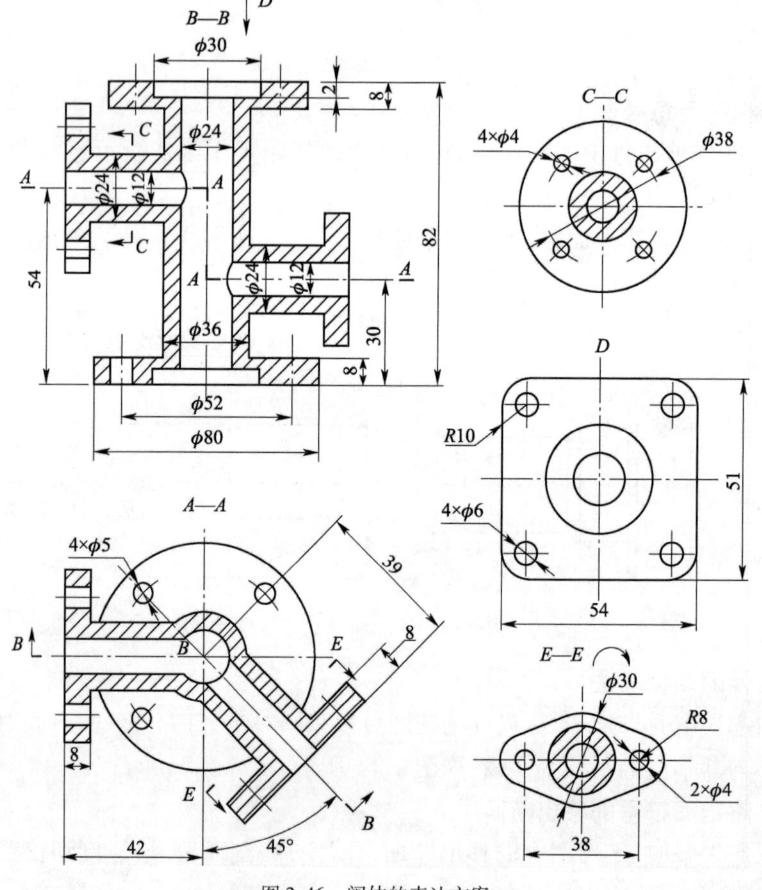

图 2-46　阀体的表达方案

1)图形分析

阀体的表达方案共有五个图形:两个基本视图(全剖主视图 *B—B*、全剖俯视图 *A—A*)、一个局部视图(*D* 向)、一个局部剖视图(*C—C*)和一个斜剖的全剖视图(*E—E* 旋转)。

主视图 *B—B* 是采用旋转剖画出的全剖视图,表达阀体的内部结构形状;俯视图 *A—A* 是采用阶梯剖画出的全剖视图,着重表达左、右管道的相对位置,还表达了下连接板的外形及 $4\times\phi5$ 小孔的位置。

C—C 局部剖视图,表达左端管连接板的外形及其上 $4\times\phi4$ 孔的大小和相对位置;*D* 向局部视图,相当于俯视图的补充,表达了上连接板的外形及其上 $4\times\phi6$ 孔的大小和位置。

因右端管与正投影面倾斜45°,所以采用斜剖画出 *E—E* 全剖视图,以表达右连接板的形状。

2)形体分析

由图形分析中可见,阀体的构成大体可分为管体、上连接板、下连接板、左连接板、右连接板五个部分。

管体的内外形状通过主、俯视图已表达清楚,它是由中间一个外径为36mm、内径为24mm的竖管,左边一个距底面54mm、外径为24mm、内径为12mm的横管,右边一个距底面30mm、外径为24mm、内径为12mm、向前方倾斜45°的横管三部分组合而成。三段管子的内径互相连通,形成有四个通口的管件。

阀体的上、下、左、右四块连接板形状大小各异,这可以分别由主视图以外的四个图形看清它们的轮廓,它们的厚度为8mm。

通过分析形体,想象出各部分的空间形状,再按它们之间的相对位置组合起来,便可想象出阀体的整体形状。

3. 小结

总结例题中阀体的表达方案的特点,从而推广到一般机件的确定表达方案,总的原则是根据机件的特点,灵活选用表达方法,用较少的图形,将机件的内外结构表达清楚。

1. 在指定位置画出轴的断面图(键槽深3mm),如图2-47所示。

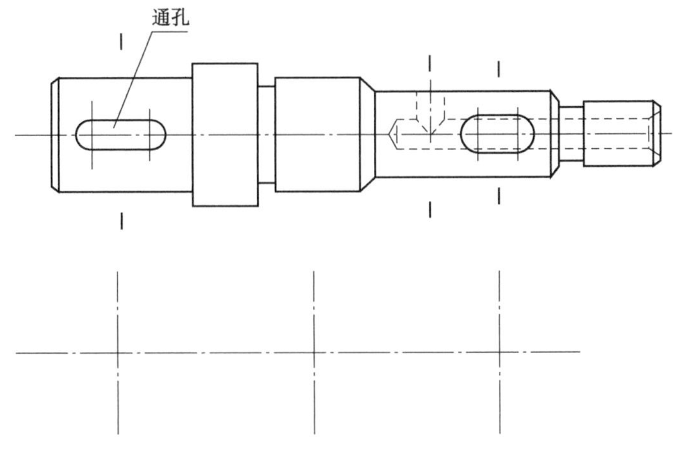

图 2-47

2. 零件表达综合方法应用,如图2-48所示。

(1)内容:根据模型(或轴侧图)画剖视图,并标注尺寸。

(2)目的:初步训练选择零件表达方法的能力;掌握剖视图的画法。

(3)要求:用A3图纸;自定图纸横、竖放置以及绘图比例;图形表达清晰完整,尺寸正确。

(4)作图步骤:进行形体分析,了解零件的结构形状;按照零件的结构特点,确定表达方案;根据规定的图幅选定比例,合理布置图面;轻画底稿;画出剖面符号;检查后描深;标注尺寸,填写标题栏。

(5)注意:剖面线一般不应画底稿,而在描深时一次画成;注意区分哪些剖切位置和剖视图名称应标注,哪些不必标注。注意局部剖视图中波浪线的画法;标注尺寸仍须应用形体分析法。

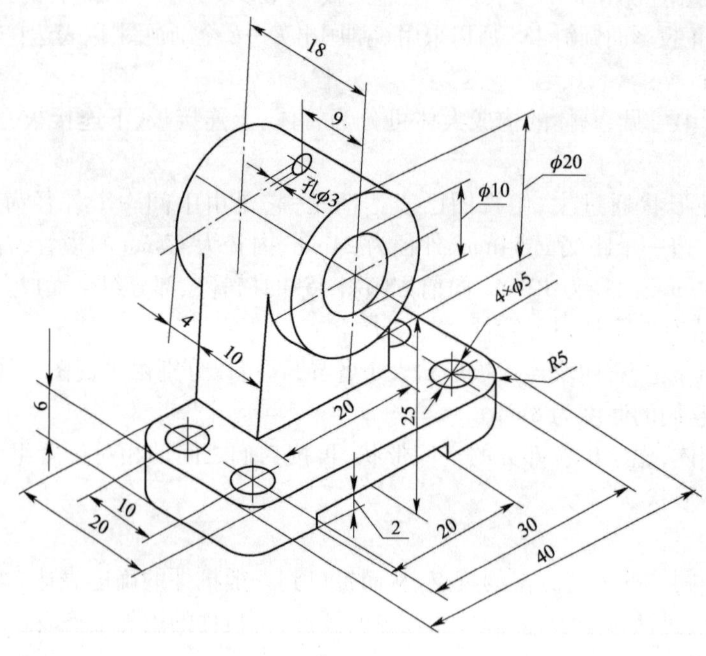

图 2-48

项目三　零件图识读

知识目标

1. 了解零件图作用和内容，掌握识读零件图的方法。
2. 掌握零件图的视图表达方法。
3. 掌握零件图的尺寸的标注。
4. 理解公差与配合的术语。
5. 掌握公差与配合代号在图样上的标注。
6. 掌握形状和位置公差代号的标注，理解代号中各种符号和数字的含义。
7. 掌握表面粗糙度代号的标注，了解代号中各种符号和数字的含义。

能力目标

1. 能够正确识读一般程度的零件图。
2. 能够正确、完整、清晰并较合理地标注零件图的尺寸。
3. 能够较正确地标注和识读零件图上的尺寸公差、形位公差和表面粗糙度等技术要求。

任务一　轴承座零件图的绘制

任务描述

图3-1所示为轴承座零件的模型图，要求根据此模型图的结构形式，绘制出该零件的零件图。

图3-1　轴承座模型图

知识准备

机器或部件都是由许多零件装配而成，制造机器或部件必须首先制造零件。零件图是表达单个零件结构的图样，它是制造和检验零件的主要依据。

一、零件图的作用

零件图是表示零件结构、大小及技术要求的图样。

任何机器或部件都是由若干零件按一定要求装配而成的。图 3-2 所示的铣刀头是铣床上的一个部件,供装铣刀盘用。它是由座体、轴、端盖、带轮等十多种零件组成。

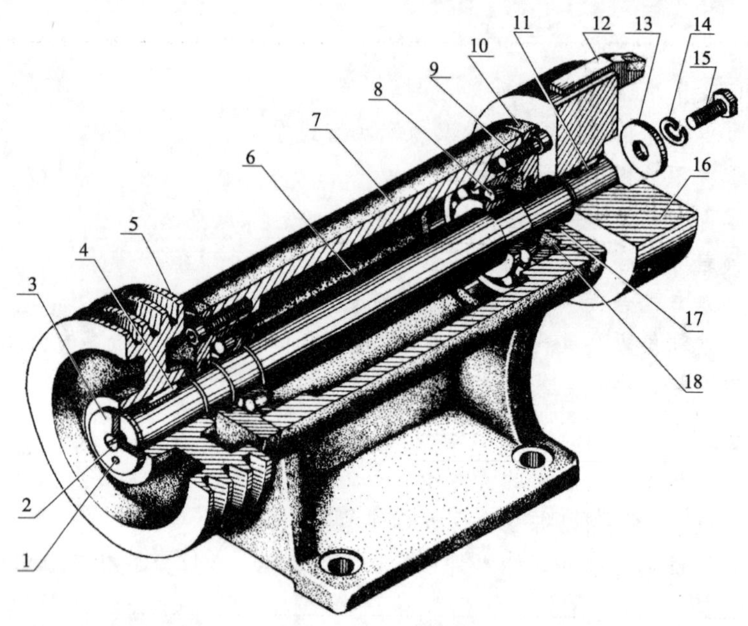

图 3-2　铣刀头轴测图

1-销;2-螺钉;3-挡圈;4-键;5-带轮;6-轴;7-座体;8-滚动轴承;9-螺钉;10-端盖;11-键;12-铣刀;13-挡圈;14-垫圈;15-螺钉;16-铣刀盘;17-毡圈;18-调整环

零件图是制造和检验零件的主要依据,是指导生产的重要技术文件。

二、零件图的内容

零件图是生产中指导制造和检验该零件的主要图样,它不仅仅是把零件的内外结构形状和大小表达清楚,还需要对零件的材料、加工、检验、测量提出必要的技术要求。零件图必须包含制造和检验零件的全部技术资料。因此,一张完整的零件图一般应包括以下几项内容(如图 3-3):

(1)一组图形:用于正确、完整、清晰和简便地表达出零件内外形状的图形,其中包括机件的各种表达方法,如视图、剖视图、断面图、局部放大图和简化画法等。

(2)完整的尺寸:零件图中应正确、完整、清晰、合理地注出制造零件所需的全部尺寸。

(3)技术要求:零件图中必须用规定的代号、数字、字母和文字注解说明制造和检验零件时在技术指标上应达到的要求。如表面粗糙度、尺寸公差、形位公差、材料和热处理、检验方法以及其他特殊要求等。技术要求的文字一般注写在标题栏上方图纸空白处。

(4)标题栏:题栏应配置在图框的右下角。它一般由更改区、签字区、其他区、名称以及代号区组成。填写的内容主要有零件的名称、材料、数量、比例、图样代号以及设计、审核、批准者的姓名、日期等。标题栏的尺寸和格式已经标准化,可参见有关标准。

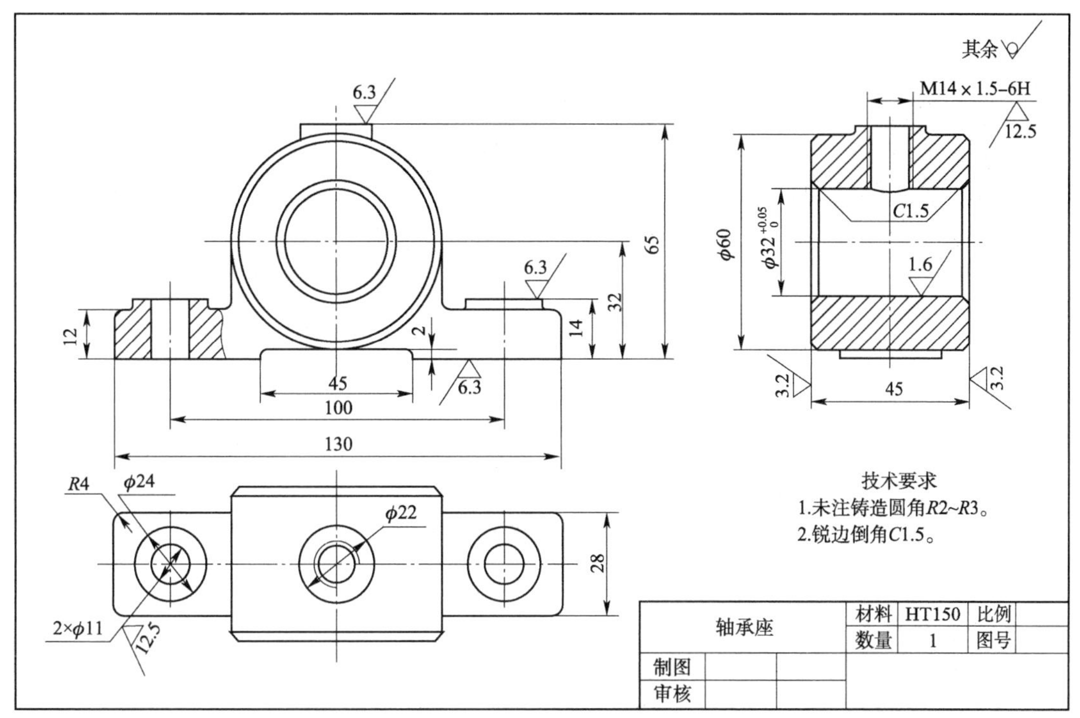

图 3-3　轴承零件图

三、零件表达方案的选择

零件的表达方案选择，应首先考虑看图方便。根据零件的结构特点，选用适当的表示方法。由于零件的结构形状是多种多样的，所以在画图前，应对零件进行结构形状分析，结合零件的工作位置和加工位置，选择最能反映零件形状特征的视图作为主视图，并选好其他视图，以确定一组最佳的表达方案。

选择表达方案的原则是：在完整、清晰地表示零件形状的前提下，力求制图简便。

1. 零件分析

零件分析是认识零件的过程，是确定零件表达方案的前提。零件的结构形状及其工作位置或加工位置不同，视图选择也往往不同。因此，在选择视图之前，应首先对零件进行形体分析和结构分析，并了解零件的工作和加工情况，以便确切地表达零件的结构形状，反映零件的设计和工艺要求。

2. 主视图的选择

主视图是表达零件形状最重要的视图，其选择是否合理将直接影响其他视图的选择和看图是否方便，甚至影响到画图时图幅的合理利用。一般来说，零件主视图的选择应满足“合理位置”和“形状特征”两个基本原则。

1）合理位置原则

所谓“合理位置”通常是指零件的加工位置和工作位置。

（1）加工位置是零件在加工时所处的位置。主视图应尽量表示零件在机床上加工时所处的位置。这样在加工时可以直接进行图物对照，既便于看图和测量尺寸，又可减少差错。如轴套类零件的加工，大部分工序是在车床或磨床上进行，因此通常要按加工位置（即轴线水平放置）画其主视图，如图 3-4 所示。

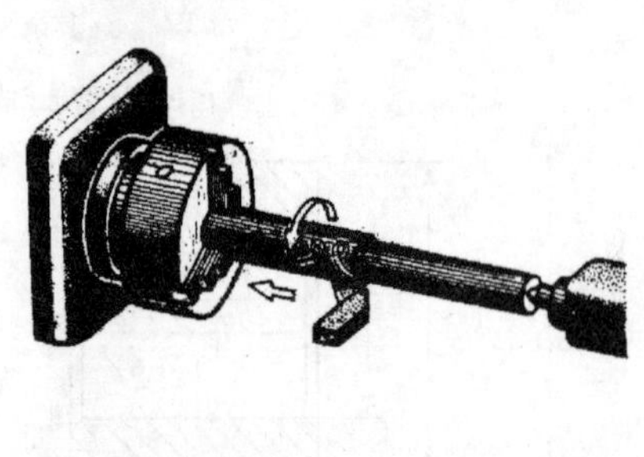

a)

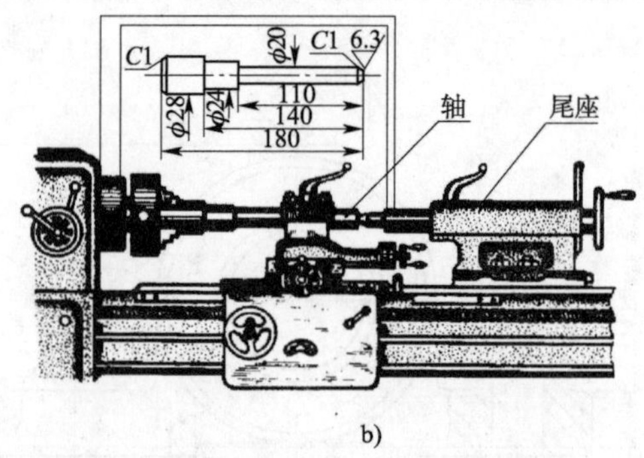

b)

图 3-4　轴类零件的加工位置

(2)工作位置是零件在装配体中所处的位置。零件主视图的放置,应尽量与零件在机器或部件中的工作位置一致。这样便于根据装配关系来考虑零件的形状及有关尺寸,便于校对。如图 3-3 所示的铣刀头座体零件的主视图就是按工作位置选择的。对于工作位置歪斜放置的零件,因为不便于绘图,应将零件放正。

2)形状特征原则

确定了零件的安放位置后,还要确定主视图的投影方向。形状特征原则就是将最能反映零件形状特征的方向作为主视图的投影方向,即主视图要较多地反映零件各部分的形状及它们之间的相对位置,以满足表达零件清晰的要求。图 3-5 所示是确定机床尾架主视图投影方向的比较。由图可知,图 3-5a)的表达效果显然比图 3-5b)表达效果要好得多。

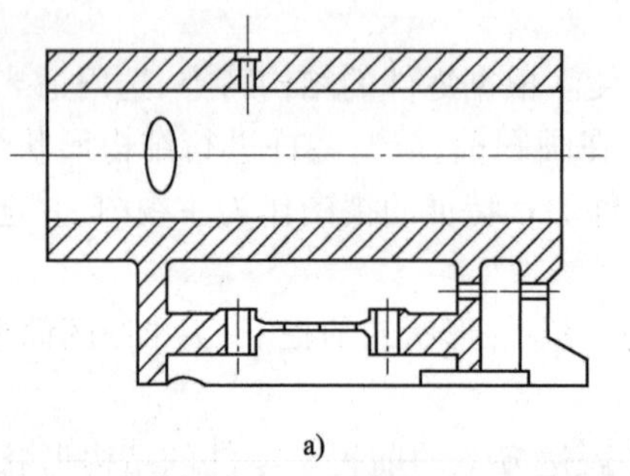

a)

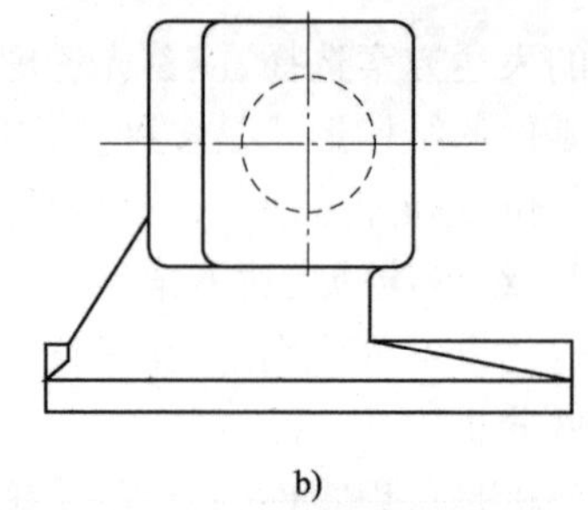

b)

图 3-5　确定主视图投影方向的比较

3. 选择其他视图

一般来讲,仅用一个主视图是不能完全反映零件的结构形状的,必须选择其他视图,包括剖视、断面、局部放大图和简化画法等各种表达方法。主视图确定后,对其表达未尽的部分,再选择其他视图予以完善表达。具体选用时,应注意以下几点:

(1)根据零件的复杂程度及内外结构形状,全面地考虑还应需要的其他视图,使每个所选视图应具有独立存在的意义及明确的表达重点,注意避免不必要的细节重复,在明确表达零件的前提下,使视图数量为最少。

(2)优先考虑采用基本视图,当有内部结构时应尽量在基本视图上作剖视;对尚未表达清楚的局部结构和倾斜部分结构,可增加必要的局部(剖)视图和局部放大图;有关的视图应尽量保持直接投影关系,配置在相关视图附近。

(3)按照视图表达零件形状要正确、完整、清晰、简便的要求,进一步综合、比较、调整、完善,选出最佳的表达方案。

四、常见零件的表达方法分析

虽然零件的形状、用途多种多样，加工方法各不相同，但零件也有许多共同之处。根据零件在结构形状、表达方法上的某些共同特点，常将其分为四类：轴套类零件、轮盘类零件、叉架类零件和壳体类零件。

1. 轴套类零件

1）结构分析

轴套类零件的基本形状是同轴回转体。在轴上通常有键槽、销孔、螺纹退刀槽、倒圆等结构。此类零件主要是在车床或磨床上加工。如图 3-6 所示的轴类即属于轴套类零件。

2）主视图选择

这类零件的主视图按其加工位置选择，一般按水平位置放置。这样既可把各段形体的相对位置表示清楚，同时又能反映出轴上轴肩、退刀槽等结构。

3）其他视图的选择

轴套类零件主要结构形状是回转体，一般只画一个主视图。确定了主视图后，由于轴上的各段形体的直径尺寸在其数字前加注符号“ϕ”表示，因此不必画出其左（或右）视图。对于零件上的键槽、孔等结构，一般可采用局部视图、局部剖视图、移出断面和局部放大图，如图 3-6 所示。

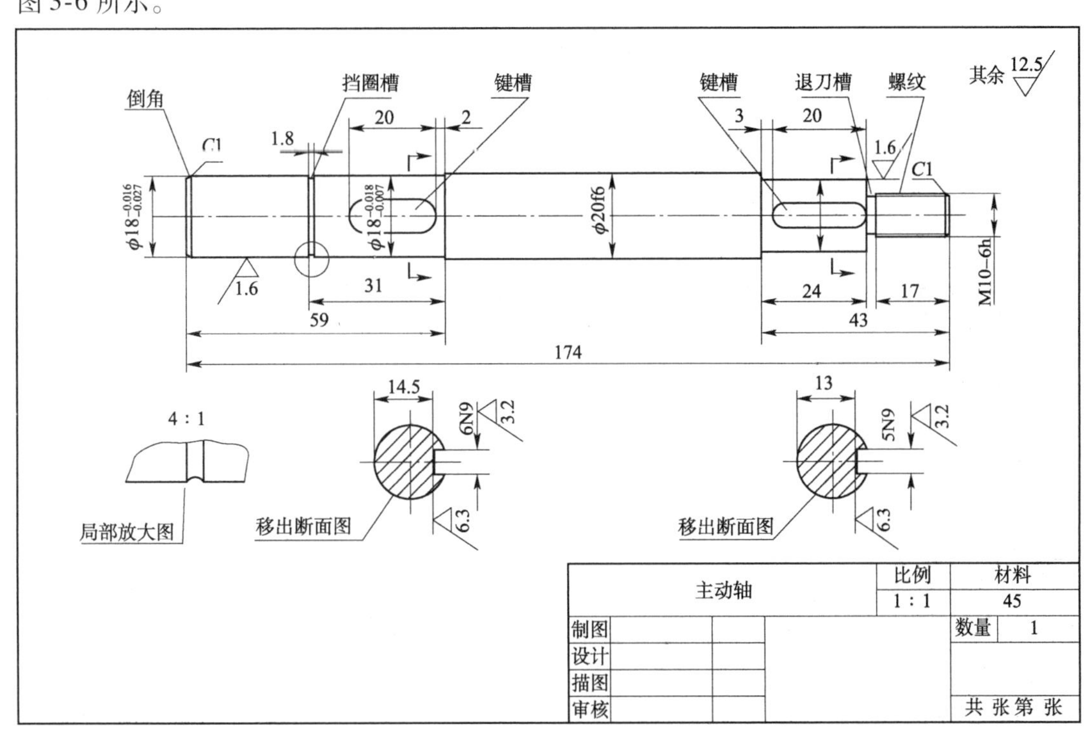

图 3-6　轴类零件图

2. 盘盖类零件

1）结构分析

轮盘类零件包括端盖、阀盖、齿轮等，这类零件的基本形体一般为回转体或其他几何形状的扁平的盘状体，通常还带有各种形状的凸缘、均布的圆孔和肋等局部结构。轮盘类零件的作用主要是轴向定位、防尘和密封，如图 3-7 所示的盘类零件表达方案。

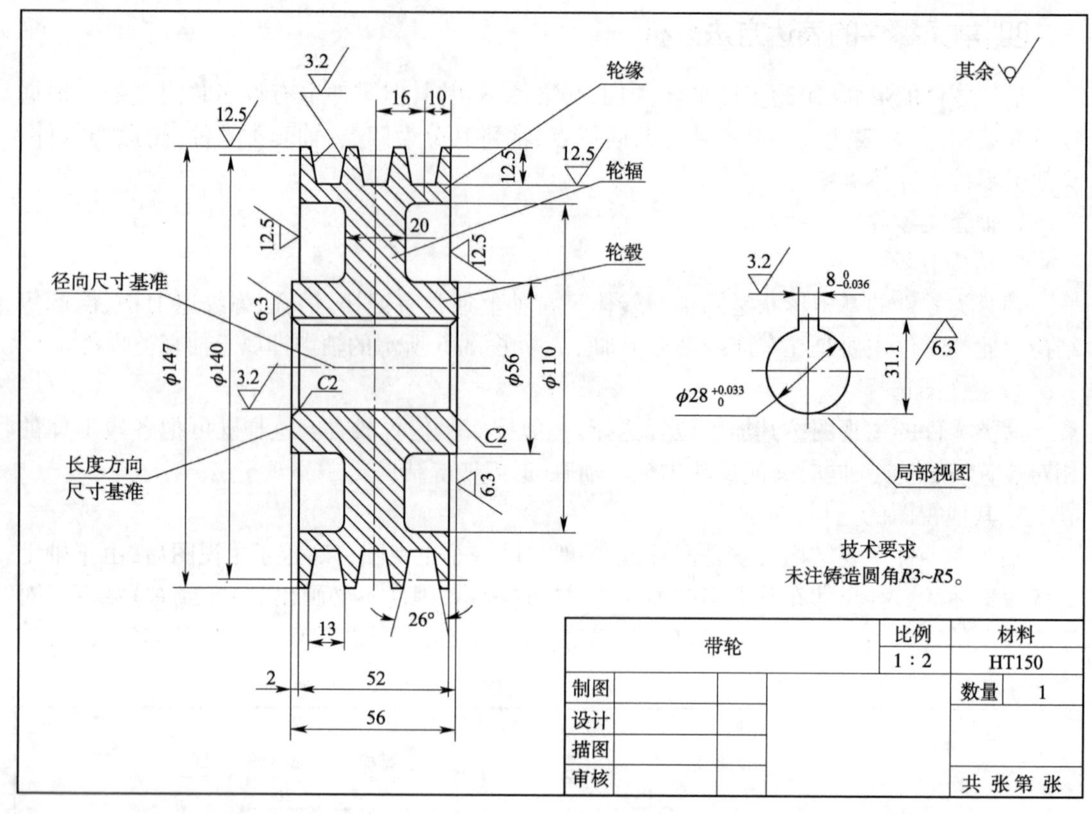

带轮	比例	材料
	1∶2	HT150

制图				数量	1
设计					
描图					
审核				共 张 第 张	

图 3-7 盘类零件图

2）主视图选择

轮盘类零件的毛坯有铸件或锻件，机械加工以车削为主，主视图一般按加工位置水平放置，但有些较复杂的盘盖，因加工工序较多，主视图也可按工作位置画出。为了表达零件内部结构，主视图常取全剖视。

3）其他视图的选择

轮盘类零件一般需要两个以上基本视图表达，除主视图外，为了表示零件上均布的孔、槽、肋、轮辐等结构，还需选用一个端面视图（左视图或右视图）。此外，为了表达细小结构，有时还常采用局部放大图。

3. 支架类零件

支架类零件包括拨叉、支架、连杆和支座等。该类零件形状较复杂，加工工序较多，加工位置多变，所以主视图多采用工作位置，或将其倾斜部分摆正时的自然安放位置。图 3-8 是一种拨叉。

拨叉零件图中，主视图较好地反映了拨叉的主要形状特征；局部俯视图表达 U 形拨口的形状；*B* 向局部视图表达螺栓孔的形状与位置。主视图中还采用了局部剖表达螺栓孔的结构。尺寸标注及定位基准等如 3-8 图所示。

4. 壳体类零件

壳体类零件包括阀体、泵体和壳体等。该类零件大多外形较简单，但内部结构复杂，加工工序较多，加工位置多变，所以主视图多采用工作位置。图 3-9 中的接线盒是一种简单的壳体类零件。

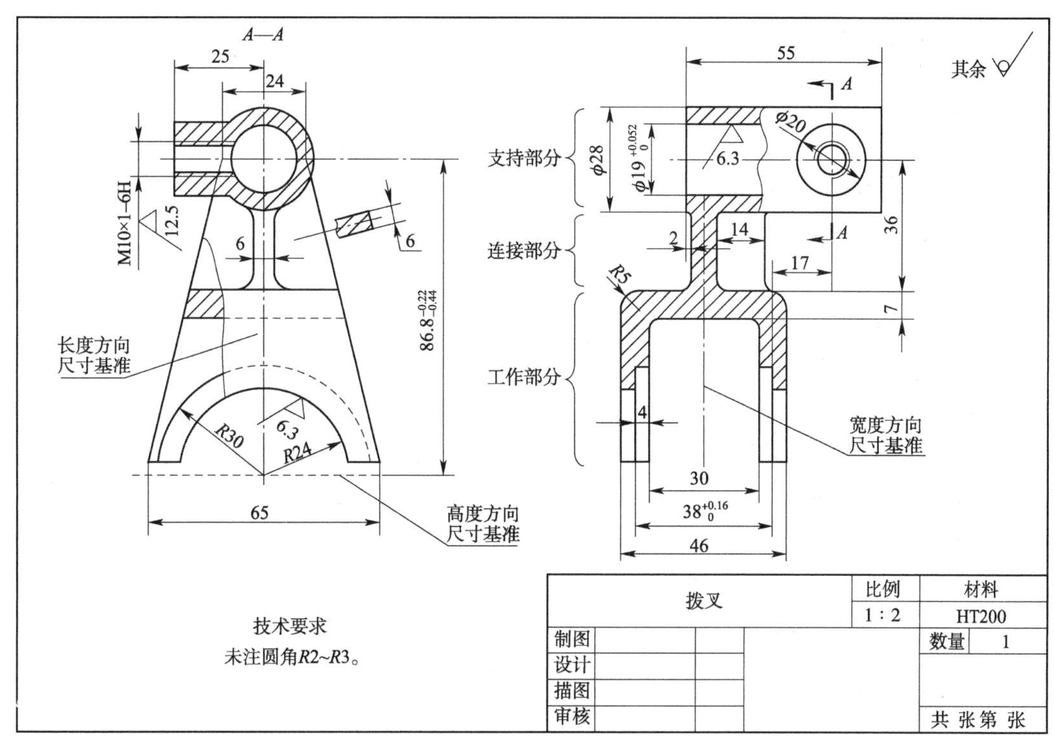

图 3-8 拨叉零件图

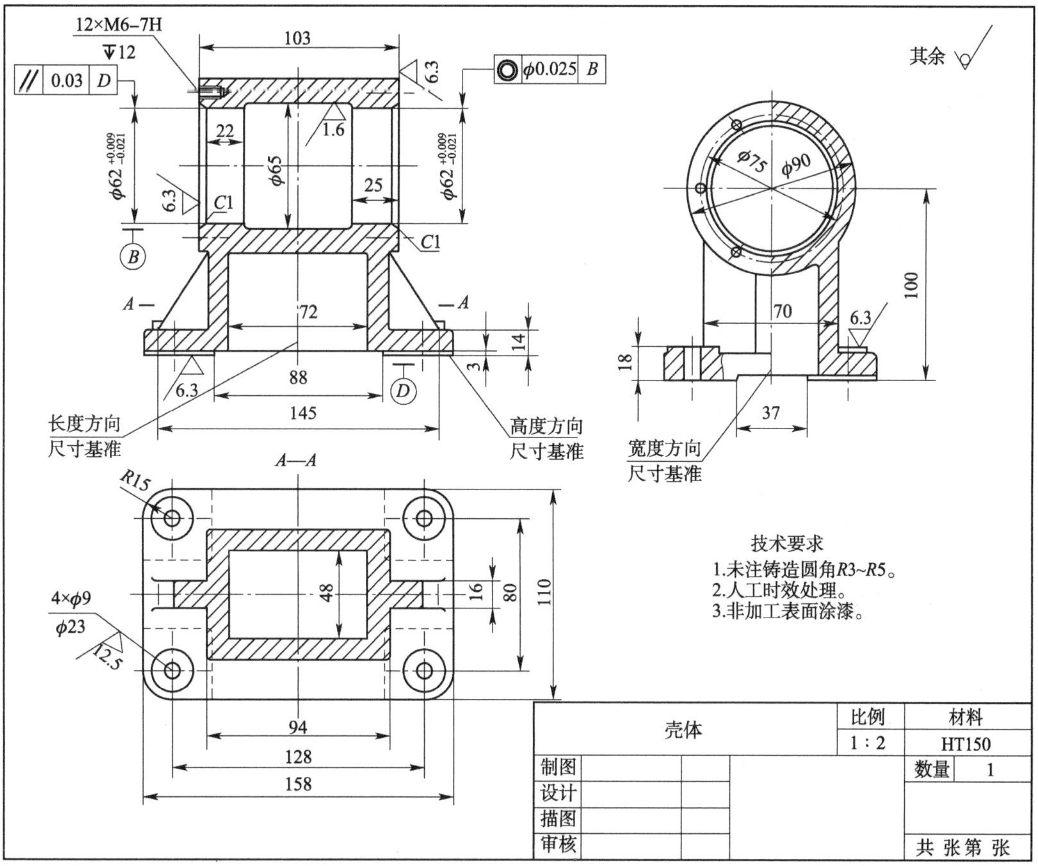

12×M6-7H

长度方向尺寸基准

高度方向尺寸基准

宽度方向尺寸基准

A—A

其余

技术要求

1.未注铸造圆角$R3 \sim R5$。

2.人工时效处理。

3.非加工表面涂漆。

壳体			比例	材料
			1 : 2	HT150
制图				数量 1
设计				
描图				
审核				共 张 第 张

图 3-9 壳体类零件图

接线盒零件图中，主视图（倾斜部分采用了简化画法）、左视图把接线盒的内外结构形状基本表达清楚，*B* 向局部视图表达出线口的形状，作为主视图的补充。尺寸标注及基准选择等如图 3-9 所示。

五、零件图的尺寸标注

零件图中的尺寸，不但要按前面的要求标注正确、完整、清晰，而且必须标注合理。为了合理地标注尺寸，必须对零件进行结构分析、形体分析和工艺分析，根据分析先确定尺寸基准，然后选择合理的标注形式，结合零件的具体情况标注尺寸。

1. 正确选择尺寸基准

零件图尺寸标注既要保证设计要求又要满足工艺要求，首先应当正确选择尺寸基准。所谓尺寸基准，就是指零件装配到机器上或在加工测量时，用以确定其位置的一些面、线或点。它可以是零件上对称平面、安装底平面、端面、零件的结合面、主要孔和轴的轴线等。

1）选择尺寸基准的目的

一是为了确定零件在机器中的位置或零件上几何元素的位置，以符合设计要求；二是为了在制作零件时，确定测量尺寸的起点位置，便于加工和测量，以符合工艺要求。

2）尺寸基准的分类

根据基准作用不同，一般将基准分为设计基准和工艺基准两类。

（1）设计基准

根据零件结构特点和设计要求而选定的基准，称为设计基准。零件有长、宽、高三个方向，每个方向都要有一个设计基准，该基准又称为主要基准，如图 3-10a）所示。

对于轴套类和轮盘类零件，实际设计中经常采用的是轴向基准和径向基准，而不用长、宽、高基准，如图 3-10b）所示。

（2）工艺基准

在加工时，确定零件装夹位置和刀具位置的一些基准以及检测时所使用的基准，称为工艺基准。工艺基准有时可能与设计基准重合，该基准不与设计基准重合时又称为辅助基准。零件同一方向有多个尺寸基准时，主要基准只有一个，其余均为辅助基准，辅助基准必有一个尺寸与主要基准相联系，该尺寸称为联系尺寸。如图 3-10a）中的 40、11、30，图 3-10b）中的 30、90。

3）选择基准的原则

尽可能使设计基准与工艺基准一致，以减少两个基准不重合而引起的尺寸误差。当设计基准与工艺基准不一致时，应以保证设计要求为主，将重要尺寸从设计基准注出，次要基准从工艺基准注出，以便加工和测量。

2. 合理选择标注尺寸应注意的问题

1）结构上的重要尺寸必须直接注出

重要尺寸是指零件上对机器的使用性能和装配质量有关的尺寸，这类尺寸应从设计基准直接注出。如图3-11 中的高度尺寸 32 ± 0.08 为重要尺寸，应直接从高度方向主要基准直接注出，以保证精度要求。

2）避免出现封闭的尺寸链

封闭的尺寸链是指一个零件同一方向上的尺寸像车链一样，一环扣一环首尾相连，成为封闭形状的情况。如图 3-12 所示，各分段尺寸与总体尺寸间形成封闭的尺寸链，在机器生产中这是不允许的，因为各段尺寸加工不可能绝对准确，总有一定尺寸误差，而各段尺寸误差的和不可能正好等于总体尺寸的误差。为此，在标注尺寸时，应将次要的轴段尺寸空出不注（称为开口环），如图 3-13a）所示。这样，其他各段加工的误差都积累至这个不要求检验的尺寸上，而全长及主要轴段的尺寸则因此得到保证。如需标注开口环的尺寸时，可将其注成参考尺寸，如图 3-13b）所示。

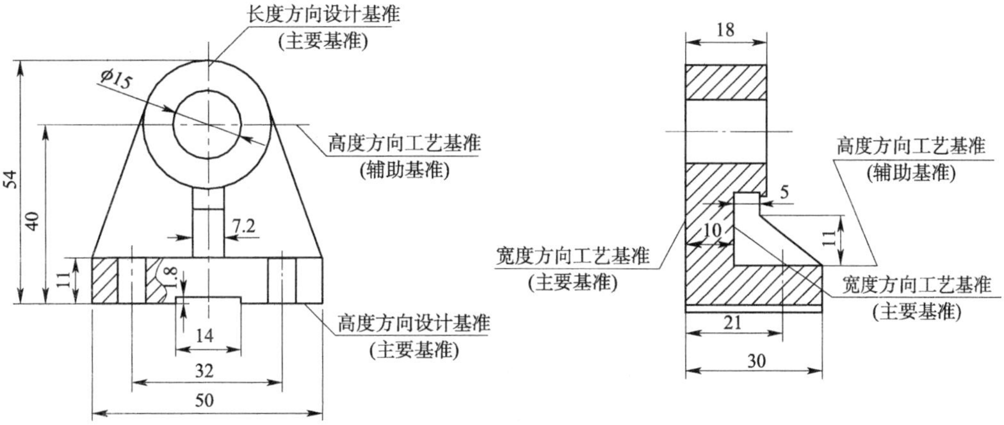

a)叉架类零件

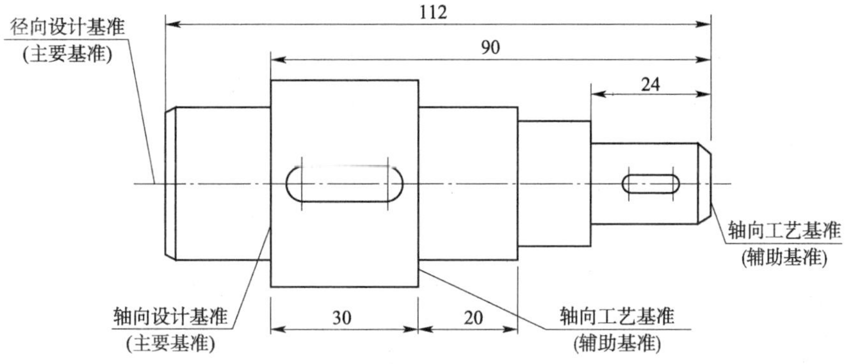

b)轴类零件

图 3-10　零件的尺寸基准

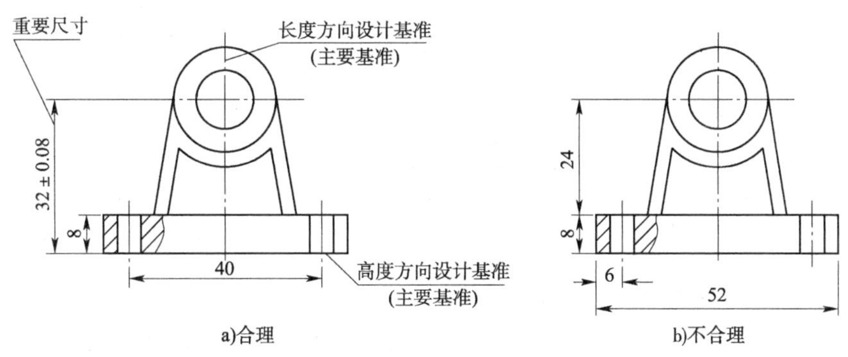

a)合理　　b)不合理

图 3-11　重要尺寸从设计基准直接注出

3）考虑零件加工、测量和制造的要求

（1）考虑加工看图方便。不同加工方法所用尺寸分开标注，便于看图加工，如图 3-14 所示，是把车削与铣削所需要的尺寸分开标注。

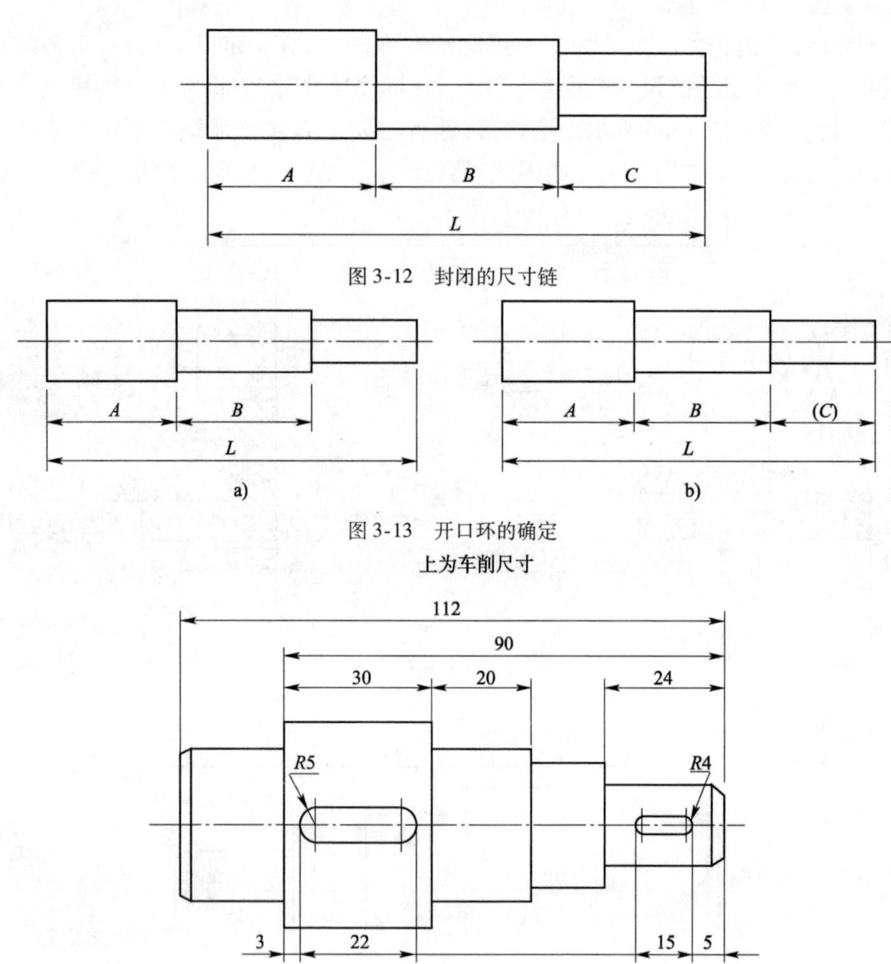

图3-12 封闭的尺寸链

图3-13 开口环的确定

图3-14 按加工方法标注尺寸

(2)考虑测量方便。尺寸标注有多种方案,但要注意所注尺寸是否便于测量,如图3-15所示结构,两种不同标注方案中,不便于测量的标注方案是不合理的。

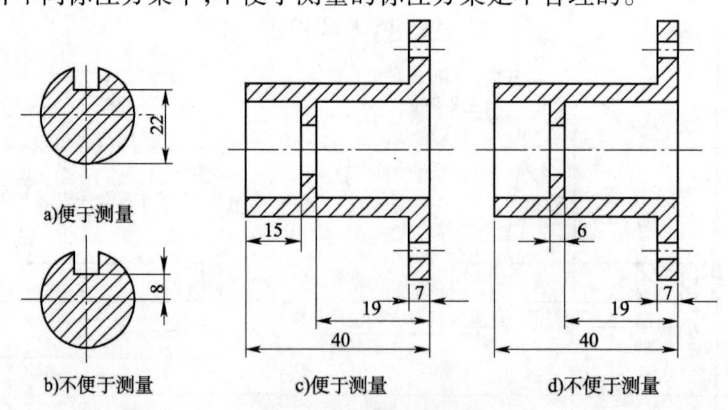

图3-15 考虑尺寸测量方便

3. 零件上常见孔的尺寸注法

光孔、锪孔、沉孔和螺孔是零件图上常见的结构,它们的尺寸标注分为普通注法和旁注法。

1）光孔注法（图 3-16）

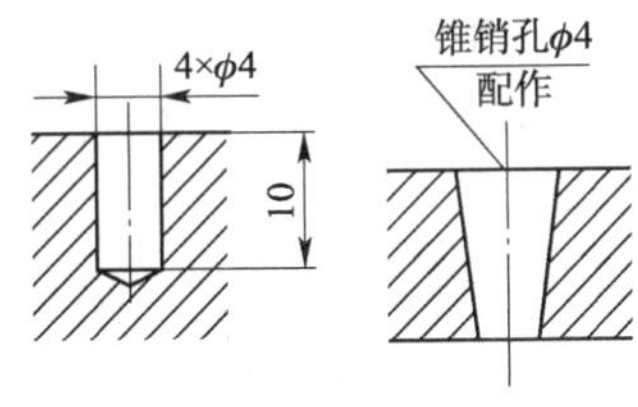

a)普通注法

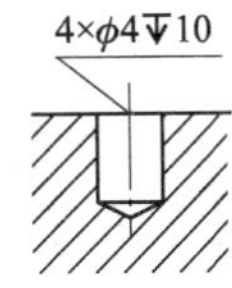

4×φ4↧10

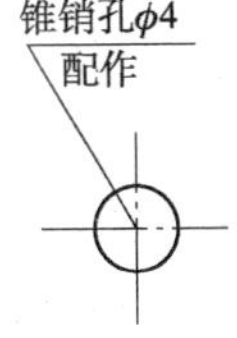

b)旁注法

图 3-16　光孔注法

2）锪孔注法（图 3-17）

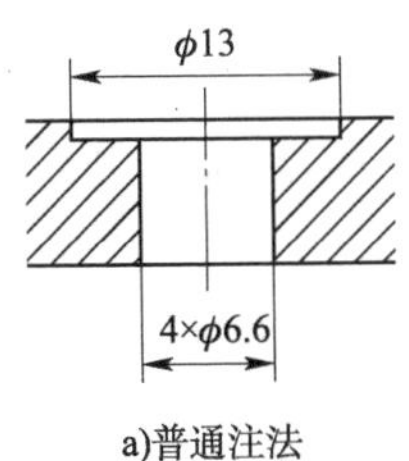

a)普通注法

4×φ6.6
⌴φ13

4×φ6.6
⌴φ13

b)旁注法

图 3-17　锪孔注法

3）沉孔注法（图 3-18）

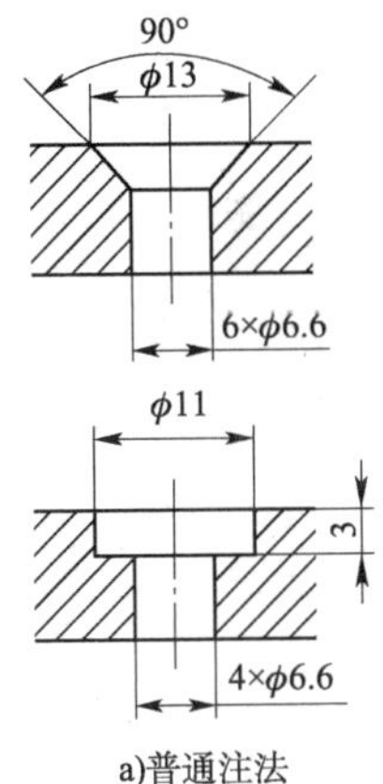

a)普通注法

6×φ6.6
∨φ13×90°

6×φ6.6
∨φ13×90°

4×φ6.6
⌴φ11↧3

4×φ6.6
⌴φ11↧3

b)旁注法

图 3-18　沉孔注法

4）螺孔注法（图 3-19）

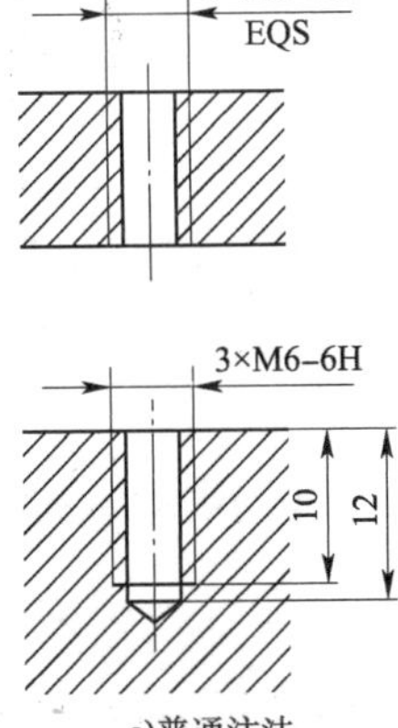

a)普通注法

3×M6–6H
EQS

3×M6–6H↧10
↧12 EQS

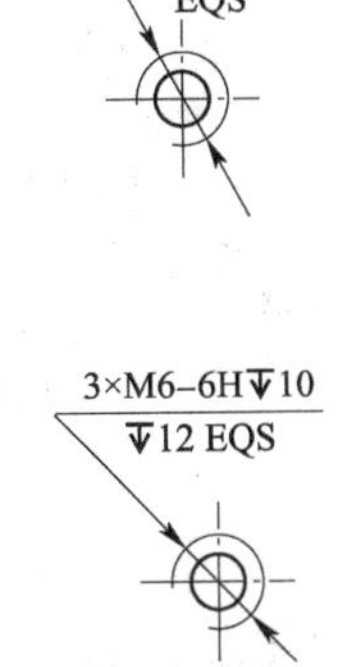

b)旁注法

图 3-19　螺孔注法

六、零件图上的技术要求

在零件图上，除了用视图表达出零件的结构形状和用尺寸标明零件的各组成部分的大小及位置关系外，通常还标注有相关的技术要求。

零件图上的技术要求一般有以下几个方面的内容：零件的极限与配合要求；零件的形状和位置公差点零件上各表面的粗糙度；对零件材料的要求和说明；零件的热处理、表面处理和表面修饰的说明；零件的特殊加工、检查、试验及其他必要的说明；零件上某些结构的统一要求，如圆角、倒角尺寸等。

技术要求中，凡已有规定代号、符号的，用代号、符号直接标注在图上，无规定代号民、符号的，则可用文字或数字说明，书写在零件图的右下角标题栏的上方或左方适当空白处。

这部分中的公差、配合及表面粗糙度等详细内容将在后面的项目中讲解。

主视图选择：

图 3-20a）中的滑动轴承座的位置既是加工位置，也是工作位置。从 *A* 向投射得到如图 3-20b）的主视图，从 *B* 向投射得到如图 3-20d）的主视图。比较可知，选择 *A* 向作为主视图投射方向较好。

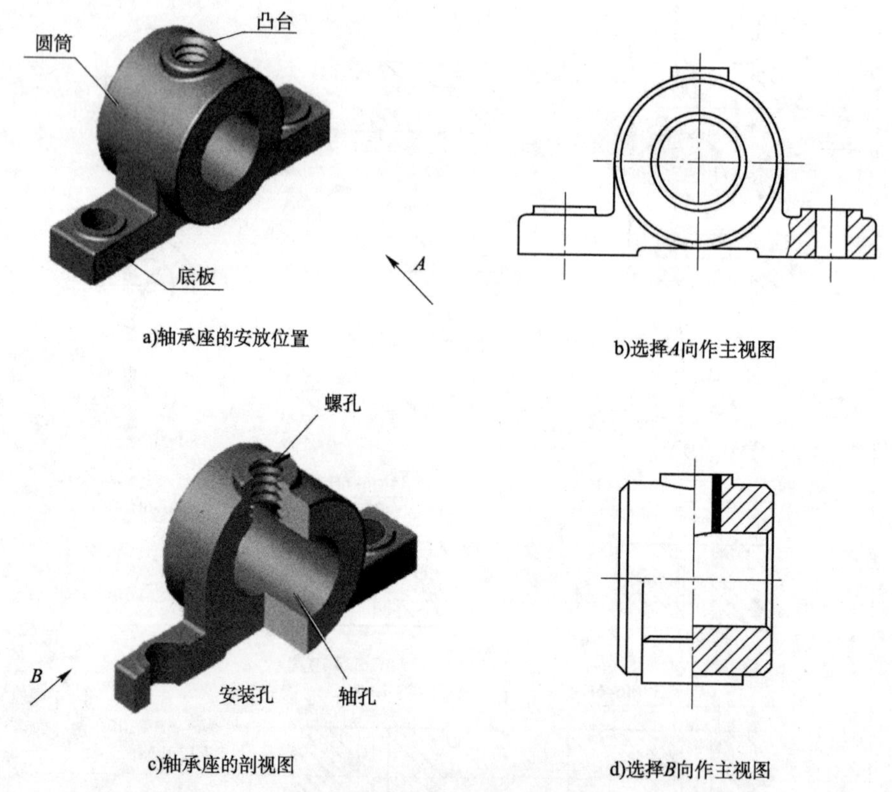

图 3-20　轴承座主视图的选择

轴承座表达方案如图 3-21 所示。选定主视图后，又以采用全剖左视图表达轴承孔、凸台螺孔结构以及它们之间的相对位置等；俯视图补充表达凸台和底板的形状特征。

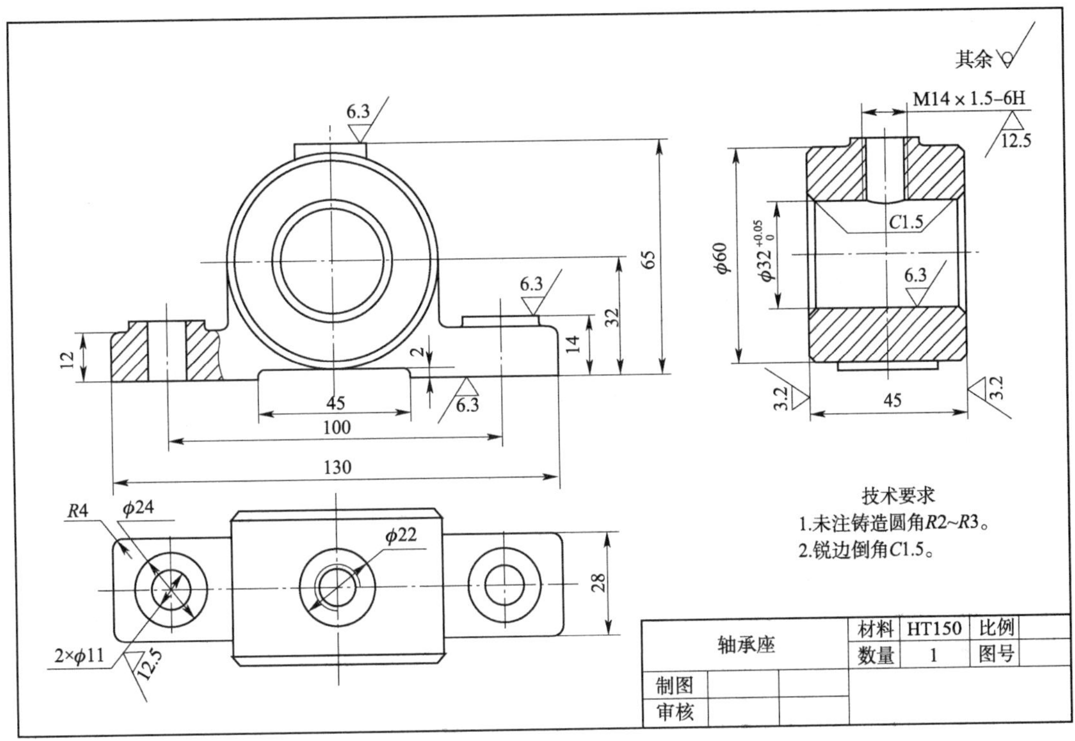

图 3-21 轴承座零件图

自我评价

1. 读懂视图，在指定位置画出 A—A 剖视图，如图 3-22 所示。

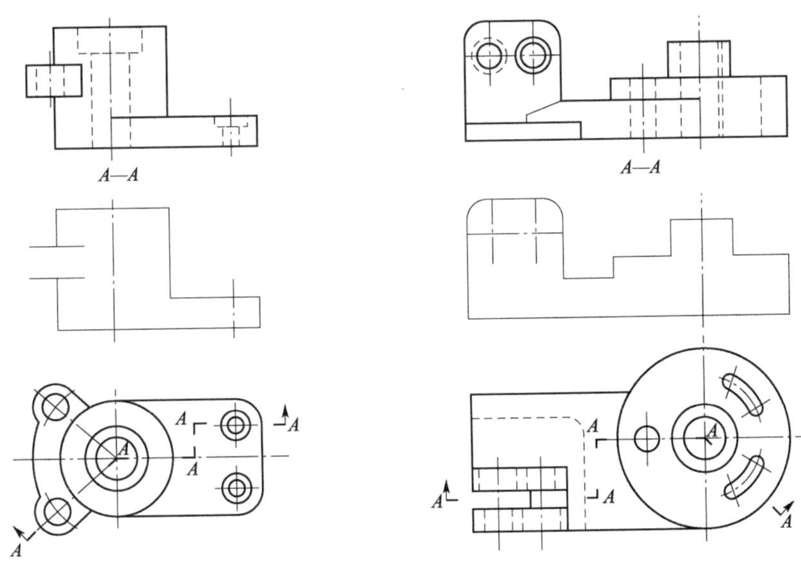

图 3-22

2. 由轴测图画零件图(图 3-23)。

作业要求：

(1)合理选择表达方案。

(2)将下面文字说明的技术要求用公差框格标注在图中：ϕ28h8 和 ϕ16h8 外圆表面对两 ϕ20k7 公共轴线的径向圆跳动公差分为别为 0.050mm 和 0.040mm。

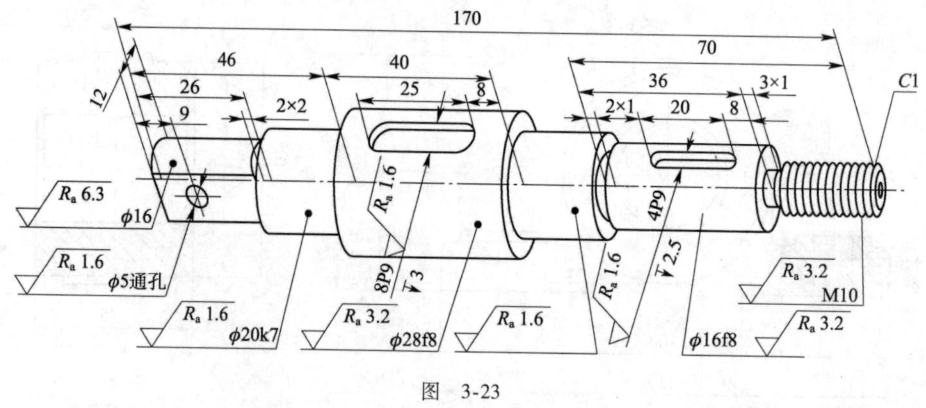

图 3-23

任务二 阀体零件图的识读

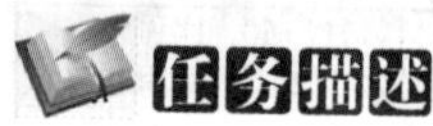

任务描述

已知图 3-24 为阀体的零件图，要求对此零件图进行识读，构想出零件实体结构形状。

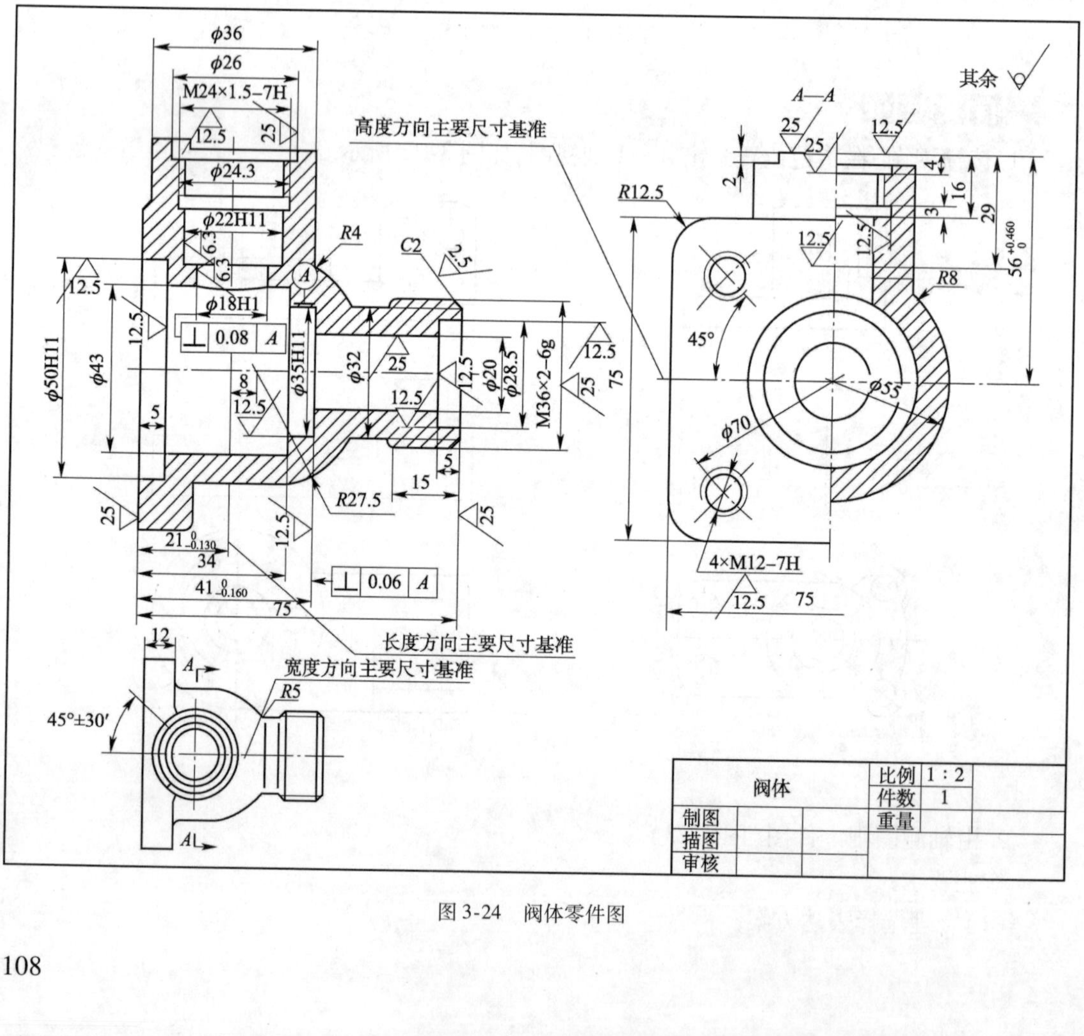

图 3-24 阀体零件图

知识准备

在零件设计制造、机器安装、机器的使用和维修及技术革新、技术交流等工作中，常常要读零件图。读零件图的目的是为了弄清零件图所表达零件的结构形状、尺寸和技术要求，以便指导生产和解决有关的技术问题。

一、读零件图

1. 看标题栏

首先看标题栏，了解零件的名称、材料、比例等，并浏览全图，对零件有个概括了解，如零件属什么类型、大致轮廓和结构等。

2. 表达方案分析

根据视图布局，首先确定主视图，围绕主视图分析其他视图的配置。对于剖视图、断面图要找到剖切位置及方向，对于局部视图和局部放大图要找到投影方向和部位，弄清楚各个图形彼此间的投影关系。

3. 形体分析

首先利用形体分析法，将零件按功能分解为主体、安装、连接等几个部分，然后明确每一部分在各个视图中的投影范围与各部分之间的相对位置，最后仔细分析每一部分的形状和作用。

4. 分析尺寸和技术要求

根据零件的形体结构，分析确定长、宽、高各方向的主要基准。分析尺寸标注和技术要求，找出各部分的定形和定位尺寸，明确哪些是主要尺寸和主要加工面，进而分析制造方法等，以便保证质量要求。

5. 综合考虑

综上所述，将零件的结构形状、尺寸标注及技术要求综合起来，就能比较全面地阅读这张零件图。在实际读图过程中，上述步骤常常是穿插进行的。

二、读零件读图举例

图 3-25 为泵盖支架零件图，具体读图过程如下。

1. 看标题栏

从标题栏中了解零件的名称、材料等。

2. 表达方案分析

(1) 找出主视图。

(2) 分析用多少视图、剖视、断面等，找出它们的名称、相互位置和投影关系。

(3) 凡有剖视、断面处要找到剖切平面位置。

(4) 有局部视图和斜视图的地方必须找到表示投影部位的字母和表示投影方向的箭头。

(5) 有无局部放大图及简化画法。

该泵盖零件图由主视图、左视图组成。

3. 进行形体分析和线面分析

(1) 先看大致轮廓，再分几个较大的独立部分进行形体分析，逐一看懂。

(2) 对外部结构逐个分析。

(3)对内部结构逐个分析。

(4)对不便于形体分析的部分进行线面分析。

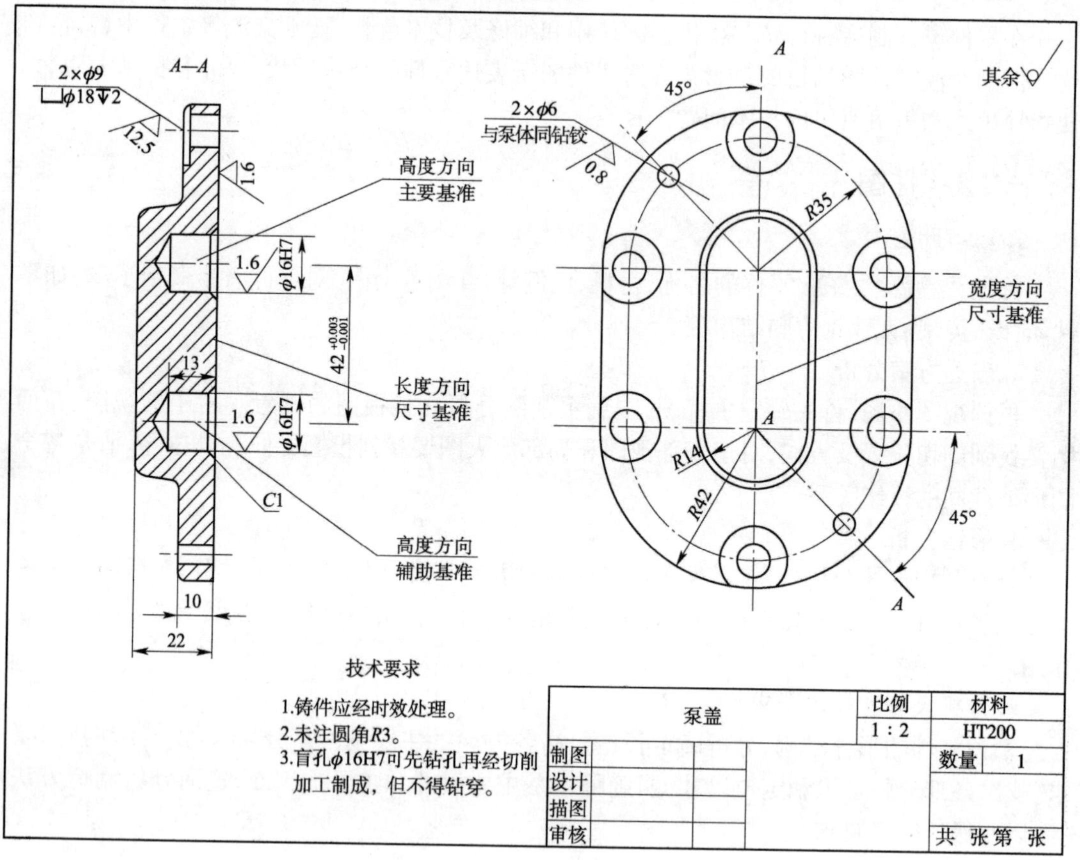

技术要求

1.铸件应经时效处理。
2.未注圆角$R3$。
3.盲孔$\phi16H7$可先钻孔再经切削加工制成，但不得钻穿。

泵盖			比例	材料
			1∶2	HT200
制图				数量 1
设计				
描图				
审核				共 张 第 张

图 3-25　泵盖零件图

4. 进行尺寸分析和了解技术要求

(1)形体分析和结构分析，了解定形尺寸和定位尺寸。

(2)据零件的结构特点，了解基准和尺寸标注形式。

(3)了解功能尺寸与非功能尺寸。

(4)了解零件总体尺寸。

5. 综合考虑

把零件的结构形状、尺寸标注、工艺和技术要求等内容综合起来，就能了解零件的全貌，也就看懂了零件图。

任务实施

1. 概括了解

首先从零件图的标题栏了解零件的名称、材料及画图比例等，然后从相关技术资料或其他途径了解零件的主要作用和与其他零件的连接关系。

2. 分析视图

分析视图及其表达方法能迅速构思、想象零件的结构、形状。右图中阀体零件图中主、左视图反映了阀体的内部结构、形状。可知，左、右锥螺纹孔分别为进、出油口，垂直方向锥孔用于安装阀杆，俯视图反映阀体的外形特征。综合构思、想象后可得出阀体的空间立体形状。

3. 分析尺寸

分析零件图的尺寸，了解零件各部分大小。

首先应分析并找到零件三个方向的尺寸基准。阀体左右、前后均对称，所以，其长度基准和宽度基准，分别为左右对称中心线和前后对称中心线、高度基准为上底面。

从这三个基准出发，以结构形状为线索，就能方便地找到阀体各部分的定位、定形尺寸，从而掌握各部分的结构、大小以及与相邻部分的相对位置等。

4. 了解技术要求

通过上述尺寸分析可以看出，阀体中的一些主要尺寸多数都是标注了公差带代号或偏差数值。

5. 综合归纳

把零件的结构形状、尺寸标注、工艺和技术要求等内容综合起来，就能了解零件的全貌，如图 3-26 所示。

图 3-26　阀体模型图

自我评价

读零件图并回答问题，如图 3-27 所示。

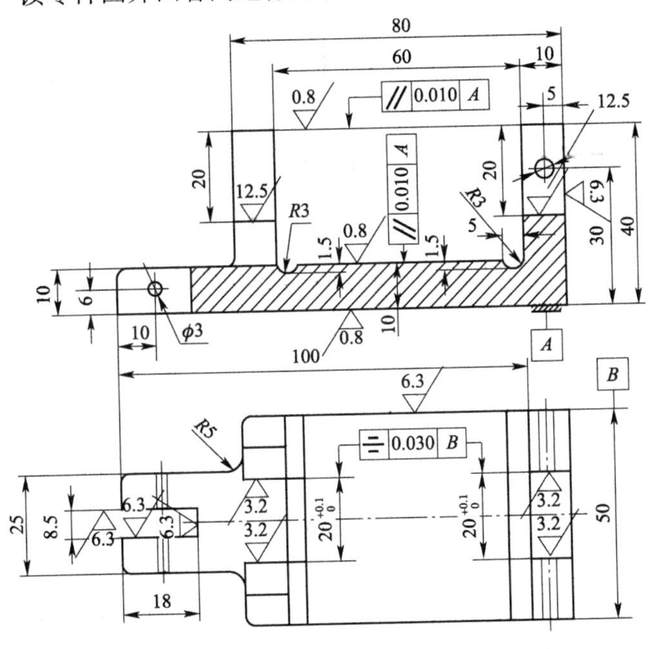

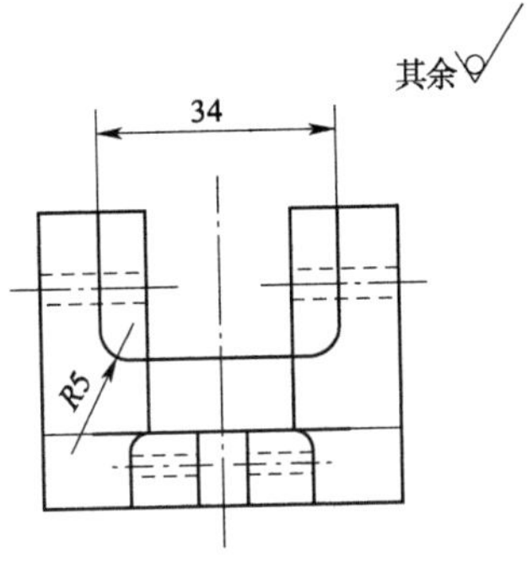

技术要求

1.未注圆角均为R3。

2.线性未注公差为GB/T 1804-m。

图　3-27

(1)主视图为什么采用全部剖视图？不采用全剖视图是否可以？

(2)该零件左上方的开口形状是怎样的？

(3)指出长、宽、高三个方向尺寸的主要基准。

(4)说明图中各形位公差的含义。

项目四　装配图的识读

☞ 知识目标

1. 了解装配图的作用和内容。
2. 掌握装配图的规定画法、特殊表达方法。
3. 掌握装配图的读图方法及步骤。
4. 了解由装配图拆画零件图的方法和步骤。

☞ 能力目标

1. 能够在绘图过程中严格遵守制图相关基本规定。
2. 能够准确阅读中等程度的装配图。
3. 能够正确合理地由装配图拆画零件图。
4. 能够初步养成良好的绘图习惯和一丝不苟的工作作风。

任务　齿轮油泵装配图的识读

任务描述

图4-1为齿轮油泵的立体效果，图4-2为该齿轮油泵装配图，要求在读懂装配图的基础上，拆画出泵体的零件图。

知识准备

一、装配图的作用和内容

1. 装配图的作用

在产品或部件的设计过程中，一般是先设计画出装配图，然后再根据装配图进行零件设计，画出零件图；在产品或部件的制造过程中，先根据零件图进行零件加工和检验，再按照依据装配图所制定的装配工艺规程将零件装配成机器或部件；在产品或部件的使用、维护及维修过程中，也经常要通过装配图来了解产品或部件的工作原理及构造。

图4-1　齿轮油泵图

2. 装配图的内容

图4-3是另一齿轮油泵装配图，由此图我们可以看到，一张完整的装配图应具备如下内容。

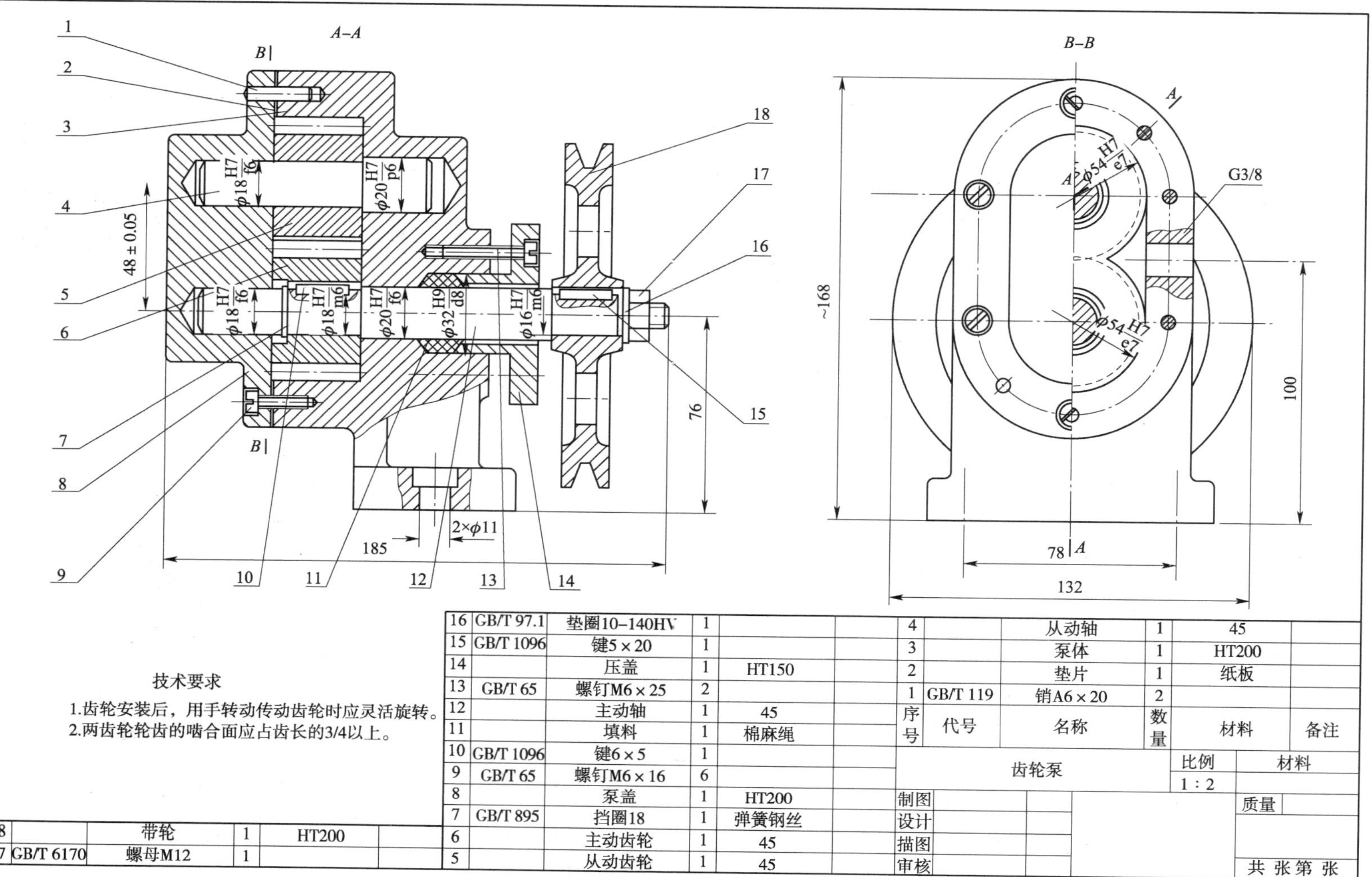

技术要求

1.齿轮安装后，用手转动传动齿轮时应灵活旋转。
2.两齿轮轮齿的啮合面应占齿长的3/4以上。

序号	代号	名称	数量	材料	备注
18		带轮	1	HT200	
17	GB/T 6170	螺母M12	1		
16	GB/T 97.1	垫圈10–140HV	1		
15	GB/T 1096	键5×20	1		
14		压盖	1	HT150	
13	GB/T 65	螺钉M6×25	2		
12		主动轴	1	45	
11		填料	1	棉麻绳	
10	GB/T 1096	键6×5	1		
9	GB/T 65	螺钉M6×16	6		
8		泵盖	1	HT200	
7	GB/T 895	挡圈18	1	弹簧钢丝	
6		主动齿轮	1	45	
5		从动齿轮	1	45	
4		从动轴	1	45	
3		泵体	1	HT200	
2		垫片	1	纸板	
1	GB/T 119	销A6×20	2		

齿轮泵		比例	材料
		1 : 2	
制图		质量	
设计			
描图			
审核		共 张 第 张	

图 4-2 齿轮油泵装配图(一)

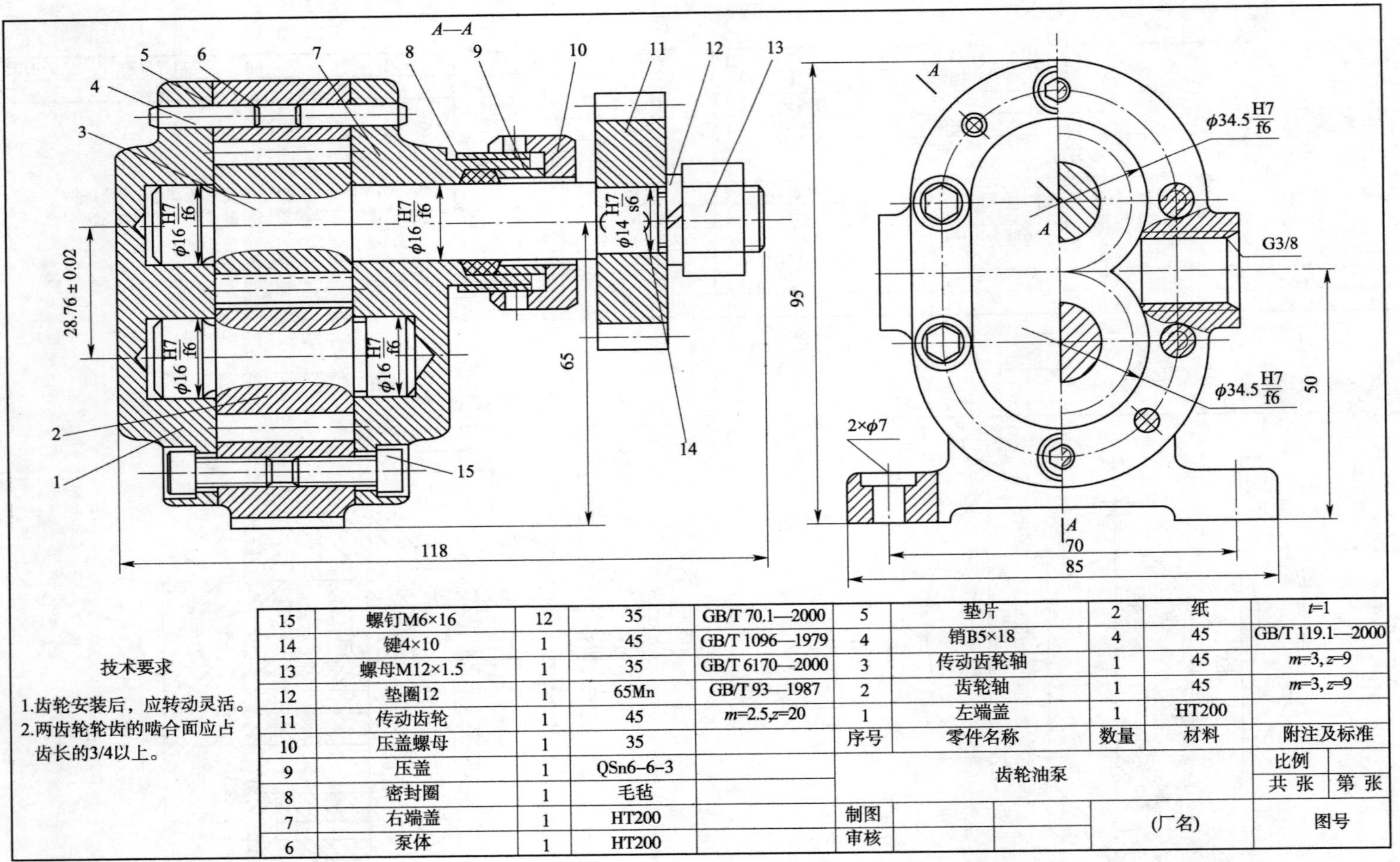

技术要求

1.齿轮安装后，应转动灵活。
2.两齿轮轮齿的啮合面应占齿长的3/4以上。

序号	零件名称	数量	材料	附注及标准
15	螺钉M6×16	12	35	GB/T 70.1—2000
14	键4×10	1	45	GB/T 1096—1979
13	螺母M12×1.5	1	35	GB/T 6170—2000
12	垫圈12	1	65Mn	GB/T 93—1987
11	传动齿轮	1	45	m=2.5, z=20
10	压盖螺母	1	35	
9	压盖	1	QSn6-6-3	
8	密封圈	1	毛毡	
7	右端盖	1	HT200	
6	泵体	1	HT200	
5	垫片	2	纸	t=1
4	销B5×18	4	45	GB/T 119.1—2000
3	传动齿轮轴	1	45	m=3, z=9
2	齿轮轴	1	45	m=3, z=9
1	左端盖	1	HT200	

齿轮油泵		比例	
		共 张	第 张
制图		(厂名)	图号
审核			

图 4-3 齿轮油泵装配图(二)

1）一组视图

根据产品或部件的具体结构，选用适当的表达方法，用一组视图正确、完整、清晰地表达产品或部件的工作原理、各组成零件间的相互位置和装配关系及主要零件的结构形状。

2）必要的尺寸

装配图中必须标注反映产品或部件的规格、外形、装配、安装所需的必要尺寸。另外，在设计过程中经过计算而确定的重要尺寸也必须标注。

3）技术要求

在装配图中用文字或国家标准规定的符号注写出该装配体在装配、检验、使用等方面的要求。

4）零部件序号、标题栏和明细栏

按国家标准规定的格式绘制标题栏和明细栏，并按一定格式将零部件进行编号，填写标题栏和明细栏。

二、装配图的表达方法

装配图的侧重点是将装配体的结构、工作原理和零件间的装配关系正确、清晰地表示清楚。前面所介绍的机件表示法中的画法及相关规定对装配图同样适用。但由于表达的侧重点不同，国家标准对装配图的画法，又做了一些规定。

1. 规定画法

（1）零件间接触面、配合面的画法。

相邻两个零件的接触面和基本尺寸相同的配合面，只画一条轮廓线，如图 4-4 所示。但若相邻两个零件的基本尺寸不相同，则无论间隙大小，均要画成两条轮廓线。

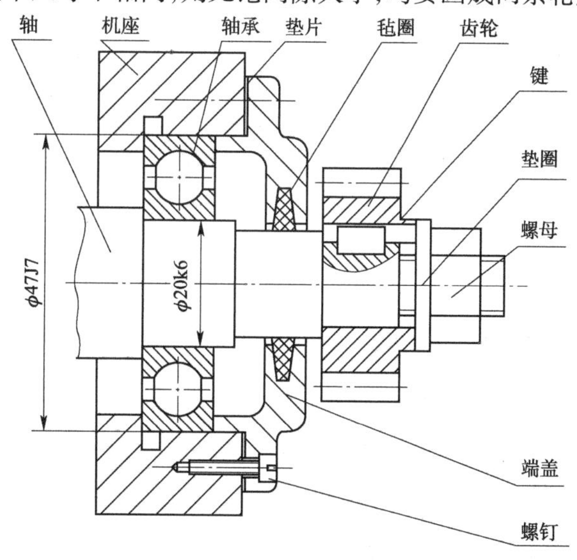

图 4-4　规定画法

（2）装配图中剖面符号的画法。

装配图中相邻两个金属零件的剖面线，必须以不同方向或不同的间隔画出，如图 4-4 所示。要特别注意的是，在装配图中，所有剖视、剖面图中同一零件的剖面线方向、间隔须完全一致。另外，在装配图中，宽度小于或等于2mm 的窄剖面区域，可全部涂黑表示，如图4-4 中的垫片。

(3)在装配图中,对于紧固件及轴、球、手柄、键、连杆等实心零件,若沿纵向剖切且剖切平面通过其对称平面或轴线时,这些零件均按不剖绘制。如需表明零件的凹槽、键槽、销孔等结构,可用局部剖视表示。如图4-4中所示的轴、螺钉和键均按不剖绘制。为表示轴和齿轮间的键连接关系,采用局部剖视。

2. 特殊画法和简化画法

为使装配图能简便、清晰地表达出部件中某些组成部分的形状特征,国家标准还规定了以下特殊画法和简化画法。

1)特殊画法

(1)拆卸画法(或沿零件接合面的剖切画法)

在装配图的某一视图中,为表达一些重要零件的内外部形状,可假想拆去一个或几个零件后绘制该视图,如图4-5所示。

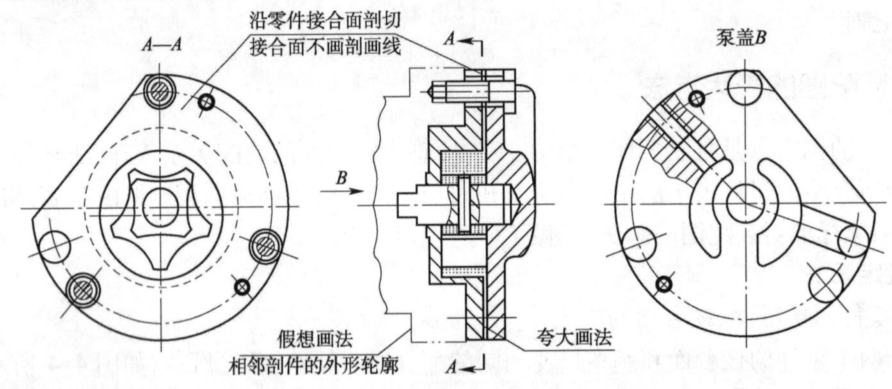

图4-5 装配图的拆卸画法

(2)假想画法

在装配图中,为了表达与本部件有装配关系但又不属于本部件的相邻零部件时,可用双点画线画出相邻零部件的部分轮廓。

在装配图中,当需要表达运动零件的运动范围或极限位置时,也可用双点画线画出该零件在极限位置处的轮廓。

(3)单独表达某个零件的画法

在装配图中,当某个零件的主要结构在其他视图中未能表示清楚,而该零件的形状对部件的工作原理和装配关系的理解起着十分重要的作用时,可单独画出该零件的某一视图。

2)简化画法

(1)在装配图中,若干相同的零部件组,可详细地画出一组,其余只需用点画线表示其位置即可。

(2)在装配图中,零件的工艺结构,如倒角、圆角、退刀槽、拔模斜度、滚花等均可不画。

三、装配图的零部件编号与明细栏

1. 装配图中零部件序号及其编排方法

1)一般规定

(1)装配图中所有的零部件都必须编写序号。

(2)装配图中一个部件可以只编写一个序号;同一装配图中相同的零部件只编写一次。

(3)装配图中零部件序号,要与明细栏中的序号一致。

2）序号的编排方法

（1）装配图中编写零部件序号的常用方法有三种，如图 4-6 所示。

（2）同一装配图中编写零部件序号的形式应一致。

（3）指引线应自所指部分的可见轮廓引出，并在末端画一圆点。如所指部分轮廓内不便画圆点时，可在指引线末端画一箭头，并指向该部分的轮廓，如图 4-7 所示。

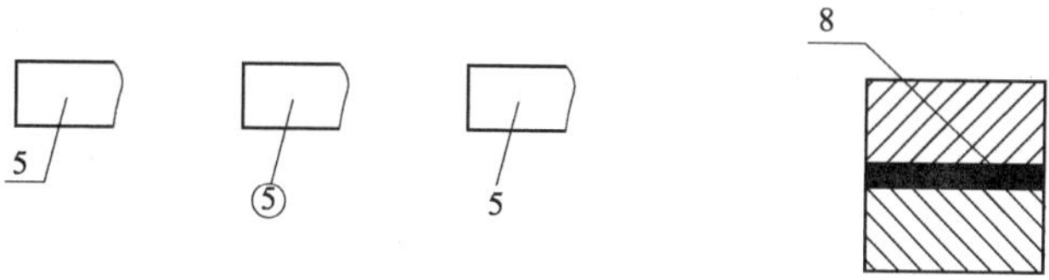

图 4-6　序号的编写方式　　图 4-7　指引线画法

（4）指引线可画成折线，但只可曲折一次。

（5）一组紧固件以及装配关系清楚的零件组，可以采用公共指引线，如图 4-8 所示。

（6）零件的序号应沿水平或垂直方向按顺时针或逆时针方向排列，序号间隔应可能相等，如图 4-3 所示。

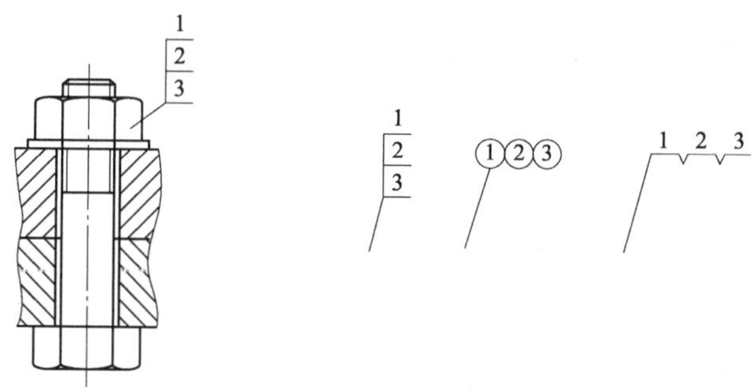

图 4-8　公共指引线

2. 图中的标题栏及明细栏

1）标题栏

装配图中标题栏格式与零件图中相同。

2）明细栏

明细栏按《技术制图　明细栏》（GB/T 10609.2—2009）规定绘制，如图 4-9 所示。填写明细栏时要注意以下问题：

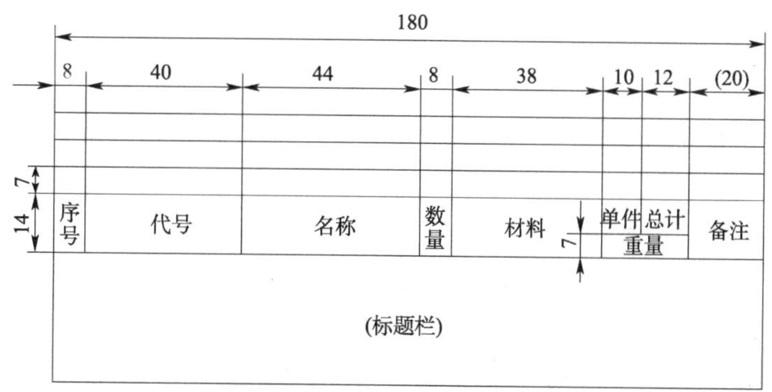

图 4-9　标题栏与明细栏

(1)序号按自下而上的顺序填写,如向上延伸位置不够,可在标题栏紧靠左边自下而上延续。

(2)备注栏可填写该项的附加说明或其他有关的内容。

四、装配图的尺寸标注和技术要求

1. 装配图的尺寸标注

由于装配图主要是用来表达零部件的装配关系的,所以在装配图中不需要注出每个零件的全部尺寸,而只需注出一些必要的尺寸。这些尺寸按其作用不同,可分为以下五类。

1)规格尺寸

规格尺寸是表明装配体规格和性能的尺寸,是设计和选用产品的主要依据。

2)装配尺寸

装配尺寸包括零件间有配合关系的配合尺寸以及零件间相对位置尺寸。

3)安装尺寸

安装尺寸是机器或部件安装到基座或其他工作位置时所需的尺寸。

4)外形尺寸

外形尺寸是指反映装配体总长、总宽、总高的外形轮廓尺寸。

5)其他重要尺寸

在设计过程中经过计算而确定的尺寸和主要零件的主要尺寸以及在装配或使用中必须说明的尺寸。

以上五类尺寸,并非装配图中每张装配图上都需全部标注,有时同一个尺寸,可同时兼有几种含义。所以装配图上的尺寸标注,要根据具体的装配体情况来确定。

2. 装配图的技术要求

装配图的技术要求一般用文字注写在图样下方的空白处。技术要求因装配体的不同,其具体的内容有很大不同,但技术要求一般应包括以下几个方面。

1)装配要求

装配要求是指装配后必须保证的精度以及装配时的要求等。

2)检验要求

检验要求是指装配过程中及装配后必须保证其精度的各种检验方法。

3)使用要求

使用要求是对装配体的基本性能、维护、保养、使用时的要求。

五、装配结构

在设计和绘制装配图时,应考虑装配结构的合理性,以保证机器或部件的使用及零件的加工、装拆方便。

1. 接触面与配合面的结构

(1)两个零件接触时,在同一方向只能有一对接触面,这种设计既可满足装配要求,同时制造也很方便,如图 4-10 所示。

(2)轴颈和孔配合时,应在孔的接触端面制作倒角或在轴肩根部切槽,以保证零件间接触良好,如图 4-11 所示。

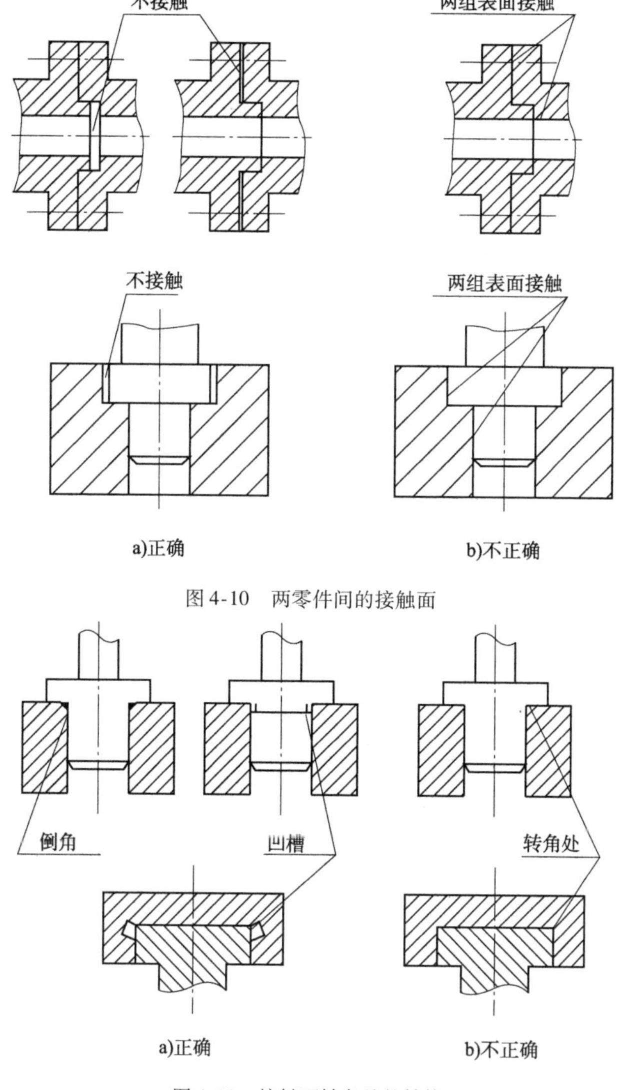

图 4-10　两零件间的接触面

图 4-11　接触面转角处的结构

2. 便于装拆的合理结构

（1）滚动轴承的内外圈在进行轴向定位设计时，必须要考虑到拆卸的方便，如图 4-12 所示。

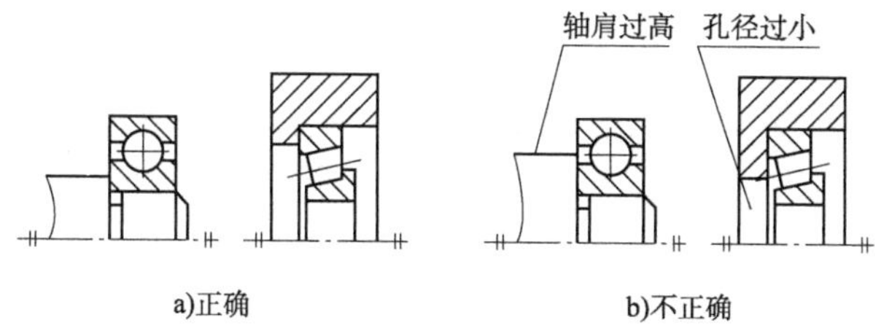

图 4-12　滚动轴承端面接触的结构

（2）用螺纹紧固件连接时，要考虑到安装和拆卸紧固件是否方便，如图 4-13 所示。

3. 密封装置和防松装置

密封装置是为了防止机器中油的外溢或阀门、管路中气体、液体的泄漏，通常采用的密封装置如图 4-14 所示。其中，在油泵、阀门等部件中常采用填料函密封装置。图 4-14a）所示为常见的一种用填料函密封的装置,图 4-14b)是管道中的管子接口处用垫片密封的密封装置,图 4-14c)和图 4-14d)表示的是滚动轴承的常用密封装置。

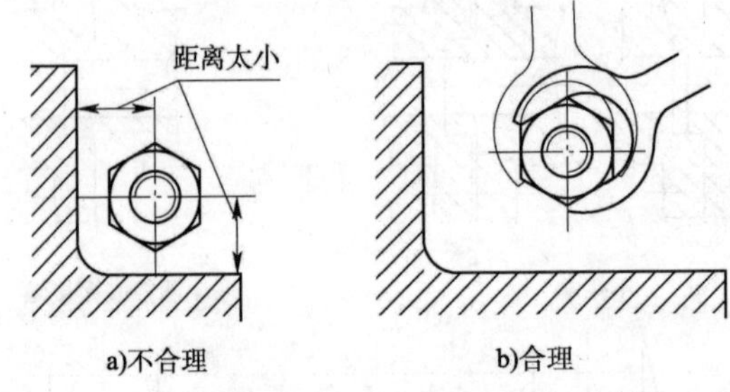

图 4-13　留出扳手活动空间

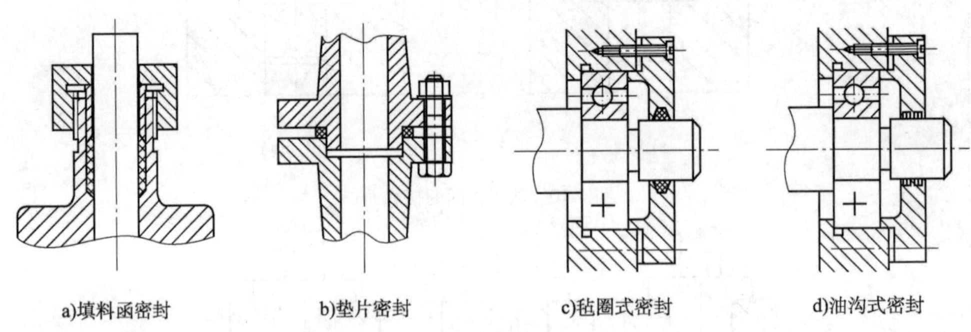

图 4-14　密封装置

为防止机器因工作振动而致使螺纹紧固件松开,常采用双螺母、弹簧垫圈、止动垫圈、开口销等防松装置,如图 4-15 所示。

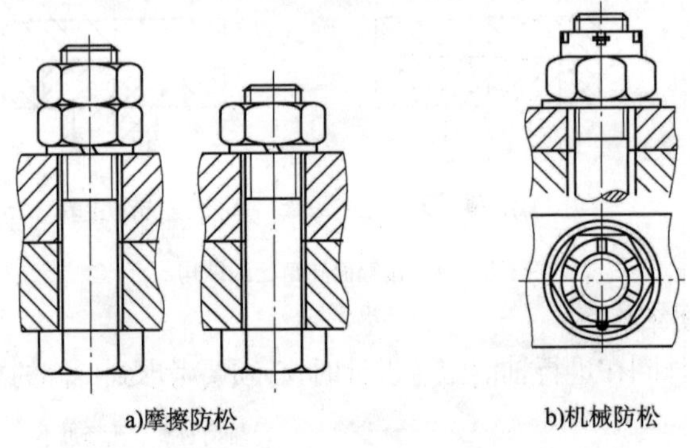

图 4-15　防松装置

螺纹连接的防松按防松的原理不同,可分为摩擦防松与机械防松。如采用双螺母、弹簧垫圈的防松装置属于摩擦防松装置;采用开口销、止动垫圈的防松装置属于机械防松装置。

六、读装配图

1. 读装配图的基本要求

读装配图的基本要求可归纳为:

(1)了解部件的名称、用途、性能和工作原理。

(2)弄清各零件间的相对位置、装配关系和装拆顺序。

(3)弄懂各零件的结构形状及作用。

读装配图要达到上述要求,不仅要掌握制图知识,还需要具备一定的生产和相关专业知识。

2. 读装配图的方法和步骤

下面图 4-16 机用平口钳为例,说明读装配图的一般方法和步骤。

(1)概括了解装配图的内容

从标题栏中可以了解装配体的名称、大致用途及图的比例等。

从零件编号及明细栏中,可以了解零件的名称、数量及在装配体中的位置。

分析视图,了解各视图、剖视、断面等相互间的投影关系及表达意图。

(2)分析表达方案,细读各视图

表达方案:这一组视图有六个视图组成,主、俯、左三个基本视图关系清晰,主视图为全剖视图,并带有局部剖、假想画法;俯视图为局部剖;左视图为半剖视图。

细读各视图,分析工作原理、装配关系与零件的主要结构形状。

主视图:表达了机用平口钳的整体形象、工作范围,也表达了装配体的主装配线。在分析工作原理时同时也读出了相关零件的装配关系、部分结构。俯视图:进一步表达了装配体的整体形象,以及各零件的形状特征。左视图:进一步表达了整体形象、零件形状特征、装配连接关系,这里能清晰看出固定钳身与活动钳身的配合关系。局部放大图:表达了螺杆及螺母的牙型。断面图:表达了螺杆操纵结构"方身"的形状及规格。

工作原理分析:机用平口钳是安装在机床工作台上,用于夹紧工件,以便进行切削加工的一种通用工具。规定钳身可安装在机床的工作台上,起机座作用,用扳手转动螺杆,能带动螺母做左右移动,因为螺旋线有两个运动:轴动和轴向移动,螺杆被轴向固定所以只能转动,轴向移动传递给了螺母,螺母带着螺钉、活动钳身固定钳身、钳口板做左右移动起夹紧或松开工件的作用,这就是该装配体的工作原理。

(3)尺寸分析

分析装配尺寸要求,并知总体尺寸 200、116、60。

(4)总结归纳

总结归纳是对读图过程的简明连贯地叙述,想象整体形象、部件工作的动作过程,得出机用平口钳形状。

七、由装配图拆画零件图

在设计过程中,需要由装配图拆画零件图,简称拆图。拆图应在全面读懂装配图的基础上进行。

1. 拆画零件图时要注意的三个问题

(1)由于装配图与零件图的表达要求不同,在装配图上往往不能把每个零件的结构形状完全表达清楚,有的零件在装配图中的表达方案也不符合该零件的结构特点。因此,在拆画零件图时,对那些未能表达完全的结构形状,应根据零件的作用、装配关系和工艺要求予以确定并表达清楚。此外,对所画零件的视图表达方案一般不应简单地按装配图照抄。

(2)由于装配图上对零件的尺寸标注不完全,因此在拆画零件图时,除装配图上已有的与该零件有关的尺寸要直接照搬外,其余尺寸可按比例从装配图上量取。标准结构和工艺结构,可查阅相关国家标准来确定。

(3)标注表面粗糙度、尺寸公差、形位公差等技术要求时,应根据零件在装配体中的作用,参考同类产品及有关资料确定。

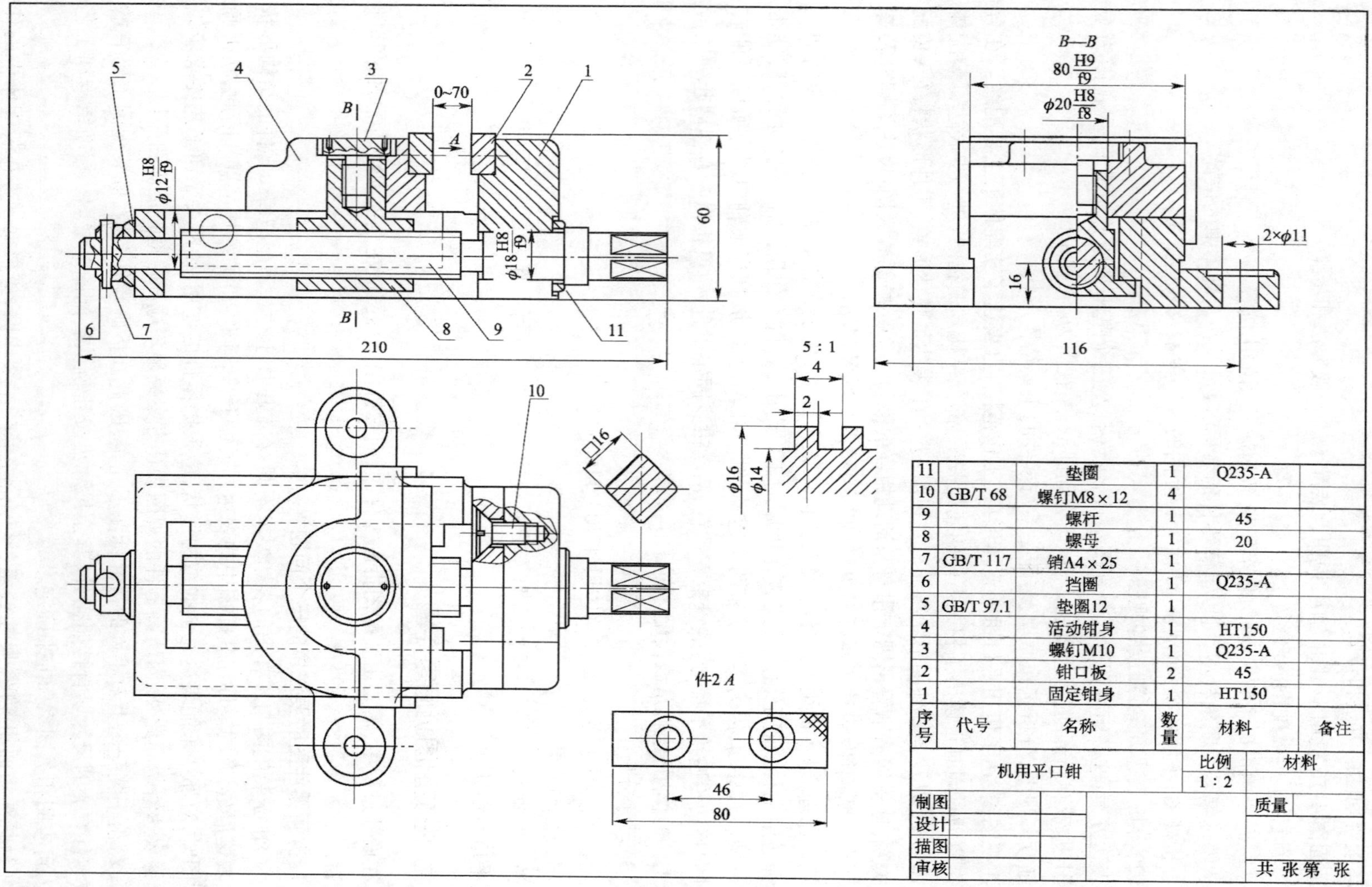

11		垫圈	1	Q235-A	
10	GB/T 68	螺钉M8×12	4		
9		螺杆	1	45	
8		螺母	1	20	
7	GB/T 117	销A4×25	1		
6		挡圈	1	Q235-A	
5	GB/T 97.1	垫圈12	1		
4		活动钳身	1	HT150	
3		螺钉M10	1	Q235-A	
2		钳口板	2	45	
1		固定钳身	1	HT150	
序号	代号	名称	数量	材料	备注

机用平口钳			比例	材料
			1∶2	
制图			质量	
设计				
描图				
审核			共 张第 张	

图4-16　机用平口钳装配图

2. 拆图实例

以图 4-16 机用平口钳为例，介绍拆画零件图的一般步骤。

分离零件。

去除螺杆装配线上的垫圈 5、挡圈 6、销 7、螺杆 9、垫圈 11。

去除螺钉 10、钳口板 2。

去除螺母 8。

去除活动钳身 4，余下的即为固定钳身（图 4-17）。

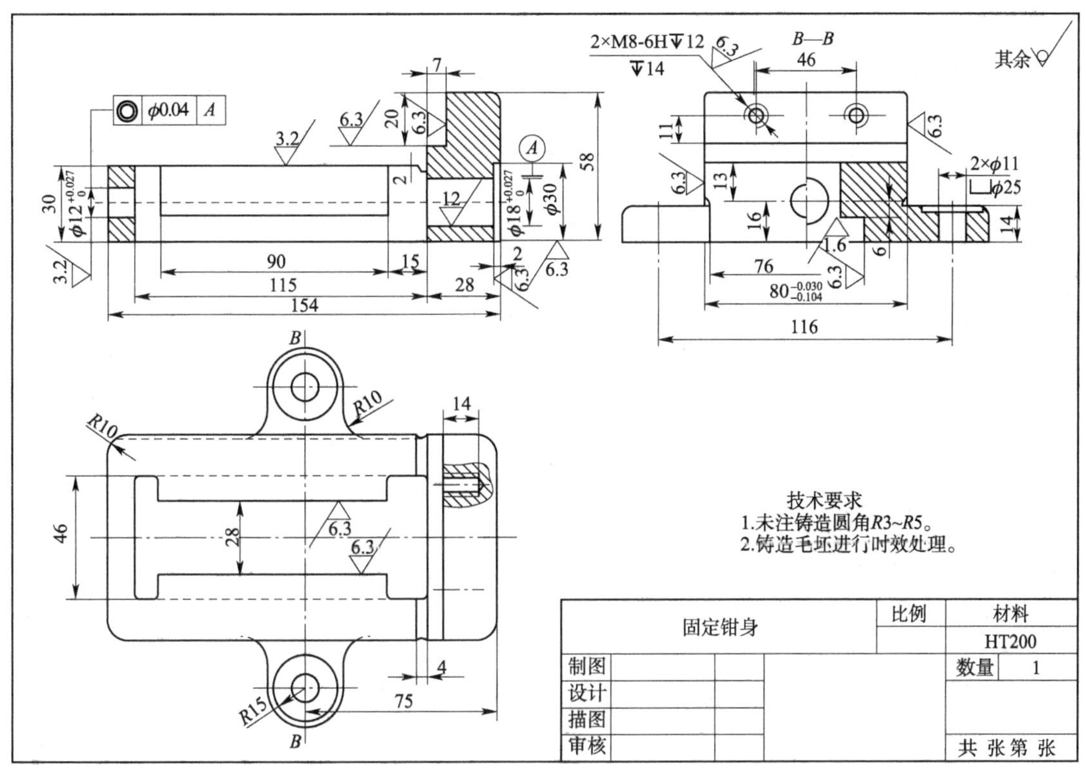

图 4-17　固定钳身零件图

根据任务要求，完成任务的步骤如下：

一、泵体装配图识读

1. 概括了解

由装配图的标题栏可知，该部件名称为齿轮油泵，是安装在油路中的一种供油装置。由明细栏和外形尺寸可知它由 18 个零件组成，结构不太复杂。

2. 分析部件的工作原理

从表达传动关系的视图入手，分析部件的工作原理。

如图 4-18 所示，当主动齿轮逆时针转动，从动齿轮顺时针转动时，齿轮啮合区右边的压力降低，油池中的油在大气压力作用下，从进油口进入泵腔内。随着齿轮的转动，齿槽中的油不断沿箭头方向被轮齿带到左边，高压油从出油口送到输油系统。

3. 分析零件间的装配关系和部件结构

1)配合关系

齿轮油泵有主动齿轮轴系和从动齿轮轴系两条装配线。零件的配合关系是两齿轮轴与两泵盖轴孔的配合为间隙配合,两齿轮与两齿轮腔的配合为间隙配合。

2)连接和固定方式

左、右端盖与泵体用螺钉连接,用销钉准确定位。齿轮轴的轴向定位是靠齿轮端面与左、右端盖内侧面接触而定位。齿轮在轴上的定位是用螺母和键在轴向和径向固定定位。

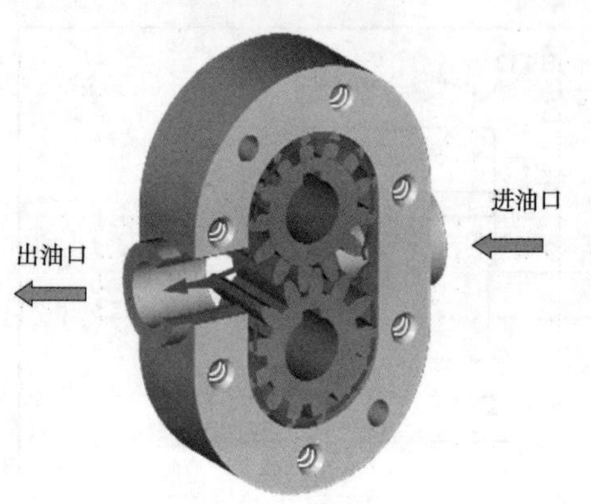

图 4-18　齿轮油泵工作原理图

3)密封装置

为了防止漏洞及灰尘、水分进入泵体内影响齿轮传动,在主动齿轮轴的伸出端设有密封装置,靠压盖螺母各压盖将密封圈压紧密封。左、右端盖与泵体之间有垫片密封。垫片的另一个作用是调整齿轮的轴向间隙。

4)装拆顺序

部件的结构应利于零件的装拆。

齿轮油泵的装拆顺序:拆螺钉、销钉→左端盖→齿轮轴→螺母及垫圈→齿轮→压盖螺母、压盖及密封圈→齿轮轴。

4. 分析零件,弄清零件的结构形状

以泵体为例说明:根据剖面线的方向及视图间的投影关系,在主、左视图中分离出泵体的主要轮廓如图 4-19 所示。

主体部分:外形和内腔都是长圆形,腔内容纳一对齿轮。前后锥台有进、出油口与内腔相通,泵体上有与左、右端盖连接用的螺钉孔和销孔。

底板部分:根据结构常识,可知底板呈长方形,左、右两边各有一个固定用的螺栓孔,底板上面的凹坑和下面的凹槽,用于减少加工面,使齿轮油泵固定平稳。

经分析,可知齿轮油泵泵体的形状如图 4-20 所示。逐个零件分析之后各零件的形状,如图 4-21 所示。

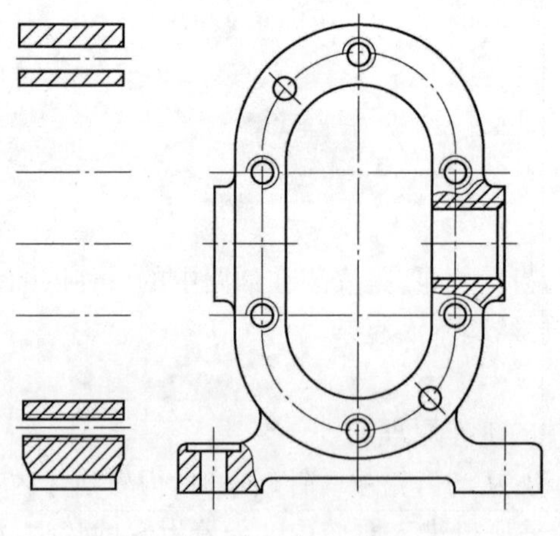

图 4-19　泵体主要轮廓图

图 4-20　齿轮油泵泵体模型图

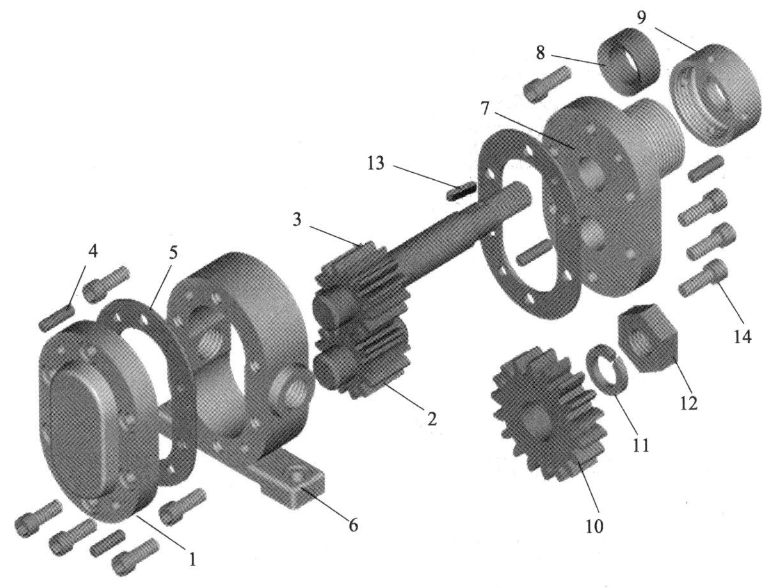

图 4-21　齿轮油泵各个零件图

1-左端盖;2-齿轮轴;3-传动齿轮轴;4-销;5-垫片;6-泵体;7-右端盖;8-轴套;9-压紧螺母;10-传动齿轮;11-垫圈;12-螺母;13-键;14-螺钉

二、由装配图拆画零件图

1. 拆画零件图的步骤

(1)按读装配图的要求,看懂部件的工作原理、装配关系和零件的结构形状。

(2)根据零件图视图表达的要求,确定各零件的视图表达方案。

(3)根据零件图的内容和画图要求,画出零件工作图。

注意:区分零件图与装配图在视图内容、表达方法、尺寸标注等方面的不同。

2. 拆画零件图应注意的问题

(1)零件的视图表达方案应根据零件的结构形状确定,而不能盲目照抄装配图。

如齿轮油泵中,右端盖零件的形状如图 4-22 所示。

右端盖的视图应按如下方案确定(图 4-23)。

(2)在装配图中允许不画的零件的工艺结构,如倒角、圆角、退刀槽等,在零件图中应全部画出。

(3)零件图的尺寸,除在装配图中注出者外,其余尺寸都在图上按比例直接量取,并圆整。与标准件连接或配合的尺寸,如螺纹、倒角、退刀槽等要查标准注出。

有配合要求的表面,要注出尺寸的公差带代号或偏差数值。

图 4-22　右端盖模型图

(4)根据零件各表面的作用和工作要求,注出表面粗糙度代号。

①配合表面:R_a 值取 3.2 ~ 0.8,公差等级高的 R_a 取较小值。

②接触面:R_a 值取 6.3 ~ 3.2,如零件的定位底面 R_a 可取 3.2,一般端面可取 6.3 等。

③需加工的自由表面(不与其他零件接触的表面):R_a 值可取 25 ~ 12.5,如螺栓孔等。

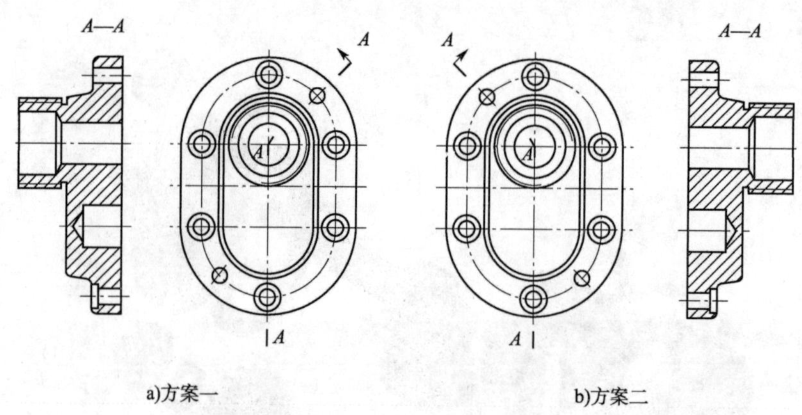

a)方案一　　b)方案二

图 4-23　右端盖的视图表达方案

(5)根据零件在部件中的作用和加工条件,确定零件图的其他技术要求。

3. 零件图的绘制

通过以上分析,绘制泵体零件图,其结果参考如图 4-24 所示。

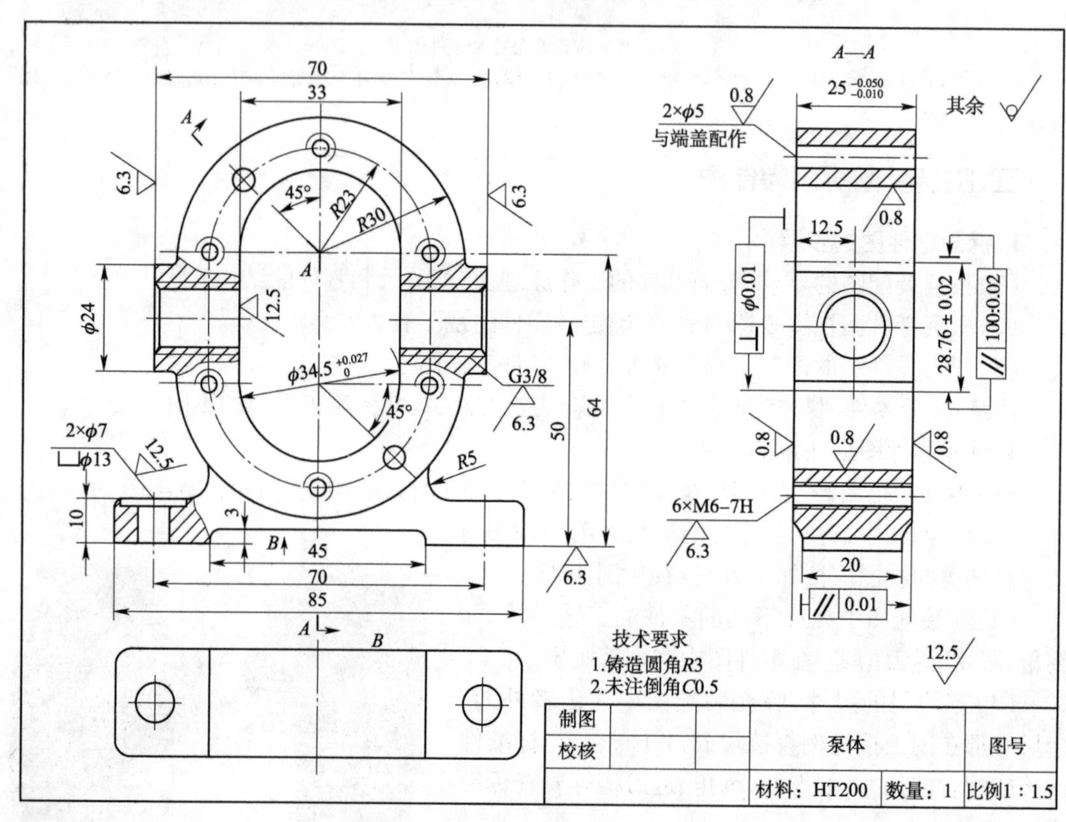

图 4-24　泵体零件图

自我评价

读滑动轴承装备配图,回答问题,并拆画轴承座零件图,如图 4-25 所示。

(1)滑动轴承由多少种零件组成?其中标准件有哪些?

(2)滑动轴承零部件间有配合性能要求的尺寸有哪些?是何种配合关系?

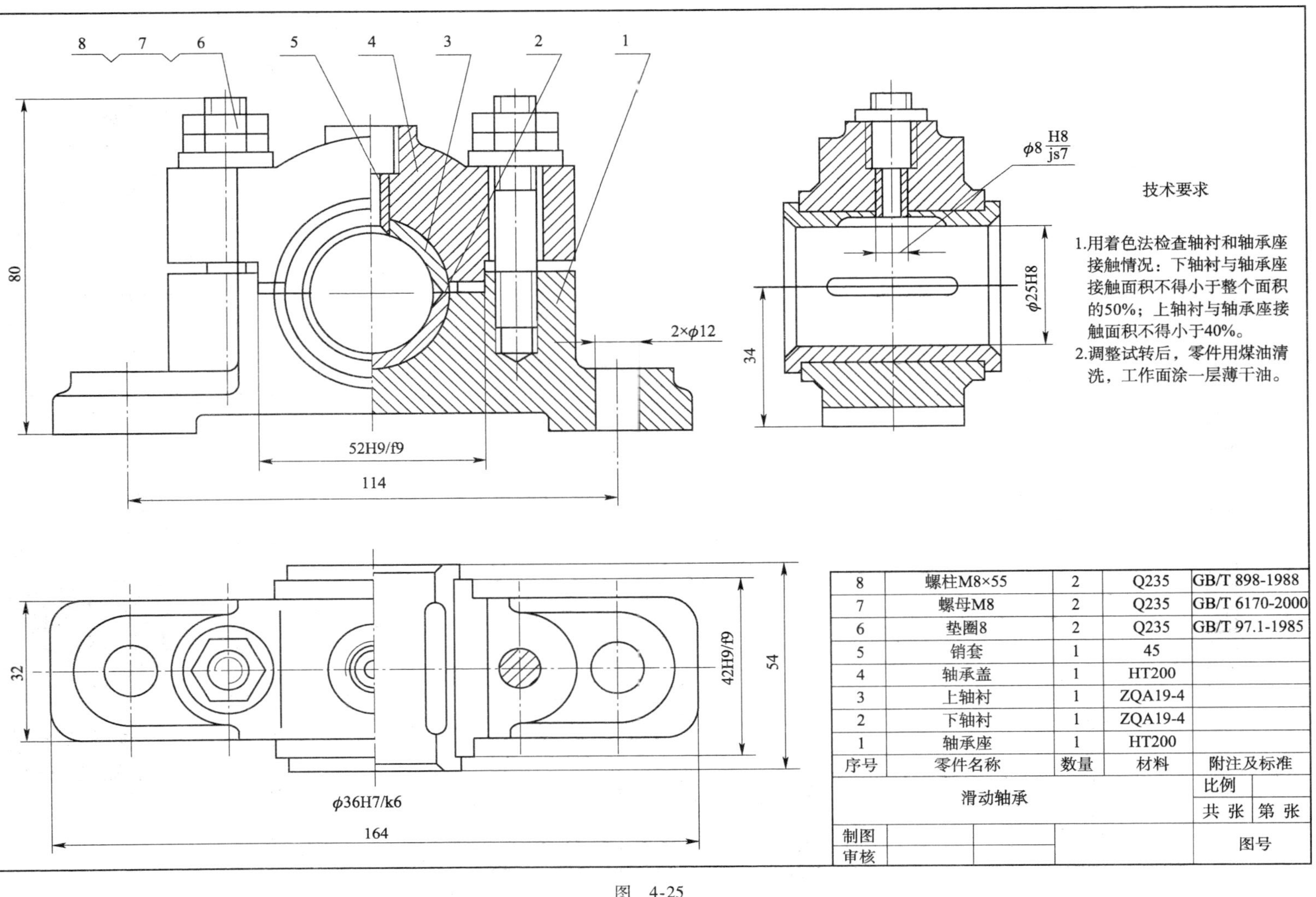

序号	零件名称	数量	材料	附注及标准
8	螺柱M8×55	2	Q235	GB/T 898-1988
7	螺母M8	2	Q235	GB/T 6170-2000
6	垫圈8	2	Q235	GB/T 97.1-1985
5	销套	1	45	
4	轴承盖	1	HT200	
3	上轴衬	1	ZQA19-4	
2	下轴衬	1	ZQA19-4	
1	轴承座	1	HT200	

滑动轴承		比例	
		共 张	第 张
制图		图号	
审核			

图 4-25

项目五　尺寸公差与配合

知识目标

1. 理解互换性的概念。
2. 掌握尺寸公差与配合的有关术语和标准规定。
3. 掌握尺寸公差与配合的有关计算：极限偏差的计算、极限过盈间隙的计算、配合公差的计算。
4. 了解《公差与配合》手册。
5. 掌握零件图和装配图尺寸公差和配合的标注。
6. 掌握尺寸公差与配合基准制、尺寸公差等级、配合的选择。

能力目标

1. 能够正确查寻公差与配合各种表格。
2. 能够识读机械产品图样中尺寸公差及配合的标注。
3. 能够正确标注零件图和装配图尺寸公差和配合。
4. 能够正确选择零件的尺寸公差与配合基准制、尺寸公差等级、配合类型。

任务一　齿油泵尺寸公差和配合标注的识读

任务描述

在生产中经常见到轴和孔的配合，如汽车变速器中轴与轴承的配合、轴承外圆与壳体孔的配合、齿轮油泵（图 5-1）中齿轮轴与泵盖孔的配合等。那么，配合有几种类型？如何确定配合类型？如何选择配合尺寸与公差，保证零件的互换性？针对这些问题，需要从学习公称尺寸、极限偏差和公差、精度等级、配合类型以及极限盈隙等知识着手。

现要求以齿轮油泵图样中部分尺寸公差与配合标注为例，对图 5-2 中 $\phi18f6$、图 5-3 中 $\phi18H7$、$\phi48H8$，图 5-4 中 $\phi18H7/f6$、$\phi48H8/f7$ 的尺寸公差与配合标注形式等进行解读计算。

图 5-1　齿轮油泵轴测图

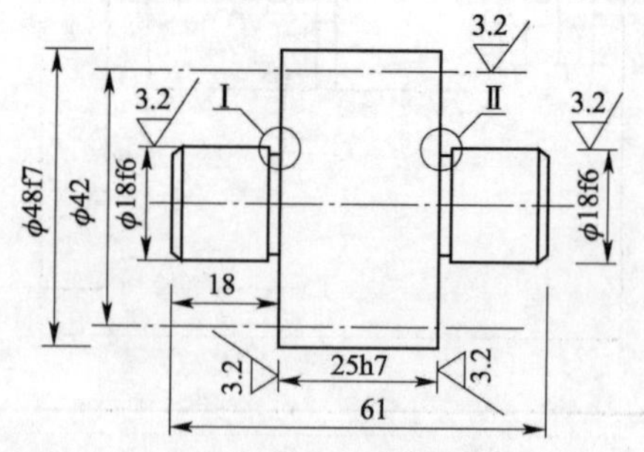

图 5-2　从动齿轮轴零件图

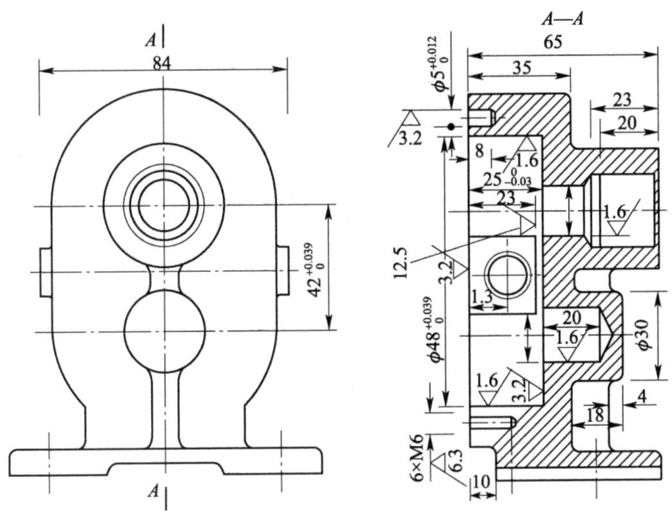

图 5-3　齿轮油泵泵体零件图

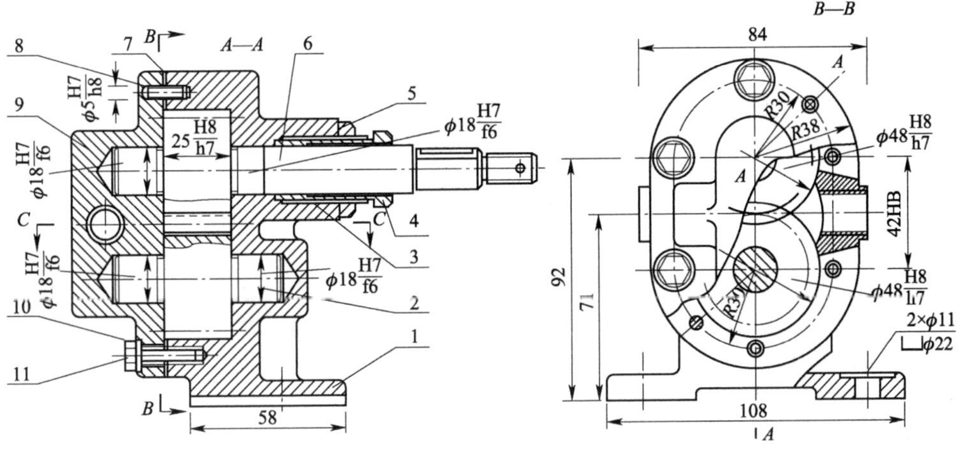

图 5-4　齿轮油泵装配图

知识准备

一、公差与配合的基本概念

1. 互换性、孔和轴尺寸的定义

1）互换性

同一规格的一批零件，任取其一，不需任何挑选和修配就能装在机器上，并能满足其使用功能要求，具有上述要求的零部件称为具有互换性的零部件。日常生活中，例如：组成现代技术装置和日用机电产品的各种零件，如电灯泡、自行车、手表、缝纫机上的零件、一批规格为 M10－6H 的螺母与 M10－69 螺栓的自由旋合均属具有互换性的零部件。在现代化生产中，一般应遵守互换性原则。

在机器制造业，遵循互换性的原则，无论在设计、制造和维修等方面，都具有十分重要的意义。在生产中由于机床精度、刀具磨损、测量误差、技术水平等因素的影响，即使同一个工人加工同一批零件，成品尺寸也难以准确无误，尺寸之间总会存在一定的误差工。为了保证互换性，必须控制这种误差。这种允许尺寸的变动范围称为尺寸公差。

2）孔和轴

孔：孔是指工件的圆柱形内表面，也包括非圆柱形内表面（由两平行平面或切面形成的包容面）。孔的直径尺寸用 D 表示。

轴：轴是指工件的圆柱形外表面，也包括非圆柱形外表面（由两平行平面或切面形成的被包容面）。轴的直径尺寸用 d 表示。

孔和轴的区别：从装配关系讲，孔是包容面，轴是被包容面。从加工过程看，随着余量的切除，孔的尺寸由小变大，轴的尺寸由大变小，如图 5-5 所示。

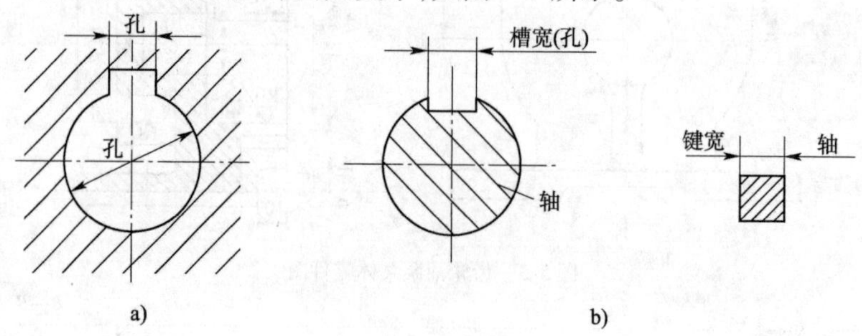

图 5-5　孔和轴

2. 有关尺寸的术语定义

1）尺寸

尺寸是指用特定单位表示线性尺寸值的数值。

2）基本尺寸（D、d）

基本尺寸是由设计给定的，通过它应用上、下偏差可算出极限尺寸的尺寸。孔用 D 表示，轴用 d 表示。

3）实际尺寸（D_a、d_a）

实际尺寸是通过测量所得的尺寸。孔的实际尺寸以 D_a 表示，轴的实际尺寸以 d_a 表示。

4）极限尺寸

允许尺寸变化的两个界限值称为极限尺寸。它以基本尺寸为基数来确定。两个界限值中较大的一个称为最大极限尺寸；较小的一个称为最小极限尺寸。孔和轴的最大、最小极限尺寸分别用 D_{max}、d_{max} 和 D_{min}、d_{min} 表示，如图 5-6 所示。

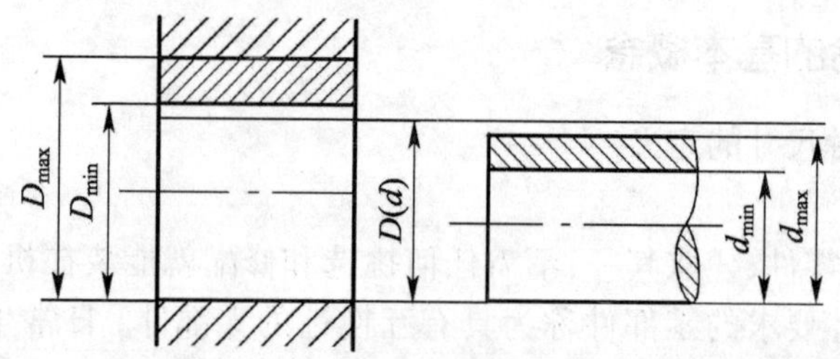

图 5-6　极限尺寸

3. 有关尺寸偏差、公差的术语定义

1）尺寸偏差

某一尺寸减去其基本尺寸所得的代数差称为尺寸偏差（简称偏差）。偏差可能为正或负，也可为零。

2）实际偏差

实际尺寸减去其基本尺寸所得的代数差称为实际偏差。

3)极限偏差

极限尺寸减去其基本尺寸所得的代数差,称为极限偏差。

(1)上偏差

最大极限尺寸减去其基本尺寸所得的代数差称为上偏差。孔的上偏差用 ES 表示;轴的上偏差用 es 表示。

(2)下偏差

最小极限尺寸减去其基本尺寸所得的代数差称为下偏差。孔的下偏差用 EI 表示;轴的下偏差用 ei 表示。

极限偏差计算公式:

$$\mathrm{ES} = D_{\max} - D \qquad \mathrm{es} = d_{\max} - d$$

$$\mathrm{EI} = D_{\min} - D \qquad \mathrm{ei} = d_{\min} - d$$

注意:偏差值除零外,前面必须标有正号或负号。上偏差总是大于下偏差。

4)尺寸公差(T_h,T_s)

允许尺寸的变动量称为公差。孔公差用 T_h表示;轴公差用 T_s表示。公差是用以限制误差的,工件的误差在公差范围内即为合格;反之,则不合格。

公差计算公式:

孔公差

$$T_h = D_{\max} - D_{\min} = \mathrm{ES} - \mathrm{EI}$$

轴公差

$$T_s = d_{\max} - d_{\min} = \mathrm{es} - \mathrm{ei}$$

注意:公差与偏差是有区别的,偏差是代数值,有正负号,也可能为零;而公差是绝对值,没有正负之分,计算时不能加正负号,且不能为零。

5)尺寸公差带和零线

尺寸公差带:由代表上偏差和下偏差或最大极限尺寸和最小极限尺寸的两条直线所限定的一个区域,称为尺寸公差带,如图 5-7 所示。

零线:为确定极限偏差的一条基准线,是偏差的起始线,零线上方表示正偏差;零线下方表示负偏差。

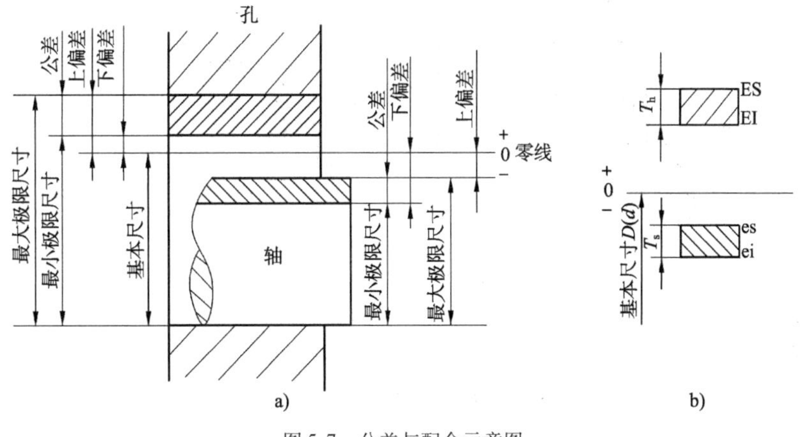

图 5-7 公差与配合示意图

6)标准公差

国家标准规定的公差数值表中所列的,用以确定公差带大小的任一公差称为标准公差。

7)基本偏差

用以确定公差带相对于零线位置的上偏差或下偏差称为基本偏差。

4. 有关配合的术语定义

1)配合

配合是指基本尺寸相同的,相互接合的孔和轴公差带之间的关系。

2)间隙(X)或过盈(Y)

在轴与孔的配合中,孔的尺寸减去轴的尺寸所得的代数差,当差值为正时称为间隙,用 X 表示;当差值为负时称为过盈,用 Y 表示。

标准规定:配合分为间隙配合、过盈配合和过渡配合。

3)间隙配合

具有间隙(包括最小间隙等于零)的配合称为间隙配合。在间隙配合中,孔的公差带在轴的公差带之上,如图 5-8 所示。

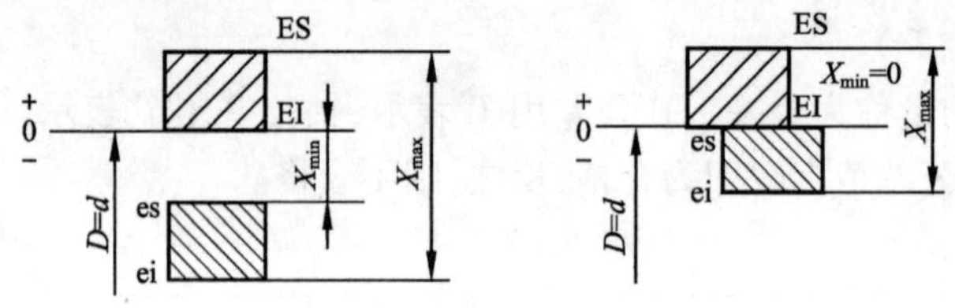

图 5-8　间隙配合图

计算公式:

最大间隙

$$X_{max} = D_{max} - d_{min} = ES - ei$$

最小间隙

$$X_{min} = D_{min} - d_{max} = EI - es$$

平均间隙

$$X_{av} = 1/2(X_{max} + X_{min})$$

4)过盈配合

具有过盈(包括最小过盈等于零)的配合称为过盈配合。在过盈配合中,孔的公差带在轴的公差带之下,如图 5-9 所示。

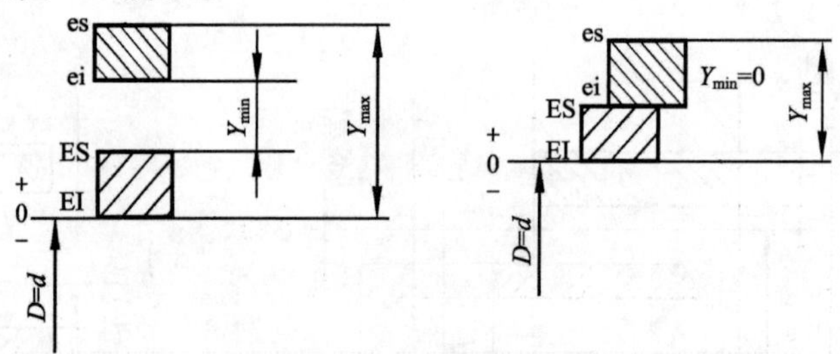

图 5-9　过盈配合图

计算公式:

最大过盈

$$Y_{max} = D_{min} - d_{max} = EI - es$$

最小过盈

$$Y_{min} = D_{max} - d_{min} = ES - ei$$

平均过盈

$$Y_{av} = 1/2(Y_{max} + Y_{min})$$

5)过渡配合

可能具有间隙或过盈的配合，此时孔的公差带与轴的公差带相互交叠，如图 5-10 所示。

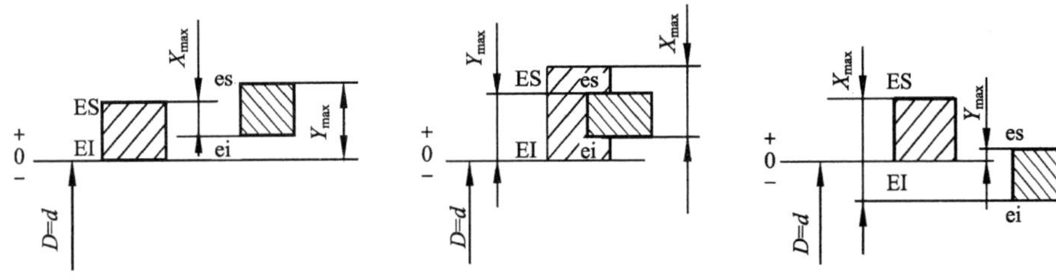

图 5-10 过渡配合图

计算公式：

最大间隙

$$X_{max} = D_{max} - d_{min} = \mathrm{ES} - \mathrm{ei}$$

最大过盈

$$Y_{max} = D_{min} - d_{max} = \mathrm{EI} - \mathrm{es}$$

$$X_{av}(Y_{av}) = 1/2(X_{max} + Y_{max}) + (-)$$

在过渡配合中，平均间隙或平均过盈为最大间隙与最大过盈的平均值，所得值为正，则为平均间隙；为负则为平均过盈。

6)配合公差

允许间隙或过盈的变动量称为配合公差。它表明配合松紧程度的变化范围。

配合公差用 T_f表示，是一个没有正负符号的绝对值。

计算公式：

间隙配合

$$T_f = X_{max} - X_{min}$$

过盈配合

$$T_f = Y_{min} - Y_{max}$$

过渡配合

$$T_f = X_{max} - Y_{max}$$

三种配合的配合公差也可为：

$$T_f = T_h + T_s$$

7)例题

【例 5-1】 已知基本尺寸 $D = d = 50\mathrm{mm}$，孔的极限尺寸 $D_{max} = 50.025\mathrm{mm}$，$D_{min} = 50\mathrm{mm}$；轴的极限尺寸 $d_{max} = 49.950\mathrm{mm}$，$d_{min} = 49.934\mathrm{mm}$。现测得孔、轴的实际尺寸分别为 $D_a = 50.010\mathrm{mm}$，$d_a = 49.946\mathrm{mm}$。

求：孔、轴的极限偏差、实际偏差及公差。

解：

孔的极限偏差

$$\mathrm{ES} = D_{max} - D = 50.025 - 50 = +0.025\mathrm{mm}$$

$$\mathrm{EI} = D_{min} - D = 50 - 50 = 0$$

轴的极限偏差

$$\mathrm{es} = d_{max} - d = 49.950 - 50 = -0.050\mathrm{mm}$$

$$ei = d_{min} - d = 49.934 - 50 = -0.066mm$$

孔的实际偏差

$$D_a - D = 50.010 - 50 = +0.010mm$$

轴的实际偏差

$$d_a - d = 49.946 - 50 = -0.054mm$$

孔的公差

$$T_h = D_{max} - D_{min} = 50.025 - 50 = 0.025mm$$

轴的公差

$$T_s = d_{max} - d_{min} = 49.950 - 49.934 = 0.016mm$$

【例 5-2】 孔 $D = 50mm$, $ES = +0.039$, $EI = 0$ mm, 轴 $d = 50mm$, $es = -0.025mm$, $ei = -0.050mm$。

求:X_{max}、X_{min} 及 T_f,并画出公差带图。

解:$X_{max} = ES - ei = +0.039 - (-0.050) = +0.089mm$

$$X_{min} = EI - es = 0 - (-0.025) = +0.025mm$$

$$T_f = X_{max} - X_{min} = 0.064mm$$

公差带图如图 5-11a)所示。

【例 5-3】 孔 $D = 50mm$, $ES = +0.039mm$, $EI = 0mm$, 轴 $d = 50mm$, $es = +0.079mm$, $ei = +0.054mm$。

求:Y_{max}、Y_{min} 及 T_f,并画出公差带图。

解:$Y_{max} = EI - es = 0 - (+0.079) = -0.079mm$

$$Y_{min} = ES - ei = +0.039 - (+0.054) = -0.015mm$$

$$T_f = Y_{min} - Y_{max} = -0.015 - (-0.079) = 0.064mm$$

公差带图如图 5-11b)所示。

【例 5-4】 孔 $D = 50mm$, $ES = +0.039mm$, $EI = 0mm$, 轴 $d = 50mm$, $es = +0.034mm$, $ei = +0.009mm$。

求:X_{max}、Y_{max} 及 T_f,并画出公差带图。

解:$X_{max} = ES - ei = +0.039 - (+0.009) = +0.030mm$

$$Y_{max} = EI - es = 0 - (+0.034) = -0.034mm$$

$$T_f = X_{max} - Y_{max} = 0.030 - (-0.034) = 0.064mm$$

公差带图如图 5-11c)所示。

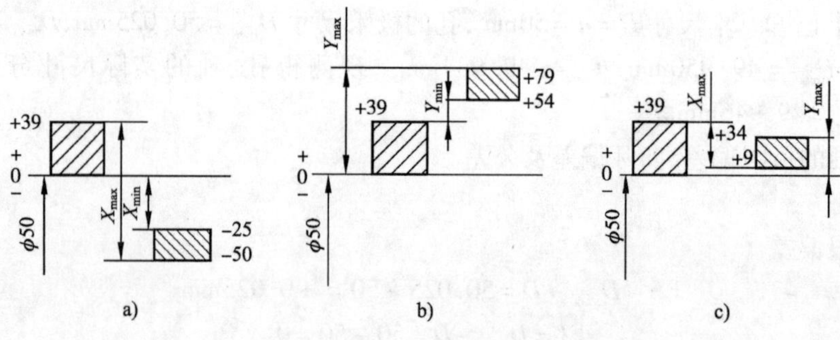

图 5-11　公差带图

-孔公差带; -轴公差带

二、极限与配合标准的主要内容

1. 配合制

配合制是以两个相配合的零件中的一个零件为基准件，并对其选定标准公差带，将其公差带位置固定，而改变另一个零件的公差带位置，从而形成各种配合的一种制度。

1）基孔制

基本偏差为一定的孔的公差带，与不同基本偏差的轴的公差带形成各种配合的一种制度。基孔制配合中的孔为基准孔，是配合的基准件，如图5-12a）所示。

标准规定：基准孔的基本偏差为下偏差 EI，数值为零，即 EI = 0，上偏差为正值，其公差带偏置在零线上侧。基准孔的代号为 H。

2）基轴制

基本偏差为一定的轴的公差带，与不同基本偏差的孔的公差带形成各种配合的一种制度。基轴制配合中的轴为基准轴，是配合的基准件，如图5-12b）所示。

标准规定：基准轴的基本偏差为上偏差 es，数值为零，即 es = 0，下偏差为负值，其公差带偏置在零线下侧。基准轴的代号为 h。

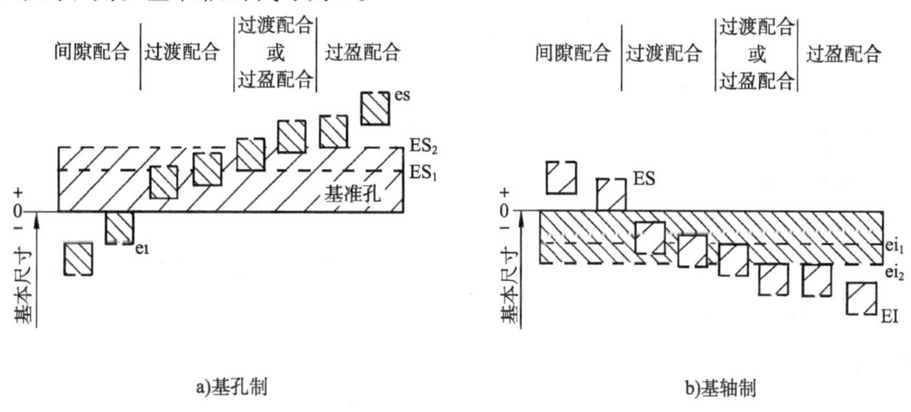

图5-12　基准制

2. 标准公差系列

标准公差系列是国家标准制定出的一系列标准公差数值。它包含以下内容：

1）标准公差因子（公差单位）

标准公差因子是用以确定标准公差的基本单位，该因子是基本尺寸的函数，是制定标准公差数值的基础。

2）公差等级

确定尺寸精确程度的等级称为公差等级。

国家标准设置了 20 个公差等级，各级标准公差的代号为 IT01、IT0、IT1、IT2…IT18。IT01 精度最高，其余依次降低，标准公差值依次增大。

3）尺寸分段

在计算标准公差时，公差单位算式中 D 取尺寸段首尾两个尺寸的几何平均值。例如对 30 ~ 50mm 尺寸段，$D \approx 38.73$mm。凡属于这一尺寸段的任一基本尺寸，其标准公差均以 $D = 38.73$mm 进行计算。

在公称尺寸≤500mm 的常用尺寸范围内，各级标准公差数值见表5-1。

标准公差数值(摘自 GB/T 1800.1—2009)　　　表 5-1

公称尺寸(mm)		公差等级																			
		IT01	IT0	IT1	IT2	IT3	IT4	IT5	IT6	IT7	IT8	IT9	IT10	IT11	IT12	IT13	IT14	IT15	IT16	IT17	IT18
大于	至	μm													mm						
—	3	0.3	0.5	0.8	1.2	2	3	4	6	10	14	25	40	60	0.10	0.14	0.25	0.40	0.60	1.0	1.4
3	6	0.4	0.6	1	1.5	2.5	4	5	8	12	18	30	48	75	0.12	0.18	0.30	0.48	0.75	1.2	1.8
6	10	0.4	0.6	1	1.5	2.5	4	6	9	15	22	36	58	90	0.15	0.22	0.36	0.58	0.90	1.5	2.2
10	18	0.5	0.8	1.2	2	3	5	8	11	18	27	43	70	110	0.18	0.27	0.43	0.70	1.10	1.8	2.7
18	30	0.6	1	1.5	2.5	4	6	9	13	21	33	52	84	130	0.21	0.33	0.52	0.84	1.30	2.1	3.3
30	50	0.6	1	1.5	2.5	4	7	11	16	25	39	62	100	160	0.25	0.39	0.62	1.00	1.60	2.5	3.9
50	80	0.8	1.2	2	3	5	8	13	19	30	46	74	120	190	0.30	0.46	0.74	1.20	1.90	3.0	4.6
80	120	1	1.5	2.5	4	6	10	15	22	35	54	87	140	220	0.35	0.54	0.87	1.40	2.20	3.5	5.4
120	180	1.2	2	3.5	5	8	12	18	25	40	63	100	160	250	0.40	0.63	1.00	1.60	2.50	4.0	6.3
180	250	2	3	4.5	7	10	14	20	29	46	72	115	185	290	0.46	0.72	1.15	1.85	2.90	4.6	7.2
250	315	2.5	4	6	8	12	16	23	32	52	81	130	210	320	0.52	0.81	1.30	2.10	3.20	5.2	8.1
315	400	3	5	7	9	13	18	25	36	57	89	140	230	360	0.57	0.89	1.40	2.30	3.60	5.7	8.9
400	500	4	6	8	10	15	20	27	40	63	97	155	250	400	0.63	0.97	1.55	2.50	4.00	6.3	9.7

3. 基本偏差系列

1)基本偏差系列

基本偏差系列是对公差带位置的标准化。国家标准对孔和轴分别规定了 28 个公差带位置,分别由 28 个基本偏差来确定,如图 5-13 所示。

2)相关内容

(1)代号。

基本偏差代号用拉丁字母表示,孔用大写字母表示,轴用小写字母表示。

(2)基本偏差系列图及其特征,如图 5-13 所示。

(3)基本偏差数值

①轴的基本偏差数值

轴的基本偏差可查表确定,另一个极限偏差可根据轴的基本偏差数值和标准公差值按下列关系式计算:

$$ei = es - IT \text{(公差带在零线之下)}$$

$$es = ei + IT \text{(公差带在零线之上)}$$

②孔的基本偏差数值

孔的基本偏差数值是由同名的轴的基本偏差换算得到的。

换算原则为:同名配合的配合性质不变,即基孔制的配合(如 30H9/f9、40H7/g6)变成同名基轴制的配合(如 30F9/h9、40G7/h6)时,其配合性质(极限间隙或极限过盈)不变。

A. 通用规则

用同一字母表示的孔、轴的基本偏差的绝对值相等,符号相反。孔的基本偏差是轴的基本偏差相对于零线的倒影。

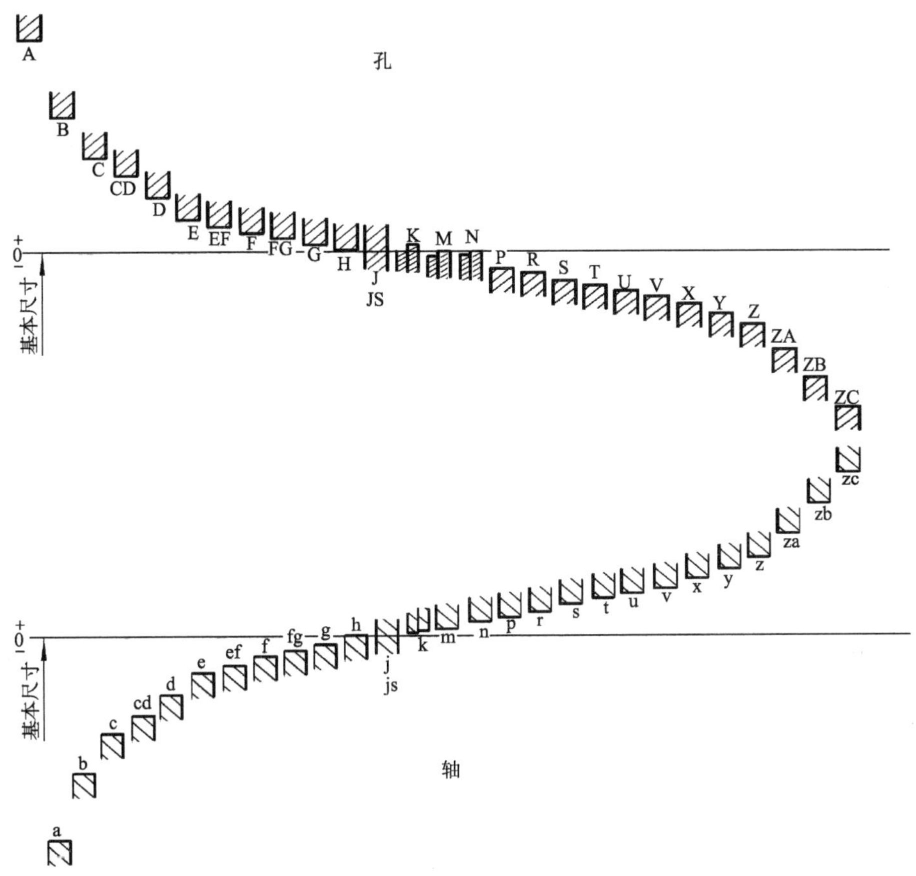

图 5-13 基本偏差系列

即：$EI = -es$（适用于 A ~ H）

$ES = -ei$（适用于同级配合的 K ~ ZC）

B. 特殊规则

用同一字母表示的孔、轴的基本偏差的符号相反，而绝对值相差一个 Δ 值。

即：$ES = -ei + \Delta$

$\Delta = IT\ n - IT n - 1 = IT\ h - IT\ s$

孔的另一个极限偏差可根据孔的基本偏差数值和标准公差值按下列关系式计算：

$$EI = ES - IT（公差带在零线之下）$$

$$ES = EI + IT（公差带在零线之上）$$

孔和轴的基本偏差数值可查附表得知。

【例 5-5】 已知某轴 ϕ50f7，查表计算其上、下极限偏差及极限尺寸。

从表 5-1 查得：标准公差 IT7 为 0.025，从相关表格查得上偏差 es 为 −0.025，则下偏差 $ei = es - IT = -0.050$。

依据查得的上、下极限偏差可计算其极限尺寸如下：

上极限尺寸 = 50 − 0.025 = 49.975mm

下极限尺寸 = 50 − 0.050 = 49.950mm

【例 5-6】 已知某孔 ϕ30K7，查表计算其上、下极限偏差及极限尺寸。

从表 5-1 查得：标准公差 IT7 为 0.021，从相关表格查得上极限偏差 $ES = (-2 + \Delta)$，则下偏差 ei = es - IT = -0.050μm,其中 Δ = 8μm,所以 ES = 0.006,则 EI - IT = -0.015。

计算其极限尺寸:

上极限尺寸 = 30 + 0.006 = 30.006mm

下极限尺寸 = 30 - 0.015 = 29.985mm

4. 极限与配合在图样上的标注

1)公差带代号与配合代号

(1)公差代号

孔、轴的公差带代号由基本偏差代号和公差等级数字组成。举例:孔的公差带代号,H7、F7、K7、P6。轴的公差带代号,h7、g6、m6、r7。

(2)配合代号

当孔和轴组成配合时,写成分数形式,分子为孔的公差带代号,分母为轴的公差带代号。

举例,H7/g6 如指某基本尺寸的配合,则基本尺寸标在配合代号之前,如 30H7/g6。

2)图样中尺寸公差的标注形式

(1)零件图标注

尺寸公差的两种标注形式如图 5-14 所示,孔、轴公差在零件图上主要标注基本尺寸和极限偏差数值,也可标注基本尺寸、公差带代号和极限偏差值。

(2)在装配图标注

主要标注配合代号,即标注孔、轴的基本偏差代号及公差等级,如图 5-15 所示。

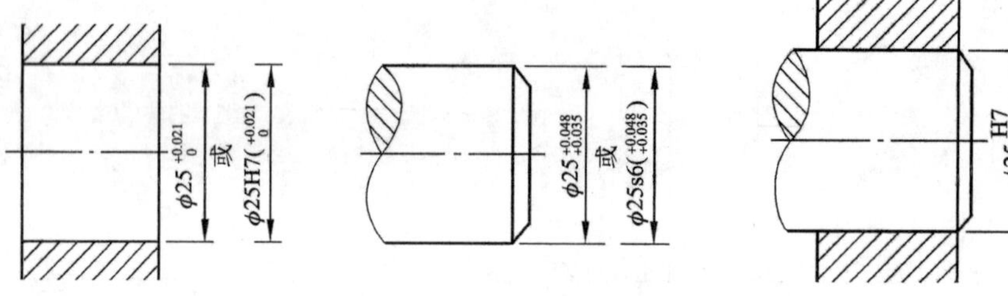

图 5-14　孔、轴公差在零件图上的标注

图 5-15　装配图上的标注

5. 常用和优先的公差带与配合

1)常用和优先公差带

(1)轴用公差带

国标规定了一般、常用和优先轴用公差带共 116 种,如图 5-16 所示。图中方框内的 59 种为常用公差带,圆圈内的 13 种为优先公差带。

(2)轴用公差带

国标规定了一般、常用和优先孔用公差带共 105 种,如图 5-17 所示。图中方框内的 44 种为常用公差带,圆圈内的 13 种为优先公差带。

2)选用原则

应按优先、常用、一般公差带的顺序选取。若一般公差带中也没有满足要求的公差带,则按国标规定的标准公差和基本偏差组成的公差带来选取,还可考虑用延伸和插入的方法来确定新的公差带。

3)配合

国标规定基孔制常用配合 59 种,优先配合 13 种。基轴制常用配合 47 种,优先配合 13 种。

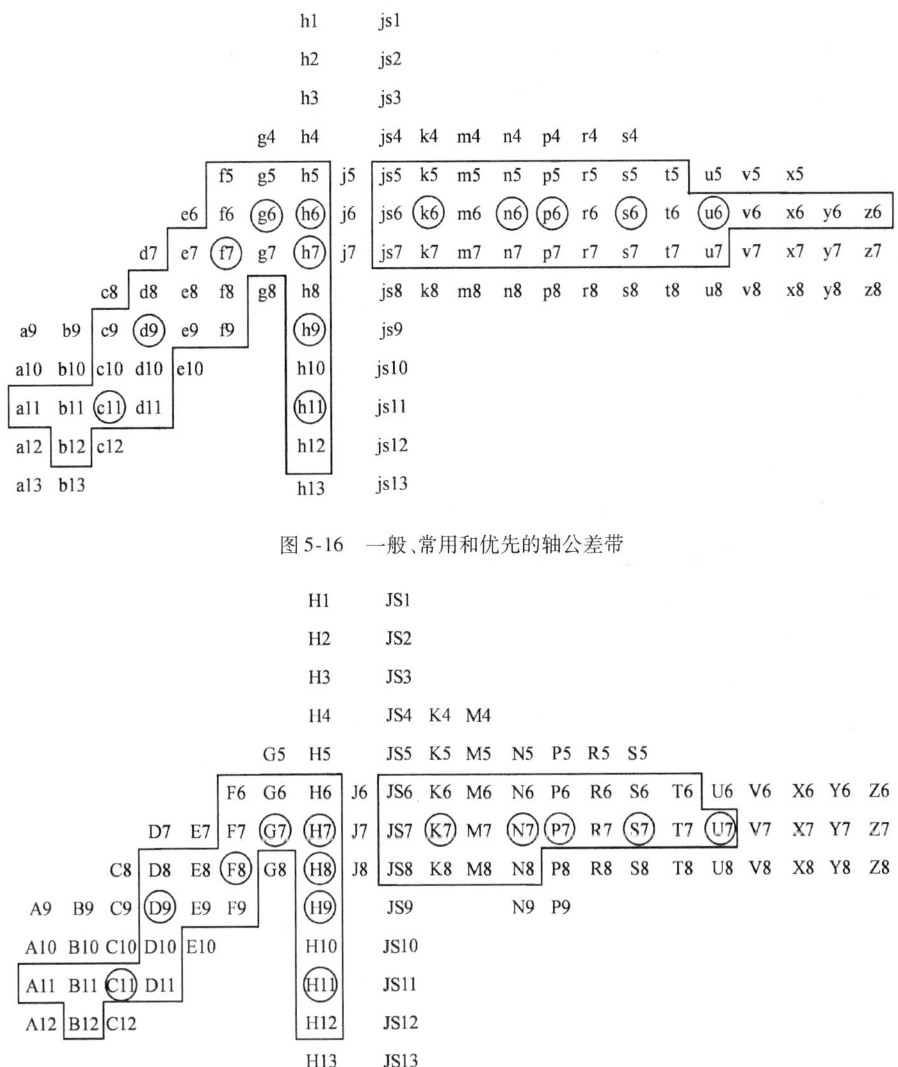

图 5-16 一般、常用和优先的轴公差带

图 5-17 一般、常用和优先的孔公差带

任务实施

图 5-2 中 ϕ18f6、ϕ48f7 是零件图中轴的尺寸公差与配合标注形式之一，图 5-3 中 ϕ18H7、ϕ48H8 是零件图中孔的尺寸公差与配合标注形式之一，图 5-4 中 ϕ18H7/f6、ϕ48H8/f7 等装配图中常见的尺寸公差与配合标注形式。

1. 零件图尺寸公差与配合标注解读

1）ϕ18f6

（1）轴公称尺寸：$d=18$。

（2）公差等级：查表 5-1，由公称尺寸 10 ~ 18 的横行与 IT6 的纵列相交处，知标准公差 IT6 = 11μm。

（3）基本偏差：代号为 f，查相关表格，由公称尺寸 14 ~ 18 的横行与 f 的纵列相交处，查得基本偏差为上偏差，且 es = −0.016。

（4）极限偏差的计算：下偏差 ei = es − IT6 = −0.016 − 0.011 = −0.027 = −27μm。

(5)上极限尺寸:$d_{max} = d + es = 18mm + (-0.016)mm = 17.984mm$。

(6)下极限尺寸:$d_{min} = d + ei = 18mm + (-0.027)mm = 17.973mm$。

(7)尺寸合格条件:$17.973\ mm \leqslant d_a \leqslant 17.984mm$。

2)$\phi18H7$

(1)孔公称尺寸:$D = 18$。

(2)公差等级:查表5-1,由公称尺寸10~18的横行与IT7的纵列相交处,知标准公差IT7 = 18μm。

(3)基本偏差:代号为H,查相关表格,由公称尺寸14~18的横行与H的纵列相交处,查得基本偏差为下偏差,且EI = 0。

(4)极限偏差的计算:上偏差 $ES = EI + IT7 = 0 + 18\mu m = +18\mu m$。

(5)上极限尺寸:$D_{max} = D + ES = 18mm + 0.018mm = 18.018mm$。

(6)下极限尺寸:$D_{min} = D + EI = 18mm + 0mm = 18mm$。

(7)尺寸合格条件:$18mm \leqslant D_a \leqslant 18.018mm$。

2. 装配图尺寸公差与配合标注 ϕ18H7/f6 解读

(1)孔轴公称尺寸:18mm。

(2)基准制:基孔制。

(3)配合种类:公差带图如图5-18所示,可以判断是间隙配合。

(4)最大间隙:$X_{max} = D_{max} - d_{min} = ES - ei = 18\mu m - (-27)\mu m = 45\mu m$。

(5)最小间隙:$X_{min} = D_{min} - d_{max} = EI - es = 0 - (-16)\mu m = 16\mu m$。

(6)配合公差:$Tf_{min} = X_{max} - X_{min} = 45\mu m - 16\mu m = 29\mu m$。

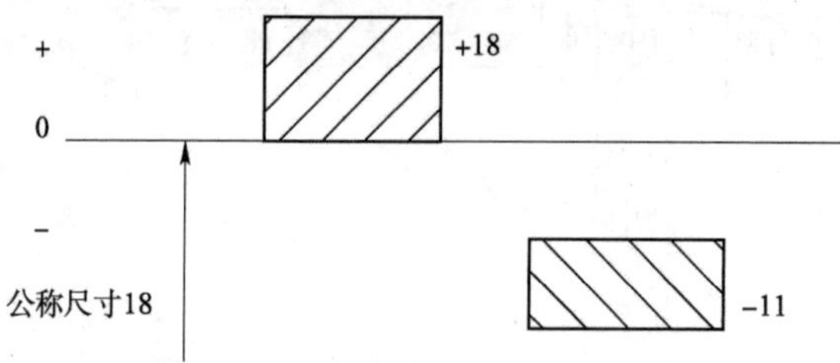

图5-18 公差带图

自我评价

一、判断题(正确的打"√",错误的打"×")

1. 只要零件不经挑选或修配,便能装配到机器上去,则该零件具有互换性。 ( )

2. 机器制造业中的互换性生产必定是大量或成批生产,但大量或成批生产不一定是互换性生产,小批生产不是互换性生产。 ( )

3. 实际尺寸就是真实的尺寸,简称真值。 ( )

4. 同一公差等级的孔和轴的标准公差数值一定相等。 ( )

5. 某一孔或轴的直径正好加工到基本尺寸,则此孔或轴必然是合格件。 ( )

6. 零件的实际尺寸越接近其基本尺寸就越好。 ( )

7. 公差是极限尺寸代数差的绝对值。 ( )

8. ϕ10f6、ϕ10f7 和 ϕ10f8 的上偏差是相等的,只是它们的下偏差各不相同。 ( )

9. 实际尺寸较大的孔与实际尺寸较小的轴相装配，就形成间隙配合。 ( )

10. 公差可以说是允许零件尺寸的最大偏差。 ( )

11. 某基孔制配合，孔的公差为 27μm，最大间隙为 13μm，则该配合一定是过渡配合。 ( )

12. 尺寸公差大的一定比尺寸公差小的公差等级低。 ( )

13. 孔 φ50R6 与轴 φ50r6 的基本偏差绝对值相等，符号相反。 ( )

14. 偏差可为正、负或零值，而公差为正值。 ( )

15. 数值为正的偏差称为上偏差，数值为负的偏差称为下偏差。 ( )

二、填表题

1. 已知表 5-2 的配合，试将查表和计算结果填入表中。

表 5-2

公差带	基本偏差	标准公差	极限盈隙	配合公差	配合类别
φ80S7					
φ80h6					

2. 计算出表 5-3 中空格中的数值，并按规定填写在表中。

表 5-3

基本尺寸	孔			轴			X_{max}或Y_{min}	X_{min}或Y_{max}	T_f
	ES	EI	T_D	es	ei	T_d			
φ25		0				0.052	+0.074		0. 104

3. 计算出表 5-4 中空格中的数值，并按规定填写在表中。

表 5-4

基本尺寸	孔			轴			X_{max}或Y_{min}	X_{min}或Y_{max}	T_f
	ES	EI	T_D	es	ei	T_d			
φ30		+0.065			−0.013		+0.099	+0.065	

三、计算题

1. 某孔、轴配合，基本尺寸为 φ35mm，孔公差为 IT8，轴公差为 IT7，已知轴的下偏差为 −0.025mm，要求配合的最小过盈是 −0.001mm，试写出该配合的公差带代号。

2. 某孔、轴配合，基本尺寸为 φ30mm，孔的公差带代号为 N8，已知 X_{max} = +0.049mm，Y_{max} = −0.016mm，试确定轴的公差带代号。

任务二　齿油泵尺寸公差和配合标注的识读

任务描述

机械零件在设计过程中，需要根据零件的各部位所起的作用决定尺寸的加工精度要求，对于配合部位需要确定配合类型和偏差代号，因此要求学会尺寸公差与配合的选用。现要求以汽车发动机配气机构中的气门座和气门导管(图 5-19)为例来说明如何选用图中部分尺寸的公差与配合。

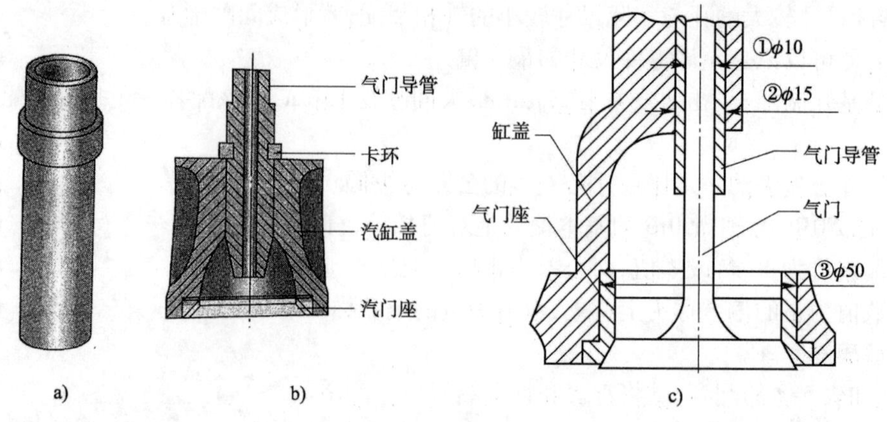

图 5-19　发动机气门座结构示意图

一、基准制的选择

在进行配合制选择时，应从零件的结构、工艺性和经济性等几方面综合分析，从而合理地确定配合制。

1. 一般情况下优先选用基孔制

优先选用基孔制，这主要是从工艺性和经济性来考虑的。为了减少定值刀具、量具的规格和数量，利于生产，提高经济性，应优先选用基孔制。

2. 在下列情况下，应选用基轴制

(1) 当在机械制造中采用具有一定公差等级的冷拉钢材，其外径不经切削加工即能满足使用要求，此时就应选择基轴制，再按配合要求选用适当的孔公差带加工孔就可以了。

(2) 由于结构上的特点，宜采用基轴制。如图 5-20a) 所示为发动机的活塞销轴与连杆铜套孔和活塞孔之间的配合。根据工作要求，活塞销轴与活塞孔应为过渡配合，而活塞销与连杆之间由于有相对运动应为间隙配合。若采用基孔制配合，如图 5-20b) 所示

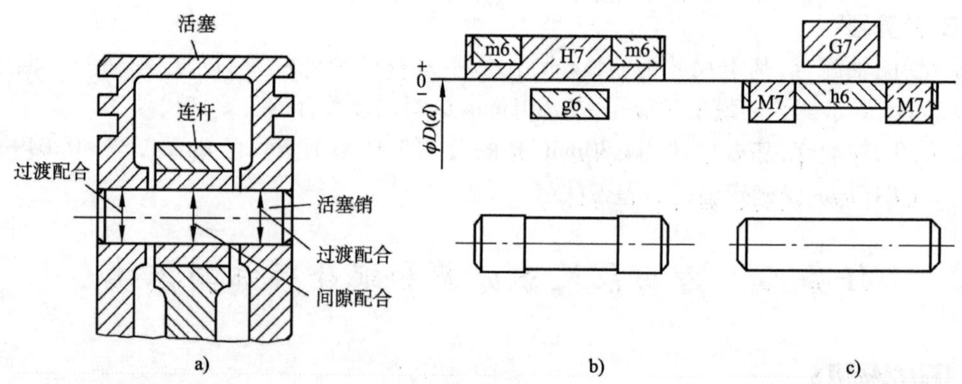

图 5-20　基准制选择示例一

3. 与标准件配合时，应以标准件为基准件来确定配合制

标准件通常由专业工厂大量生产，在制造时其配合部位的配合制已确定，所以与其配合的轴和孔一定要服从标准件既定的配合制。

4. 在特殊需要时可采用非配合制配合

非配合制配合是指由不包含基本偏差 H 和 h 的任一孔、轴公差带组成的配合，图 5-21 所示为轴承座孔同时与滚动轴承外径和端盖的配合。

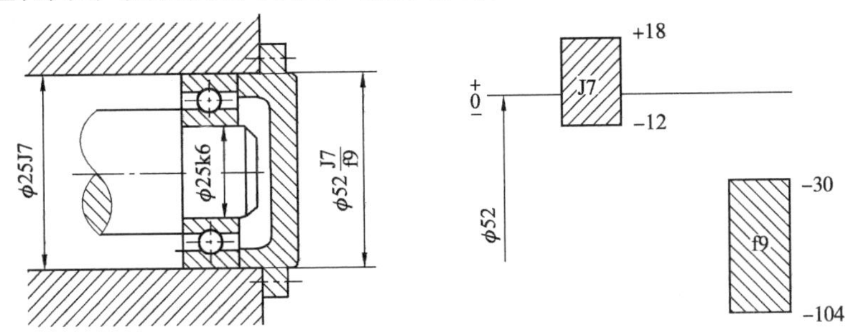

图 5-21　基准制选择示例二

二、公差等级的选择

1. 公差等级的选择原则

选择公差等级就是解决制造精度与制造成本之间的矛盾。在满足使用性能的前提下，尽量选取较低的公差等级。

所谓"较低的公差等级"是指：假如 IT7 级以上（含 IT7）的公差等级均能满足使用性能要求，则选择 IT7 级为宜，它既能保证使用性能，又能获得最佳的经济效益。

2. 公差等级的选择方法

1）类比法（经验法）

参考经过实践证明合理的类似产品的公差等级，将所设计的机械（机构、产品）的使用性能、工作条件、加工工艺装备等情况与之进行比较，从而确定合理的公差等级。对初学者来说，多采用类比法，此法主要是通过查阅有关的参考资料、手册，并进行分析比较后确定公差等级。类比法多用于一般要求的配合。

2）计算法

根据一定的理论和计算公式计算后，再根据尺寸公差与配合的标准确定合理的公差等级，即根据工作条件和使用性能要求确定配合部位的间隙或过盈允许的界限，然后通过计算法确定相配合的孔、轴的公差等级。计算法多用于重要的配合。

3. 确定公差等级应考虑的几个问题

1）联系工艺

（1）在按使用要求确定了配合公差 T_f 后，由于 $T_f = T_h + T_s$，这里 T_h 与 T_s 的公差分配可按工艺等价性考虑。孔和轴的工艺等价性是指孔和轴加工难易程度应相同。

（2）为了使组成配合的孔、轴工艺等价，轴、孔的公差等级应相差一级选用，在间隙和过渡配合中孔的标准公差≤IT8，过盈配合中孔的标准公差≤IT7 时，可确定轴的公差等级比孔高一级，如 H7/f6、H7/p6，低精度的孔和轴可采用同级配合，如 H8/s8。

2）联系配合

对于过渡配合或过盈配合，一般不允许其间隙或过盈的变动太大，因此公差等级不能太低，孔可选标准公差≤IT8，轴可选标准公差≤IT7，间隙配合可不受此限制。

3）联系零部件的相关精度要求

齿轮孔与轴配合的公差等级应决定于齿轮的精度等级，滚动轴承与轴颈和外壳孔配合的公差等级与滚动轴承的精度有关。

三、配合的选择

1. 配合选择的任务

当基准配合制和孔、轴公差等级确定之后，配合选择的任务是：确定非基准件（基孔配合制中的轴或基轴制中的孔）的基本偏差代号。

2. 配合选择的方法

明确了孔、轴配合的使用要求，根据使用要求确定允许的间隙或过盈的变化范围，并由此选定孔和轴的公差带确定配合，从而满足零件的使用要求，使机器能正常工作。

一般选用配合的方法有三种，即计算法、试验法、类比法。

（1）计算法是根据一定的理论和公式，计算出所需的间隙或过盈，根据计算结果，对照国标选择合适的配合。

（2）试验法是对选定的配合进行多次试验，根据试验结果，找到最合理的间隙或过盈，从而确定配合的一种方法。

（3）类比法是参考现有同类机器或类似结构中经生产实践验证过的配合情况，与所设计零件的使用要求相比较，经修正后确定配合的一种方法。

3. 配合选择的步骤

1）确定配合的类型

根据配合部位的功能要求，确定配合的类型。

（1）间隙配合

间隙配合有 A ~ H(a ~ h) 共 11 种，其特点是利用间隙储存润滑油及补偿温度变形、安装误差、弹性变形等所引起的误差。生产中应用广泛，不仅用于运动配合，加紧固件后也可用于传递力矩。不同基本偏差代号与基准孔（或基准轴）分别形成不同间隙的配合。主要依据变形、误差需要补偿间隙的大小、相对运动速度、是否要求定心或拆卸来选定。

（2）过渡配合

过渡配合有 JS ~ N(js ~ n) 4 种基本偏差，其主要特点是定心精度高且可拆卸。也可加键、销紧固件后用于传递力矩，主要根据机构受力情况、定心精度和要求装拆次数来考虑基本偏差的选择。定心要求高、受冲击负荷、不常拆卸的，可选较紧的基本偏差工，如 N(n)，反之应选较松的配合，如 K(k) 或 JS(js)。

（3）过盈配合

过盈配合有 P ~ ZC(p ~ zc) 13 种基本偏差，其特点是由于有过盈，装配后孔的尺寸被胀大而轴的尺寸被压小，产生弹性变形，在接合面上产生一定的正压力和摩擦力，用以传递力矩和紧固零件。选择过盈配合时，如不加键、销等紧固件，则最小过盈应能保证传递所需的力矩，最大过盈应不使材料破坏，故配合公差不能太大，所以公差等级一般为 IT5 ~ IT7，基本偏差根据最小过盈量及接合件的标准来选取。

2）确定非基准件的基本偏差代号

根据配合部件具体的功能要求，通过查表、比照配合的应用实例、参考各种配合的性能特征，选择较合适的配合，即确定非基准件的基本偏差代号。

举例说明：已知孔、轴公称（基本）尺寸 25mm，间隙 0.010 ~ 0.045mm，试确定孔、轴的公差等级和公差带和配合代号。

解：

(1)选择基准制

基孔制。

(2)选择公差等级

由给定条件知，此孔、轴配合为间隙配合，要求的配合公差为：

$|T_f| = |X_{max} - X_{min}| = T_h + T_s = (0.045 - 0.010)mm = 0.035mm = 35\mu m$

即所选的孔、轴公差之和应最接近而又不大于35μm。

假设孔与轴为同级配合，则 $T_h = T_s = T_f/2 = 0.015\ mm = 15.5\mu m$。

查表5-1知，IT7 = 21μm，IT6 = 13μm，故孔与轴的公差等级介于IT6与IT7之间，一般取孔比轴大一级，即：

孔 IT7 = 21μm　轴 IT6 = 13μm

则配合公差 $T_f = T_h + T_s = 21 + 13 = 34\mu m < 35\mu m$。

3)确定孔、轴公差带

因为是基孔制配合，且孔的标准公差为IT7，所以孔的公差带为φ25H7，又因为 $X_{min} = EI - es$，且 EI = 0

所以 $es = -X_{min}$；本题要求最小间隙为0.01mm，即轴的公差带为φ25g6。

4)验算设计结果

孔、轴配合为φ25H7/g6。

最大间隙：

$$X_{max} = ES - ei = 41\mu m$$

最小间隙：

$$X_{min} = EI - es = 7\mu m$$

故间隙为0.010～0.045mm，设计结果满足使用要求。

1. 气门座φ50部位

步骤1　选择基准制

气门座与汽缸盖φ50孔的配合结构无特殊要求，优先采用基孔配合制，即汽缸盖上孔的基本偏差代号为H。

步骤2　确定尺寸精度等级

参考相关公差表格，以及考虑遵守工艺等价原则，选择汽缸盖上孔的尺寸精度等级为7级，气门座尺寸精度等级为6级。

步骤3　选择配合

气门座用耐热合金钢或耐热合金铸铁制成，镶嵌在汽缸盖上。因气门座热负荷大，温差变化大，又受气门落座时的冲击，为了保证散热和防止脱落，气门座与座孔之间应用较高的加工精度，较小的表面粗糙度值和较大的配合过盈量，所以选气门座与汽缸盖上φ50孔的配合为φ50H7/s6。

2. 气门导管φ15部位

步骤1　选择基准制

气门导管与汽缸盖φ15孔的配合结构无特殊要求，优先采用基孔配合制，即汽缸盖上孔的基本偏差代号为 H。

步骤 2　确定尺寸精度等级

参考相关公差表格，以及考虑遵守工艺等价原则，选择汽缸盖上孔的尺寸精度等级为 7 级，气门座尺寸精度等级为 6 级。

步骤 3　选择配合

气门导管一般用含石墨较多的铸铁或粉末冶金制成，镶嵌在汽缸盖上。为防止导管松脱，常用卡环对导管进行轴向定位，因此导管通过过盈配合压入汽缸盖沉孔中，所以选气门导管外圆与汽缸盖上 ϕ15 孔的配合为 ϕ15H7/p6。

3. 气门导管 ϕ10 部位

步骤 1　选择基准制

由于气门是标准件，气门导管是被压入汽缸盖 ϕ15 孔后再精铰，因而采用基轴配合制，即气门的基本偏差代号为 h。

步骤 2　确定尺寸精度等级

参考相关公差表格，以及考虑遵守工艺等价原则，选择气门导管内孔的尺寸精度等级为 6 级，气门精度等级为 5 级。

步骤 3　选择配合

为保证气门和气门导管的精确配合间隙，选择气门导管内孔与气门的配合为 ϕ10G6/h5。

自我评价

一、判断题（判断下列同名配合的配合性质是否相同）

（1）ϕ40H9/f8 与 ϕ40H9/h8。

（2）ϕ40H9/f9 与 ϕ40F9/h9。

（3）ϕ40H7/m7 与 ϕ40M7/h7。

（4）ϕ40H7/m6 与 ϕ40M7/h6。

二、计算题

有一孔、轴配合的公称尺寸为 ϕ30mm，要求配合间隙为 +0.020 ~ +0.055mm，试确定孔和轴的精度等级和配合种类。

项目六　形位公差与表面粗糙度

知识目标

1. 了解形位公差基本概念。
2. 掌握形位公差各种特征项目及其意义。
3. 掌握形位公差的标注。
4. 了解形位公差设计原则。
5. 掌握形位公差项目、基准、等级以及公差选择的原则。
6. 掌握表面粗糙度的定义、评定、标注和选用。
7. 了解表面粗糙度对零件使用性能的影响。

能力目标

1. 能够正确查寻形位公差各种表格。
2. 能够识读机械产品图样中形位公差的标注。
3. 能够正确选择和标注零件图和装配图中的形位公差。
4. 能够正确选择和标注零件加工面的表面粗糙度。

任务一　轴零件图形公差标注的识读

任务描述

在机械零件的生产加工过程中,由于存在加工误差工,使零件的几何量不仅会有尺寸误差,而且还会产生形状和位置误差。零件的形状误差和位置误差的存在,将对机器的精度、接合强度、密封性、工作平稳性、使用寿命等产生不良影响。如机床导轨表面的形状误差将影响刀架的运动精度,齿轮箱上各轴承孔的位置误差将影响齿面的接触均匀性和齿侧间隙等。因此,为了提高机械产品质量和保证零件的互换性,不仅应对零件的尺寸误差,而且应对零件的形状和位置误差加以控制。那么,如何来确定机械零件的形位公差呢?现以图 6-1 为例,学会识读形位公差标注。识读图样中的形位公差标注时,需获得以下信息:公差项目名称、被测要素、基准要素、公差值大小、公差意义及公差要求。

知识准备

一、形位公差基本概念

形位公差的研究对象是构成零件几何特征的点、线、面,这些点、线、面统称为零件的几何要素。

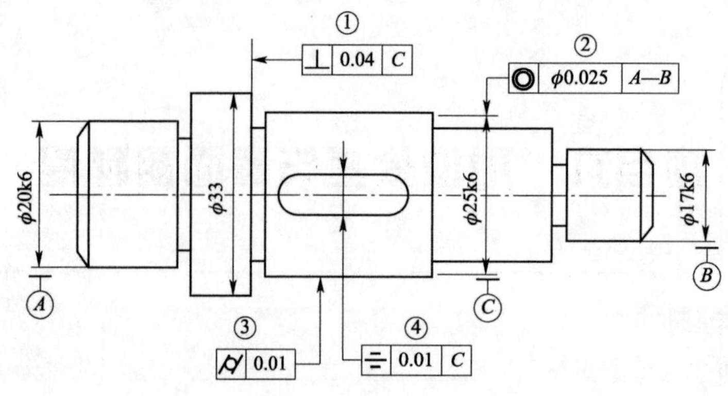

图 6-1　轴类零件的公差标注

1. 零件的几何要素分类

构成零件几何特征的点、线、面等是零件的几何要素(简称要素)。

零件的几何要素可从不同角度来分类:

1)按结构特征分

(1)轮廓要素

构成零件外形的点、线、面各要素。如图 2-2 所示的球面、圆锥面和圆柱面的素线等都属于轮廓要素。

(2)中心要素

构成轮廓要素对称中心所表示的点、线、面各要素。如图 6-2 所示的轴线、球心为中心要素。

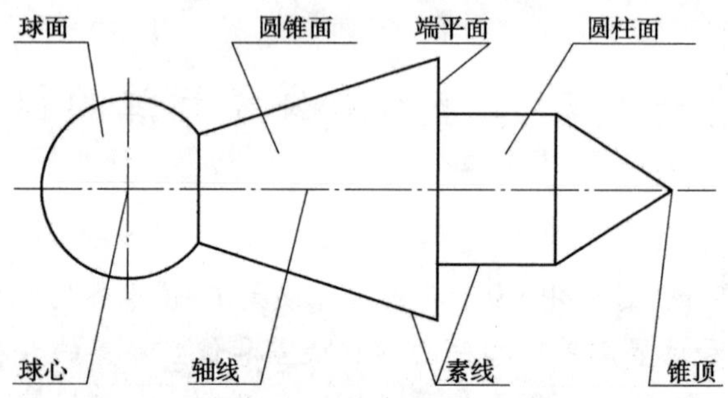

图 6-2　零件的几何要素

2)按存在的状态分

(1)实际要素

零件上实际存在的要素。

(2)理想要素

具有几何学意义的要素。

3)按所处地位分

(1)被测要素

图样上给出了形状或(和)位置公差要求的要素,也就是需要研究和测量的要素。

(2)基准要素

图样上用来确定被测要素方向或(和)位置的要素。

4）按功能关系分

（1）单一要素

仅对被测要素本身提出形状公差要求的要素。

（2）关联要素

相对基准要素有方向或（和）位置功能要求而给出位置公差要求的被测要素。

2. 形位误差与形位公差

形状误差一般是对单一要素而言的，是被测要素本身的形状对其理想形状的变动量。形状公差是对其理想要素允许的变动量，是对形状误差的限制。

位置误差是对关联要素而言的，是被测要素对其理想要素位置的变动量，理想要素相对于基准有方位要求。位置公差是对位置误差的限制。

3. 形位公差带

形位公差带用来限制被测实际要素变动的区域。它是一个几何图形，只要被测要素完全落在给定的公差带内，就表示被测要素的形状和位置符合设计要求。

形位公差带具有形状、大小、方向和位置四要素。

二、形位公差项目符号及标注

1. 形位公差的项目及符号

国家标准规定了形状和位置两大类公差共计 14 个项目，其中形状公差 4 个，因它是对单一要素提出的要求，因此无基准要求；位置公差 8 个，形状或位置（轮廓）公差有 2 个，若无基准要求，则为形状公差；若有基准要求，则为位置公差。形位公差特征项目及符号见表 6-1。

形位公差项目、符号及分类 表 6-1

公差	项　目	符　号	公差		项　目	符　号
形状	直线度	—	位置	定向	平等度	//
	平面度	▱			垂直度	⊥
	圆度	○			倾斜度	∠
	圆柱度	⌭		定位	同轴（同心）度	◎
					对称度	⌯
					位置度	⌖
形状或位置	线轮廓度	⌒		跳动	圆跳动	↗
	面轮廓度	⌓			全跳动	⌰

2. 形位公差带的形式

形位公差带的形式，见图 6-3。

3. 形位公差标注

形位公差代号包括：形位公差有关项目的符号、形位公差框格和指引线、形位公差数值和其他有关符号、基准符号及基准代号，如图 6-4、图 6-5 所示。

1）形位公差框格

公差框格有两格或多格，它可以水平放置，也可以垂直放置，自左至右依次填写公差项目符号、公差数值（单位为 mm）、基准代号字母。第 2 格及其后各格中还可能填写其他有关符号。

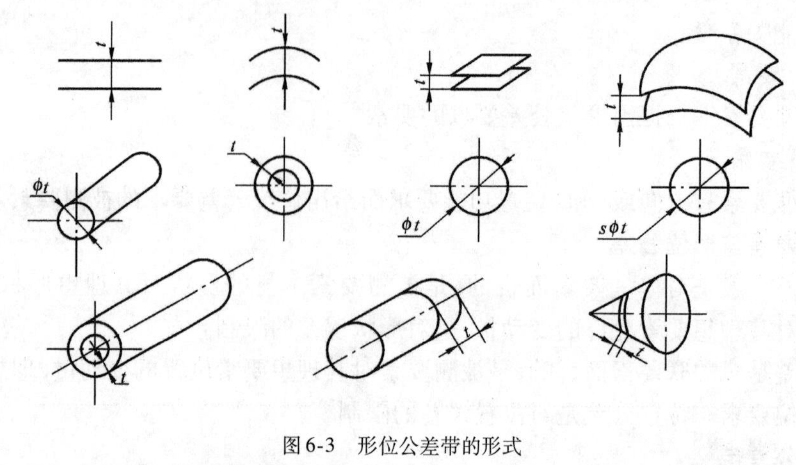

图 6-3　形位公差带的形式

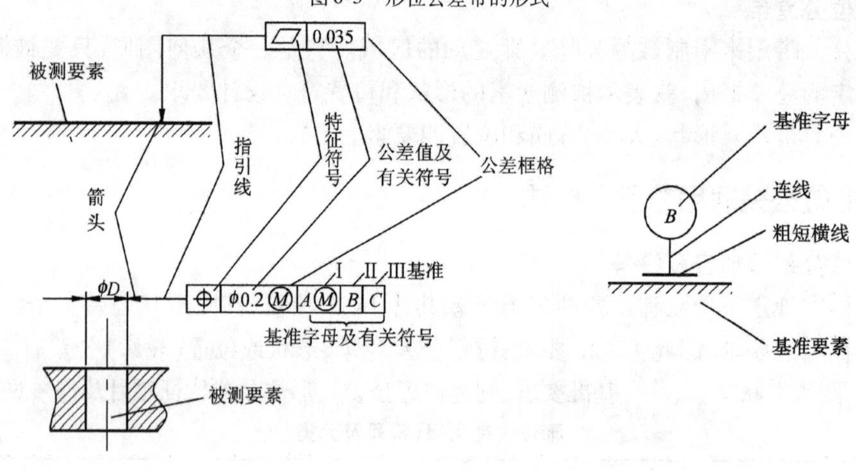

图 6-4　公差框格

图 6-5　基准符号

2）指引线与被测要素

指引线用细实线表示，可从框格的任一端引出，引出段必须垂直于框格，指向被测要素。引向被测要素时允许弯折，但不得多于两次。

当被测要素是轮廓要素时，指引线箭头应指向轮廓线或其引出线，且明显地与尺寸线错开。

当被测要素为中心要素时，指引线箭头要与该要素的尺寸线对齐。

3）基准符号与其基准要素

基准要素需用基准符号示出，基准符号如图 6-5 所示。

当基准要素为轮廓要素时，基准符号应靠近要素的轮廓线或其引出线，且明显地与尺寸线错开。

当基准要素为中心要素时，基准符号应与该要素的轮廓要素尺寸线对齐，如图 6-5 所示。

基准一般分为三类：

单一基准：由 1 个要素建立的基准，用 1 个字母表示。

公共基准：由两个要素建立的基准，用横线隔开的两个字母在一个框格内表示。

基准体系：由互相垂直的 2 个或 3 个要素构成 1 个基准体系，用 2 个或 3 个字母分别放在不同框格内表示。

4）公差数值

如果公差带为圆形或圆柱形，公差值前加注 φ，如果是球形，加注 $S\varphi$。

5）形位公差的特殊标注

形位公差的一些特殊标注，如图 6-6 所示。

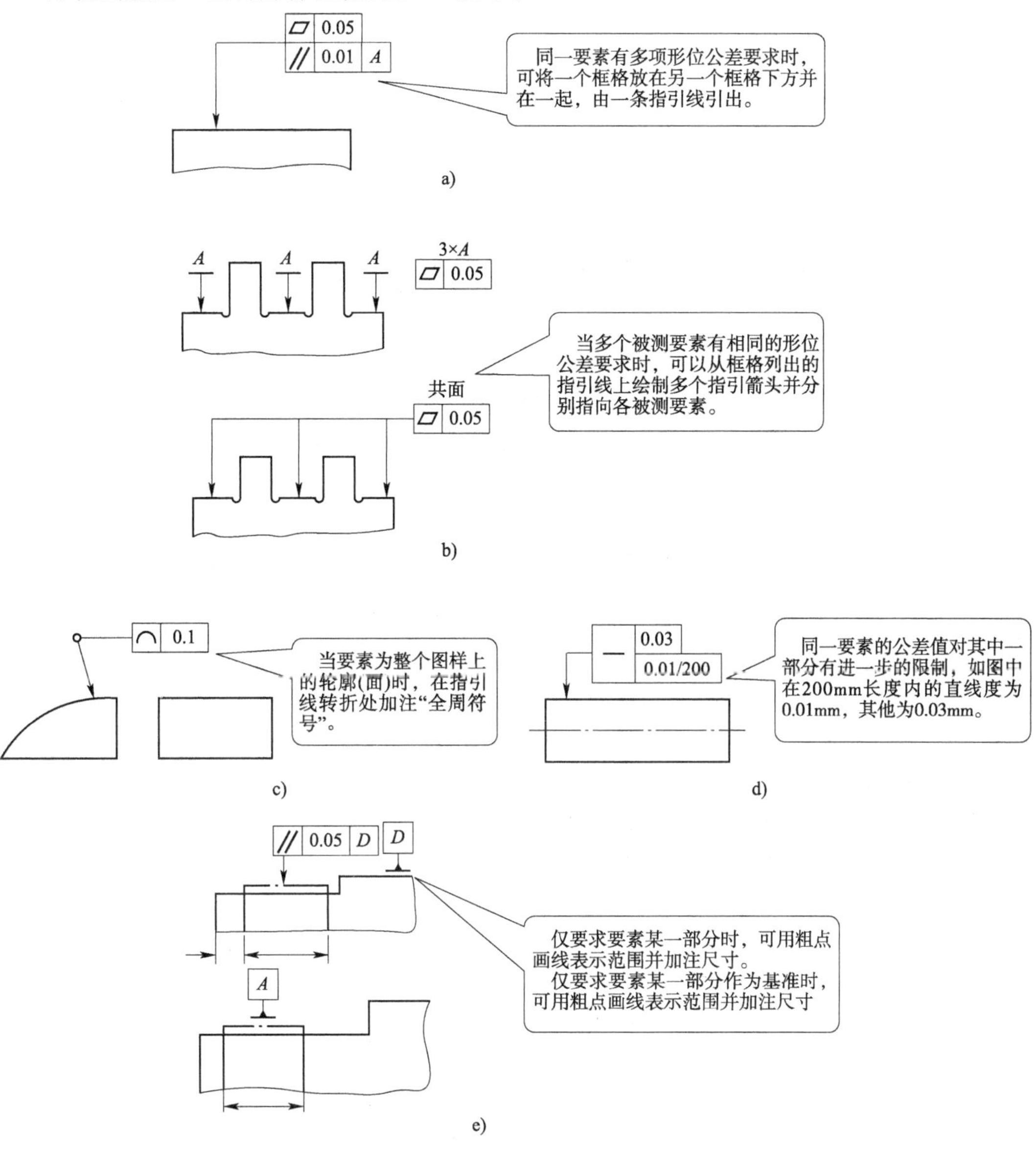

图 6-6　形位公差的特殊标注

三、形位公差带及意义

1. 形状公差

形状公差是为了限制形状误差而设置的。实际要素在此区域内则为合格，反之，则为不合格。

1）直线度公差

直线度公差是限制被测实际直线对理想直线变动量的一项指标。

如图 6-7b）所示，是在给定平面内的直线度公差带。

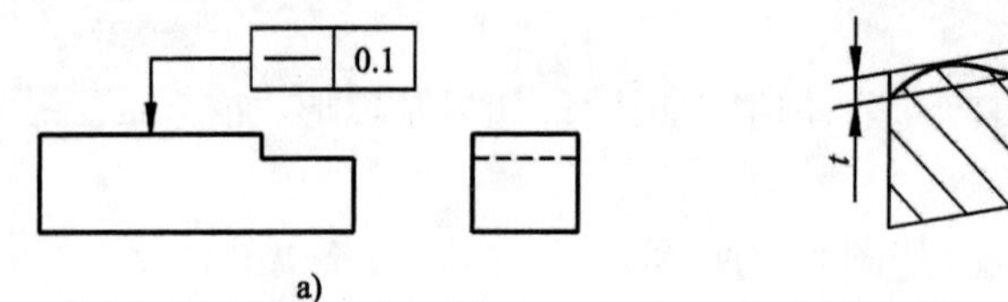

图 6-7　给定平面内的直线度公差带

在给定方向上的直线度公差带，是距离为公差值 t 的两平行平面之间的区域，如图 6-8b）所示。

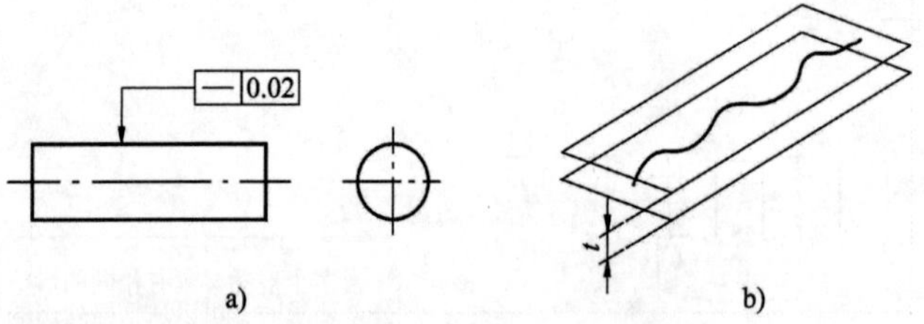

图 6-8　给定方向上的直线度公差带

任意方向上的直线度公差带，是直径为公差值 t 的圆柱面内的区域，如图 6-9b）所示。

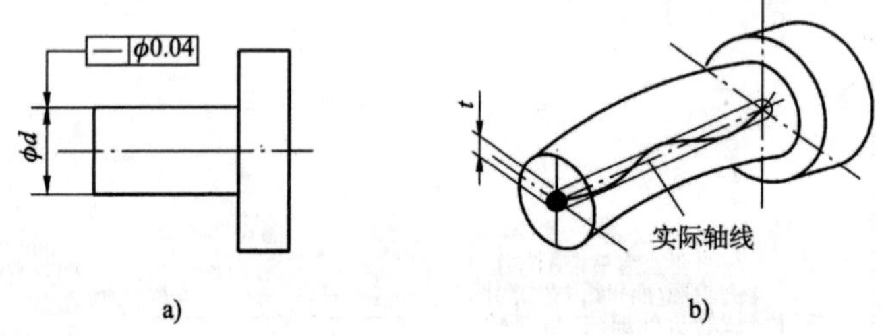

图 6-9　任意方向上的直线度公差带

2）平面度公差

平面度公差是限制实际平面对其理想平面变动量的一项指标，用于对实际平面的形状精度提出要求，如图 6-10 所示。

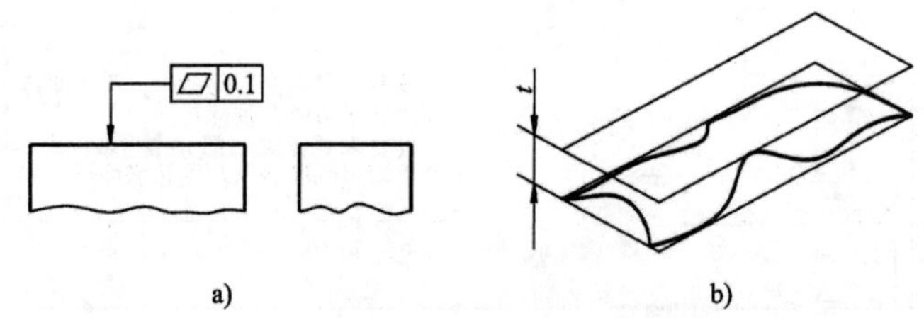

图 6-10　平面度公差

3）圆度公差

圆度公差是限制实际圆对其理想圆变动量的一项指标，如图 6-11 所示。

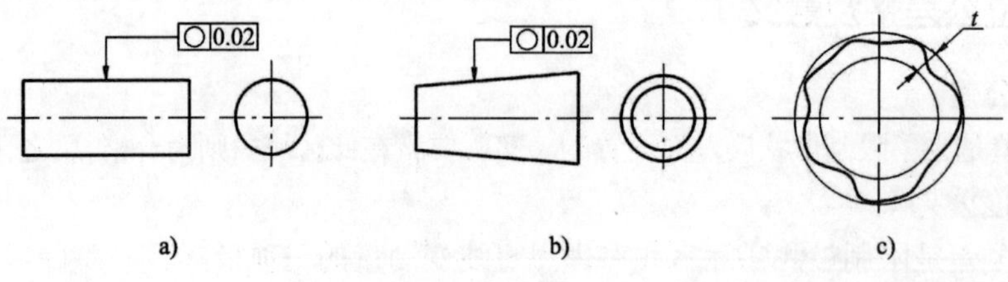

图 6-11　圆度公差

4)圆柱度公差

圆柱度公差是限制实际圆柱面对其理想圆柱面变动量的一项指标,如图 6-12 所示。

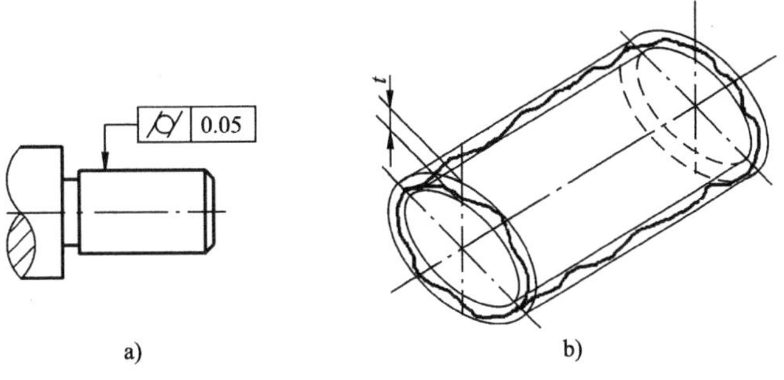

图 6-12　圆柱度公差

2. 形状或位置公差

1)线轮廓度公差

线轮廓度公差是限制实际平面曲线对其理想曲线变动量的一项指标,如图 6-13 所示。

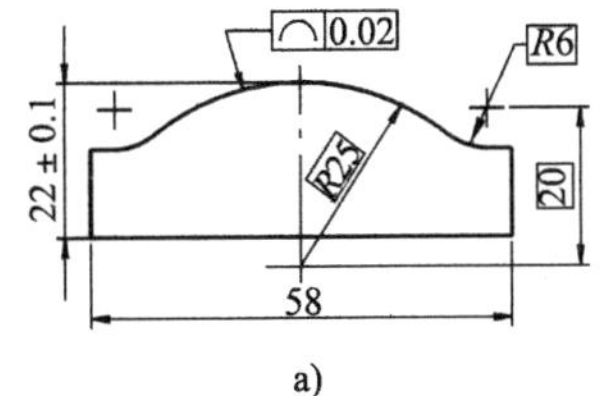

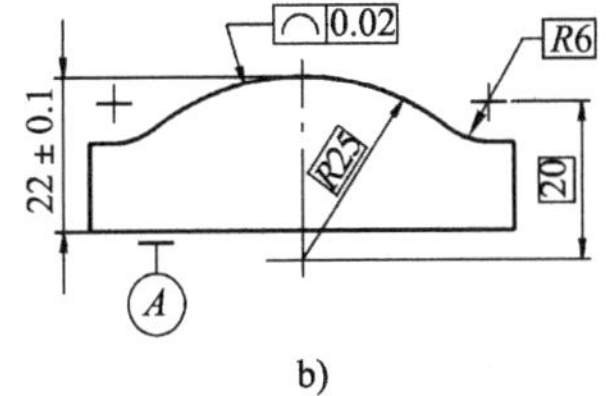

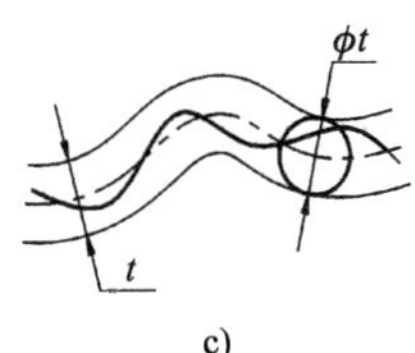

图 6-13　线轮廓度公差

2)面轮廓度公差

面轮廓度公差是限制实际曲面对理想曲面变动量的一项指标,如图 6-14 所示。

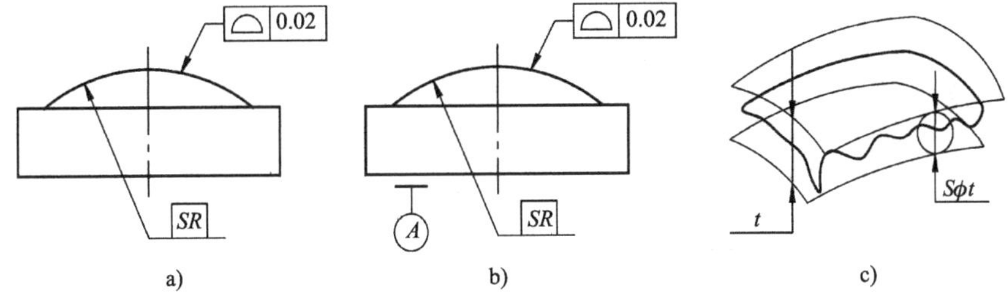

图 6-14　面轮廓度公差

3. 位置公差

位置公差是指关联实际要素的方向、位置对基准要素所允许的变动全量。

1)定向公差

定向公差是关联实际要素对基准在方向上允许的变动全量,用于控制定向误差,以保证被测实际要素相对基准的方向精度。包括平行度、垂直度、倾斜度三项。

(1)平行度公差

平行度公差是限制被测实际要素对基准在平行方向上变动量的一项指标,如图 6-15、图 6-16 所示。

(2)垂直度公差

垂直度公差是限制被测实际要素对基准在垂直方向上变动量的一项指标,如图 6-17、图 6-18 所示。

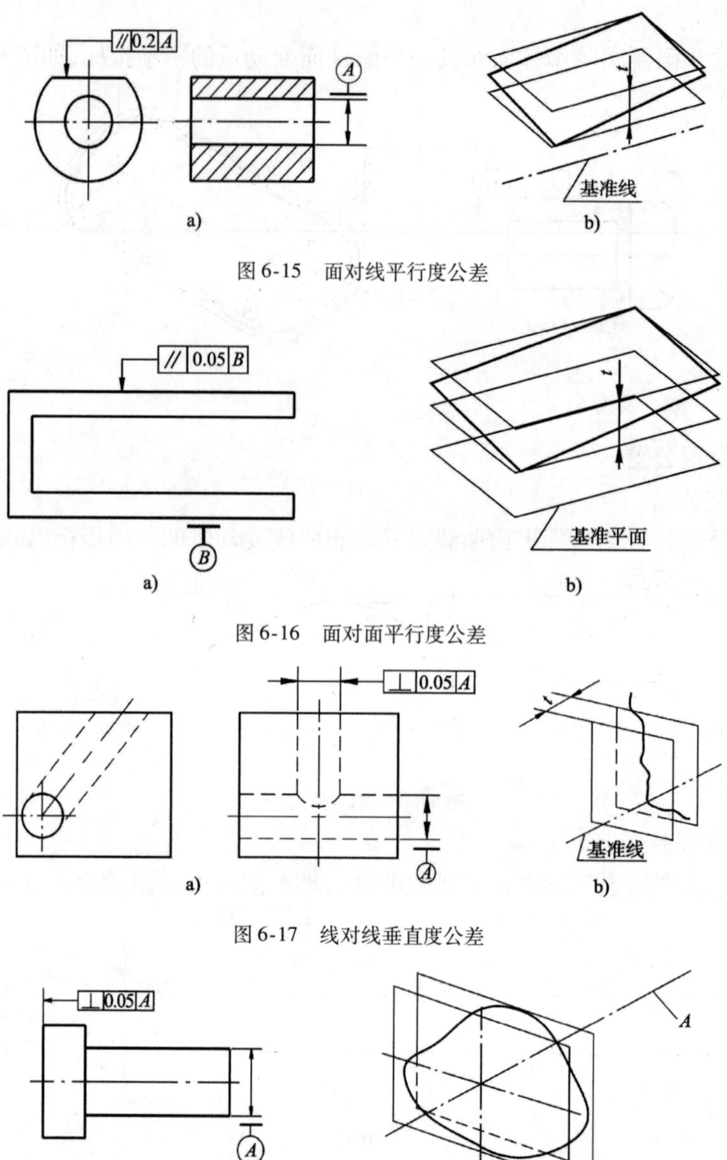

图 6-15　面对线平行度公差

图 6-16　面对面平行度公差

图 6-17　线对线垂直度公差

图 6-18　面对线垂直度公差

如图 6-19a)所示,在公差值前加注,则表示在任意方向上垂直度公差要求。

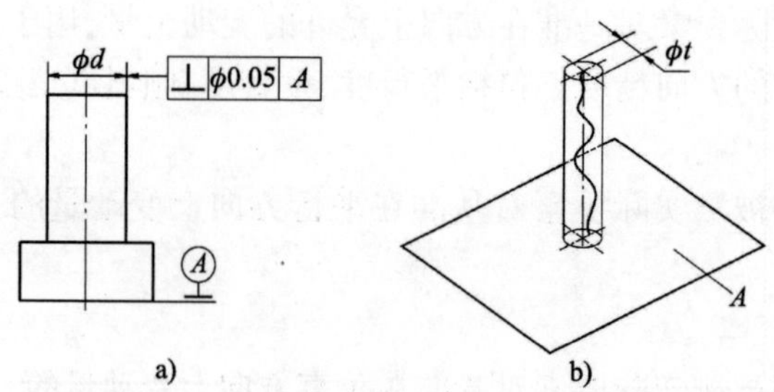

图 6-19　任意方向上线对面的垂直度公差

（3）倾斜度公差

倾斜度公差是限制被测实际要素对基准在倾斜方向上变动量的一项指标，如图 6-20、图 6-21 所示。

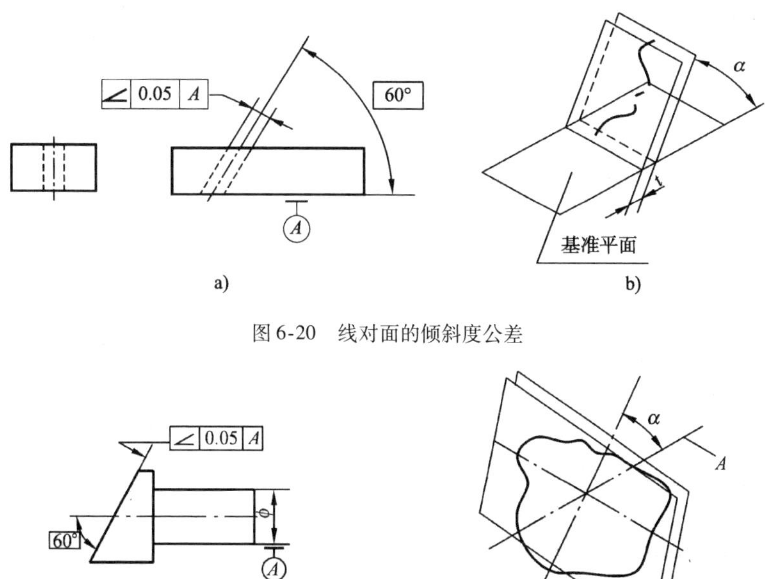

图 6-20　线对面的倾斜度公差

图 6-21　面对线的倾斜度公差

2）定位公差

定位公差是关联实际要素对基准在位置上允许的变动全量。

（1）同轴度公差

同轴度公差用以限制被测要素轴线对基准要素轴线的同轴位置误差的一项指标，如图 6-22 所示。

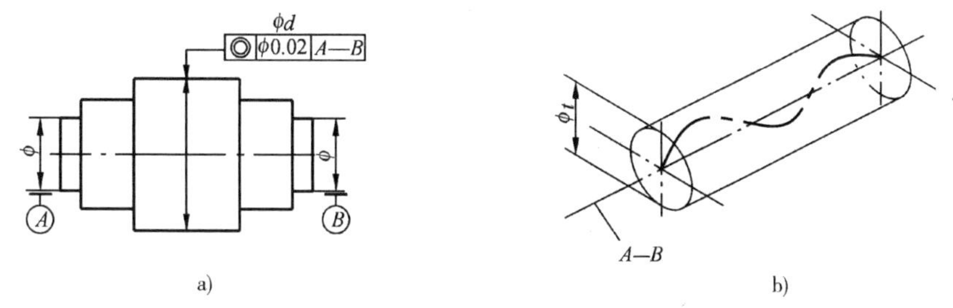

图 6-22　同轴度公差

（2）对称度公差

对称度公差一般用以限制理论上要求共面的被测要素（中心平面、中心线或轴线）偏离基准要素（中心平面、中心线或轴线）的一项指标，如图 6-23 所示。

（3）位置度公差

位置度公差是用以限制被测点、线、面的实际位置对其理想位置变动量的一项指标。

点的位置度是用以限制球心或圆心的位置误差，如图 6-24、图 6-25 所示。

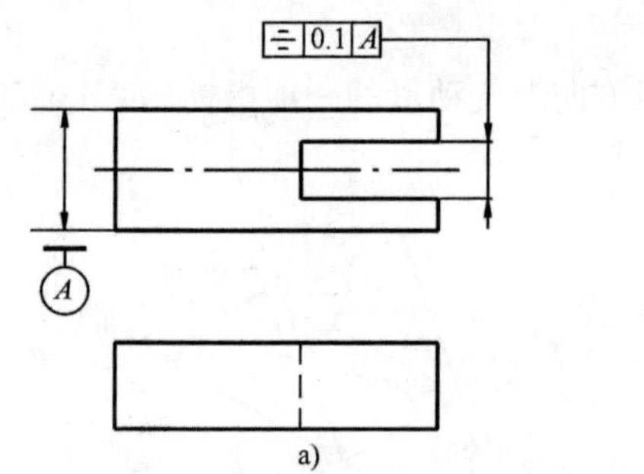

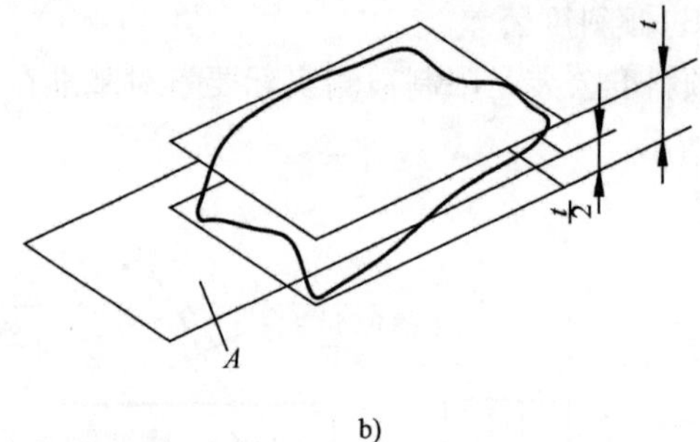

图 6-23　对称度公差

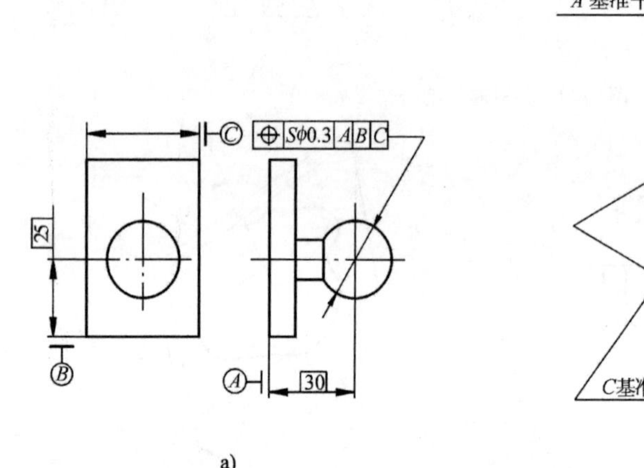

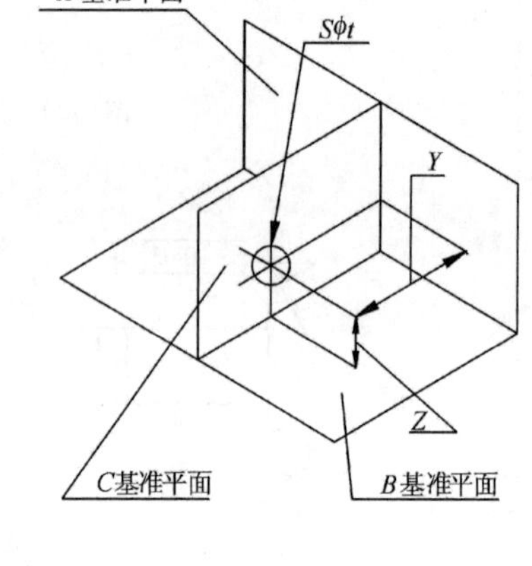

图 6-24　空间点的位置度公差

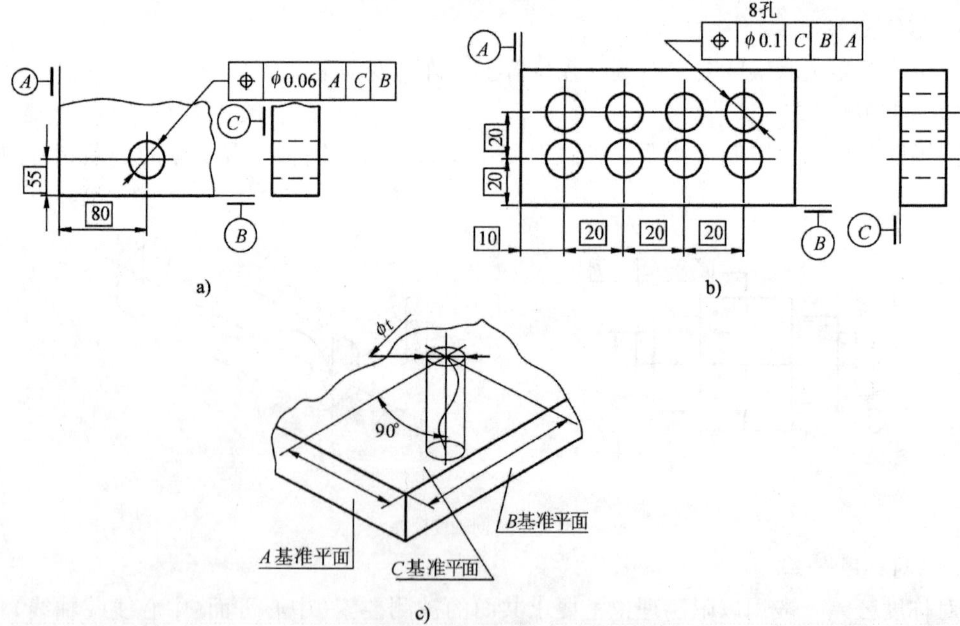

图 6-25　任意方向上线的位置度公差

3）跳动公差

跳动公差是关联实际要素对基准轴线旋转一周或若干次旋转时所允许的最大跳动量。分为圆跳动和全跳动两项。

(1)圆跳动公差

圆跳动公差是被测要素在某一固定参考点绕基准轴线旋转一周(零件和测量仪器间无轴向位移)时,指示器示值所允许的最大变动量,如图 6-26 ~ 图 6-28 所示。

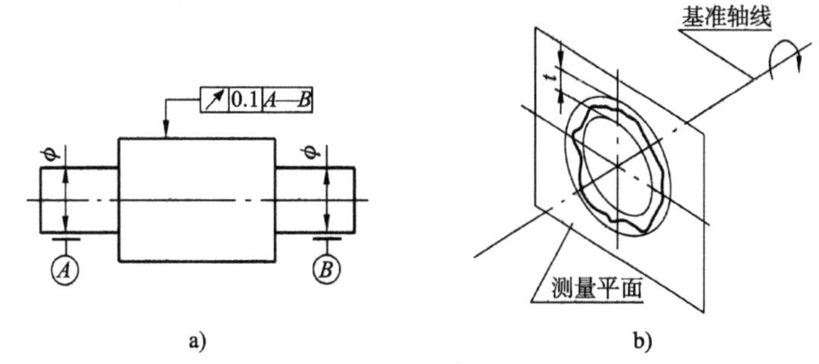

图 6-26　径向圆跳动公差

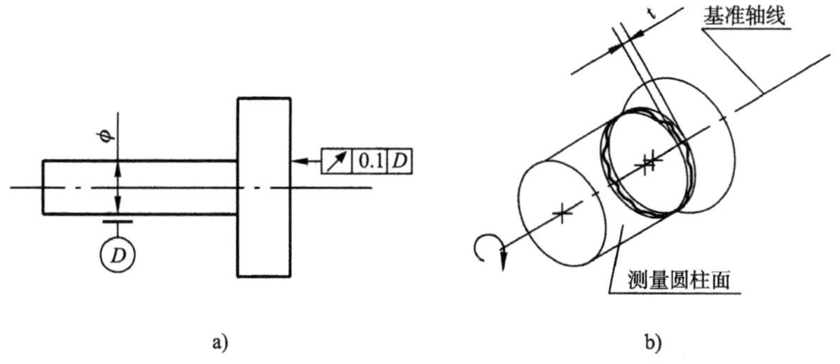

图 6-27　端面圆跳动公差

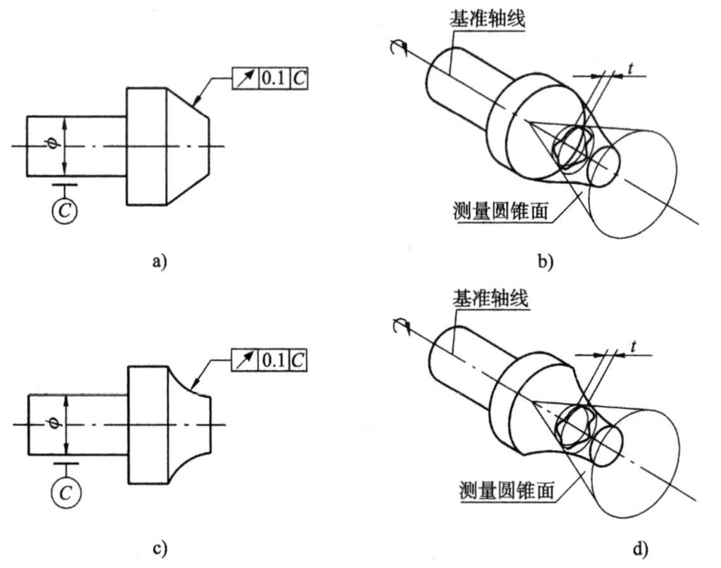

图 6-28　斜向圆跳动公差

(2)全跳动公差

全跳动公差是被测要素绕基准轴线做若干次旋转,同时指示器做平行或垂直于基准轴线的直线移动时,在整个表面上所允许的最大变动量,如图 6-29、图 6-30 所示。

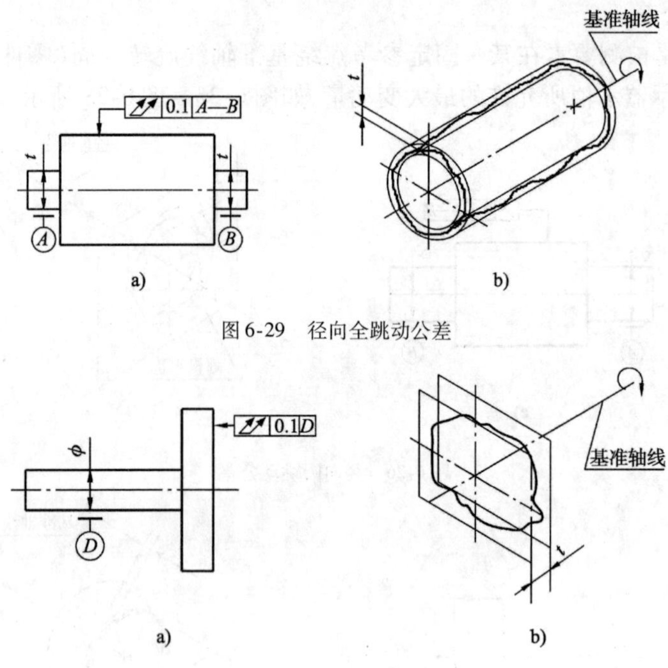

图 6-29　径向全跳动公差

图 6-30　端面全跳动公差

四、形位公差的选择

1. 形位公差项目的选择

1）零件的几何特征

零件的几何特征不同，会产生不同的形位误差。

例如：回转类（轴类、套类）零件中的阶梯轴，它的轮廓要素是圆柱面、端面，中心要素是轴线。

从项目特征看，同轴度主要用于轴线，是为了限制轴线的偏离。跳动能综合限制要素的形状和跳动公差。

2）零件的功能要求

机器对零件不同功能的要求，决定零件需选用不同的形位公差项目。若阶梯轴两轴承位置明确要求限制轴线间的偏差，应采用同轴度。但如果阶梯轴对形位精度有要求，而无须区分轴线的位置误差与圆柱面的形状误差，则可选择跳动项目。

3）方便检测

在满足功能要求的前提下，为了方便检测，应该选用测量简便的项目代替难于测量的项目，有时可将所需的公差项目用控制效果相同或相近的公差项目来代替。

总之，设计者只有在充分明确所设计零件的精度要求，熟悉零件的加工工艺和有一定的检测经验的情况下，才能对零件提出合理、恰当的形位公差特征项目。

2. 形位公差值（或公差等级）的选择

形位公差值的确定是根据零件的功能要求，并考虑加工的经济性和零件的结构、刚性等情况，形位公差值的大小又决定于形位公差等级（结合主参数）。因此，确定形位公差值实际上就是确定形位公差等级。

1）形状公差与位置公差的关系

同一要素上给定的形状公差值应小于位置公差值。如同一平面，平面度公差值应小于该平面对基准的平行度公差值。即应满足下列关系：

形状公差 < 定向公差 < 定位公差

2）形位公差与尺寸公差的关系

圆柱形零件的形状公差（轴线直线度除外）应小于其尺寸公差值，平行度公差值应小于其相应的距离尺寸的公差值。

3. 公差原则与公差要求的选择

在何种情况下应选择用何种公差原则与公差要求，应综合考虑下面几个因素：

1）功能性要求

采用何种公差原则，主要应从零件的使用功能要求考虑。

如滚筒类零件的尺寸精度要求很低，圆柱度要求较高；平板的平面精度要求较高，尺寸精度要求不高；冲模架的下模座尺寸精度要求不高，平行度要求较高；导轨的形状精度要求严格，尺寸精度要求次之。以上情况均应采用独立原则。

对零件有配合要求的表面，特别是涉及和影响到零件的定位精度、运动精度等重要性能而配合性质要求较严格的表面，一般采用包容要求。

尺寸精度和形位精度要求不高，但要求能保证自由装配的零件，对其中心要素应采用最大实体要求。

2）设备状况

如果机床加工精度较高，零件的形位误差较小，这时可采用包容要求或最大实体要求的零形位公差。

如果机床设备状况较差，加工零件的形位误差较大，此时应采用独立原则或最大实体要求。

3）生产批量

一般情况下，大批量生产时采用相关要求较为经济。当零件的生产批量小到一定程度时，采用通用检具检测形位误差反而比制造量规经济，这时若从经济性原则出发，宜采用独立原则。

4. 操作技能

操作技能的高低，在很大程度上决定了尺寸误差的大小。补偿量较大时可采用包容要求或最大实体的零形位公差，补偿量较小时宜采用独立原则或最大实体要求。

轴类零件形位公差标注识读如图 6-31 所示。

自我评价

一、判断题（正确的打“√”，错误的打“×”）

1. 形状公差带不涉及基准，其公差带的位置是浮动的，与基准要素无关。（　　）

2. 形状误差数值的大小用最小包容区域的宽度或直径表示。（　　）

3. 直线度公差带是距离为公差值 t 的两平行直线之间的区域。（　　）

4. 圆度公差对于圆柱是在垂直于轴线的任一正截面上量取，而对圆锥则是在法线方向测量。（　　）

5. 形状误差包含在位置误差之中。（ ）

6. 径向全跳动公差带与圆柱度公差带形状是相同的，所以两者控制误差的效果也是等效的。（ ）

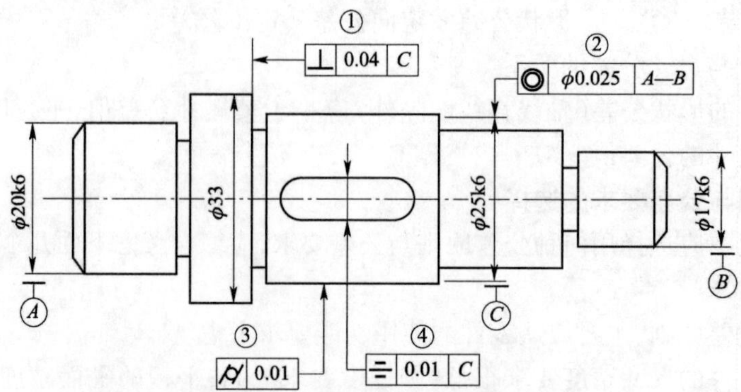

图 6-31 轴类零件形位公差标注识读

二、选择题

1. 形位公差带的形状取决于（ ）。

A. 公差项目

B. 被测要素的理想形状

C. 行为公差的标注形式

D. 被测要素的理想形状公差项目和标注形式

2. 某轴线对基准中心平面的对称度为 0.1mm，则允许该轴线对基准中心平面的偏离量为（ ）。

A. 0.1 mm　　B. 0.05 mm　　C. 0.15 mm　　D. 0.2mm

3. 在图样上标注形位公差，当公差值前面加注 φ 时，该被测要素的公差带形状应为（ ）。

A. 两同心圆　　B. 两同轴圆柱　　C. 圆形或球形　　D. 圆形或圆柱形

4. 同轴度公差属于（ ）。

A. 形状公差　　B. 定位公差　　C. 定向公差　　D. 跳动公差

5. （ ）公差的公差带形状是唯一的。

A. 直线度　　B. 同轴度　　C. 垂直度　　D. 平行度

6. 跳动公差是以（ ）来定义的形位公差项目。

A. 轴线　　B. 圆柱　　C. 测量　　D. 端面

7. 位置误差按其特征分为（ ）类误差。

A. 三　　B. 五　　C. 二　　D. 四

8. 若某测量面对基准面的平行度误差为 0.08mm，则其（ ）误差必不大于 0.08mm。

A. 平面度　　B. 对称度　　C. 垂直度　　D. 位置度

9. 标注（ ）时，被测要素与基准要素间的夹角是不带偏差的理论正确角度，标注时要带方框。

A. 平行度　　B. 倾斜度　　C. 垂直度　　D. 同轴度

三、改正图中各项形位公差标注上的错误（不得改变形位公差项目），如图 6-32 所示。

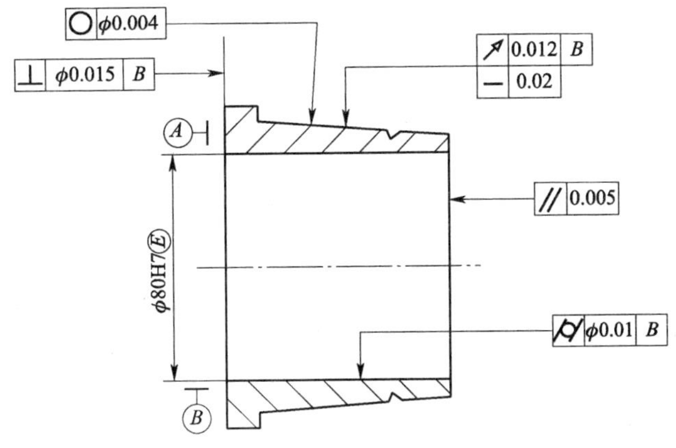

图 6-32 形位公差标注改错

任务二 零件表面粗糙度的评定和标注

在金属切削加工过程中，刀具和被加工表面间产生摩擦、表层分离材料产生塑性变形、机床系统运动产生振动，这些都会使零件表面出现许多间距较小、凹凸不平的微小峰谷。这些微小峰谷会对零件的使用性能有很大影响，也充分反映了机械产品的质量。为了保证机械产品的使用性能，应该学会正确选择表面粗糙度参数，并在零件图上进行正确标注，同时选定合理的参数评定方法进行检测。以图 6-33 为例，识读零件表面粗糙度标注的含义。

一、表面粗糙度的概述

1. 表面粗糙度的定义

表面粗糙度就是表述这些峰谷高低程度和间距状况的微观几何形状特性的指标，如图 6-34 所示。

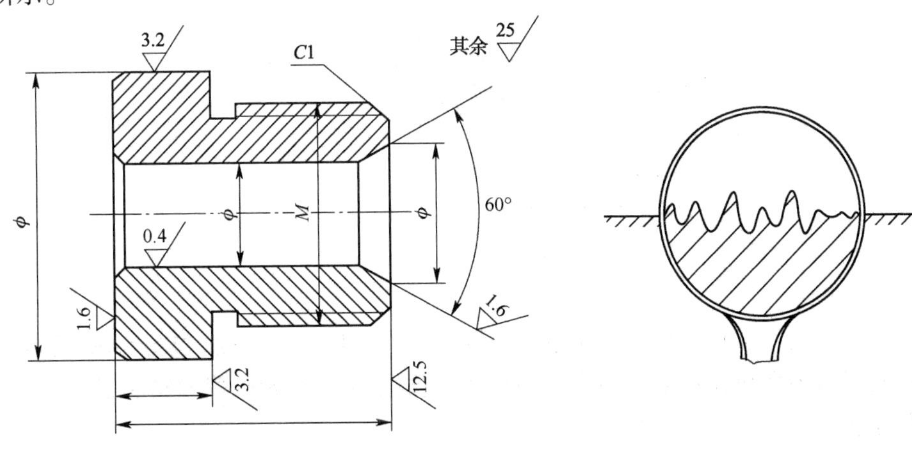

图 6-33 零件表面粗糙度的标注

图 6-34 表面粗糙度示意图

表面粗糙度反映的是实际表面几何形状误差的微观特性，一般而言，波距小于1mm的属于表面粗糙度（表面微观形状误差）；波距在1～10mm的属于表面波纹度；波距大于10mm的属于表面宏观形状误差。

2. 表面粗糙度对零件使用性能的影响

1）摩擦和磨损方面

表面越粗糙，摩擦系数就越大，摩擦阻力也越大，零件配合表面的磨损就越快。

2）配合性质方面

对于间隙配合，粗糙的表面会因峰顶很快磨损而使间隙逐渐加大；对于过盈配合，因装配表面的峰顶被挤平，使实际有效过盈减少，降低连接强度。

3）疲劳强度方面

表面越粗糙，一般表面微观不平的凹痕就越深，交变应力作用下的应力集中就会越严重，越易造成零件抗疲劳强度的降低而导致失效。

4）耐腐蚀性方面

表面越粗糙，腐蚀性气体或液体越易在谷底处聚集，并通过表面微观凹谷渗入到金属内层，造成表面锈蚀。

5）接触刚度方面

表面越粗糙，表面间接触面积就越小，致使单位面积受力就增大，造成峰顶处的局部塑性变形加剧，接触刚度下降，影响机器工作精度和平稳性。

综上所述，为保证零件的使用性能和寿命，应对零件的表面粗糙度加以合理限制。

二、表面粗糙度的评定

1. 基本术语

1）实际轮廓（表面轮廓）

实际轮廓是指平面与实际表面相交所得的轮廓线，如图6-35所示。在这条轮廓线上测得的表面粗糙度数值最大。

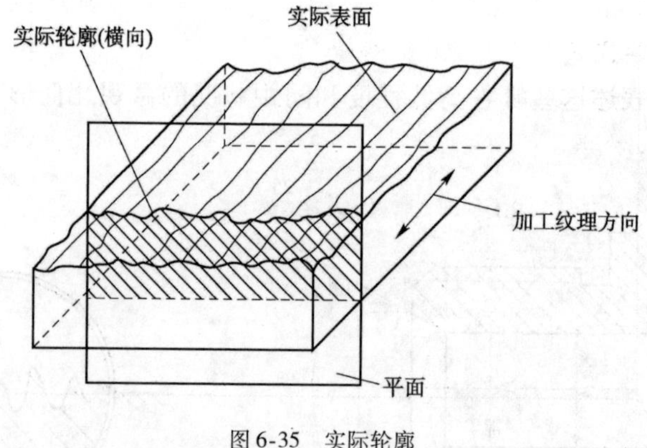

图6-35　实际轮廓

2）取样长度 l_r

取样长度是指用于判别具有表面粗糙度特征的一段基准线长度，如图6-36所示。标准规定取样长度按表面粗糙程度合理取值，通常应包含至少5个轮廓峰和轮廓谷。

3）评定长度 l_n

评定长度是指评定轮廓表面粗糙度所必需的一段长度。

一般情况下，标准推荐 $l_n = 5l_r$。测量时可选用小于 $5l_r$ 的评定长度值，均匀性较差的表面可选用大于 $5l_r$ 的评定长度值。

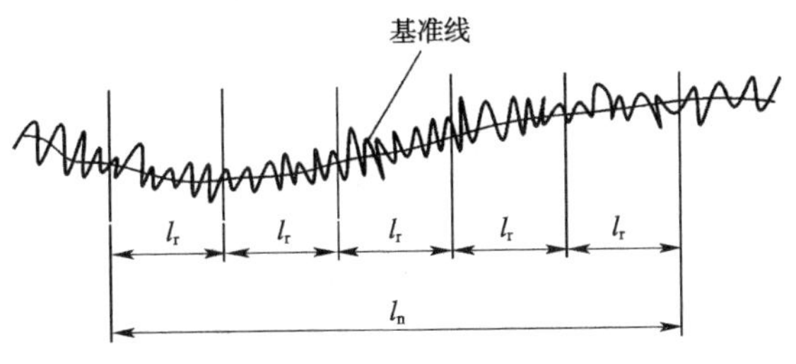

图 6-36 取样长度和评定长度

4）基准线（中线 m）

基准线是用以评定表面粗糙度参数大小所规定的一条参考线，据此来作为评定表面粗糙度参数大小的基准。

基准线有如下两种：

（1）轮廓的最小二乘中线

在取样长度内，使轮廓上各点至一条假想线距离的平方和为最小，这条假想线就是最小二乘中线，如图 6-37 所示。

（2）轮廓算术平均中线

在取样长度内，由一条假想线将实际轮廓分为上下两部分，而且使上部分面积之和等于下部分面积之和。这条假想线就是轮廓算术平均中线，如图 6-38 所示。

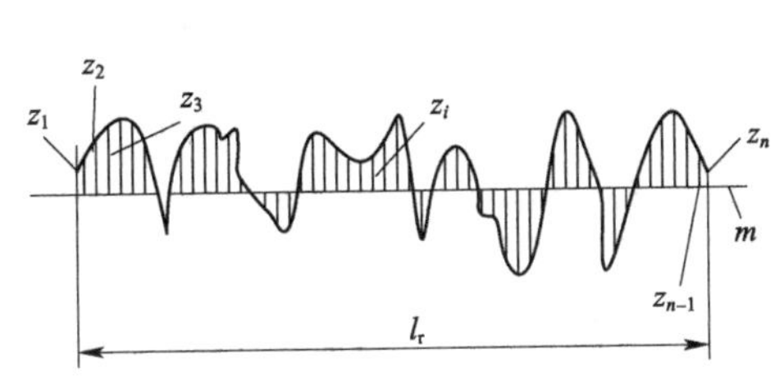

图 6-37 轮廓最小二乘中线

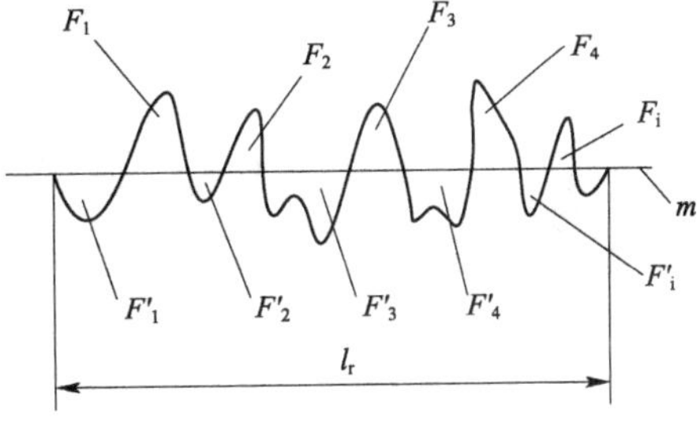

图 6-38 轮廓算术平均中线

2. 表面粗糙度的评定参数

为了满足对零件表面不同的功能要求，《产品几何技术规范（GPS） 表面结构 轮廓法 术语、定义及表面结构参数》（GB/T 3505—2009）从表面微观几何形状幅度、间距和形状三个方面的特征，规定了相应的评定参数。但在三个评定参数中，R_a 最能客观反映工件的表面实际情况，常用来表示零件表面粗糙度。

1）评定轮廓的算术平均偏差 R_a

即在一个取样长度 l_r 内，轮廓上各点至基准线的距离的绝对值的算术平均值，如图 6-39 所示。

2）轮廓的最大高度 R_z（GB/T 3505—2000）

即在一个取样长度 l_r 内，最大轮廓峰高 Z_p 和最大轮廓谷深 Z_v 之和的高度，如图 6-40 所示。

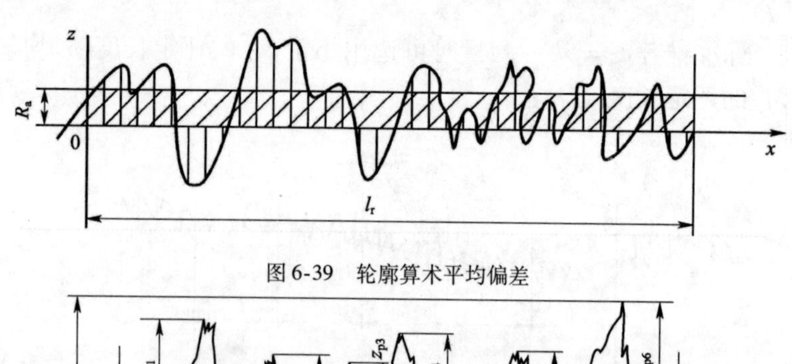

图 6-39　轮廓算术平均偏差

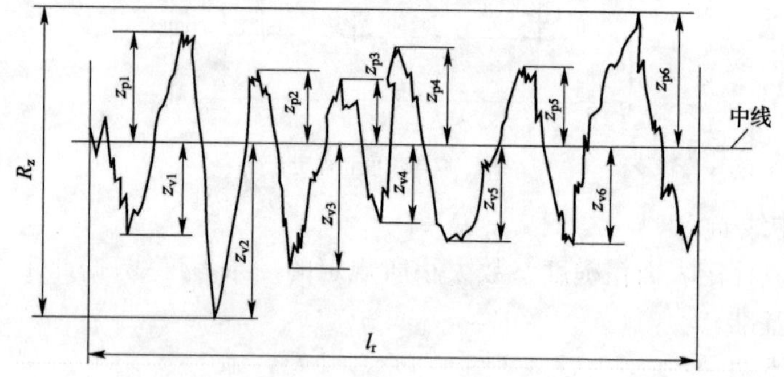

图 6-40　轮廓的最大高度

三、表面粗糙度的标注

1. 符号

按国家标准的规定，应把表面粗糙度要求正确地标注在零件图上。图样上所标注的表面粗糙度符号，如图 6-41 所示。

符　号	意义及说明	表面粗糙度数值及其有关规定在符号中的注定位置
	d′　H_1　60°　60°　H_2　H_1、H_2、d 尺寸见表 10-6 基本符号，表示表面可用任何方法获得。当不加注粗糙度参数值或有关说明时，仅适用于简化代号标	a_1　b　a_2　c/f　(e)　d 图中： a_1、a_2——粗糙度高度参数代号及其数值(μm)； b——加工要求、镀覆、涂覆、表面处理或其他说明等； c——取样长度(mm)或波纹度(μm)； d——加工纹理方向符号； e——加工余量(mm)； f——粗糙度间距参数值(mm)或轮廓支承长度率
	基本符号加一短划，表示表面是用去除材料的方法获得。例如：车、铣、钻、磨、剪切、抛光、腐蚀、电火花加工、气割等	
	基本符号加一小圆，表示表面是用不去除材料的方法获得。例如：铸、锻、冲压变形、热轧、冷轧、粉末冶金等 或者是用于保持原供应状况的表面（包括保持上道工序的状况）	
	在上述三个符号的长边上均可加一横线，用于标注有关参数和说明	
	在上述三个符号上均可加一小圆，表示所有表面具有相同的表面粗糙度要求	

图 6-41　粗糙度符号

2. 代号

在表面粗糙度符号周围，注写出对零件表面的要求后就组成了表面粗糙度代号。各项要求在符号中的注写位置及方法，如图 6-41 所示。

表面粗糙度符号及代号的书写比例和尺寸，如图 6-42 所示。

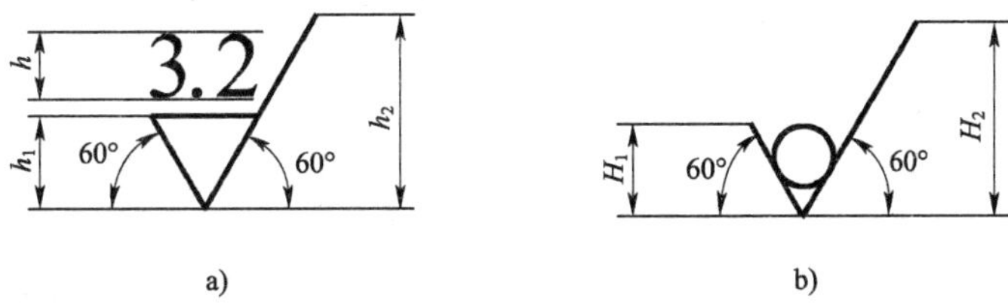

图 6-42　表面粗糙度符号、代号的书写比例

3. 表面粗糙度在图样上的标注方法

在图样上，表面粗糙度代(符)号应注在可见轮廓线、尺寸线、尺寸界线或它们的延长线上，也可以注在指引线上，如图 6-43 所示。

当零件的大部分表面具有相同的表面粗糙度要求时，对其中使用最多的一种符号、代号可以统一注在图样的右上角，并加注“其余”两字。

当零件的所有表面具有相同的表面粗糙度要求时，其标注如图 6-44 所示。

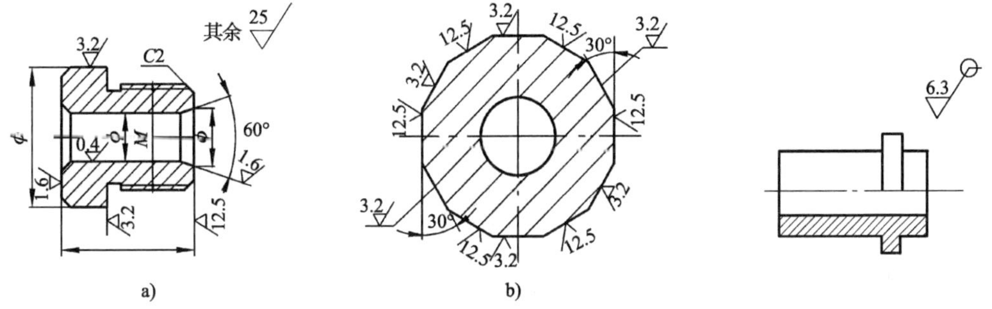

图 6-43　表面粗糙度代号标注示例

图 6-44　零件所有表面具有相同要求的表面粗糙度标注示例

当齿轮、蜗轮、渐开线花键等工作表面没有画出齿形时，其表面粗糙度代号可注在节圆上，如图 6-45 所示。

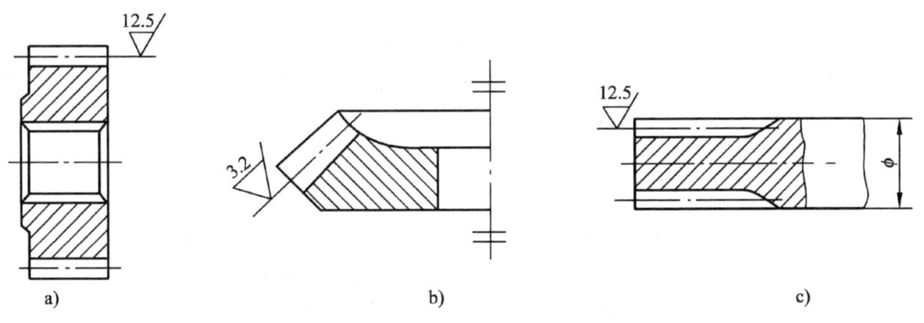

图 6-45　齿轮、花键表面粗糙度标注示例

螺纹工作表面没有画出牙形时，可按图 6-46 的方式标注。尽量采用简化标注，如图 6-47所示。

中心孔的工作表面，键槽工作表面、圆角、倒角的表面粗糙度代号标注，如图 6-48 所示。

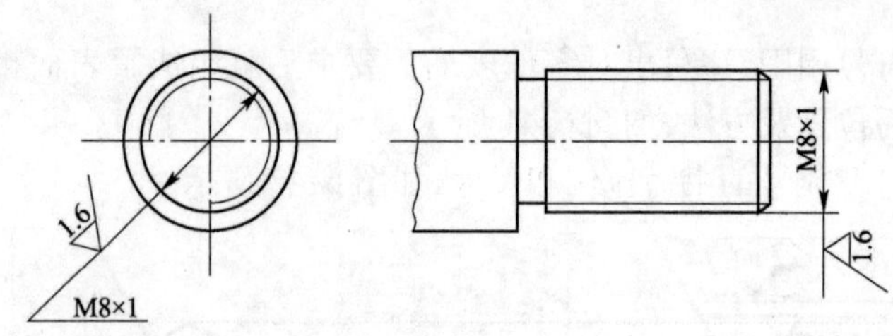

图 6-46　螺纹表面粗糙度标注示例

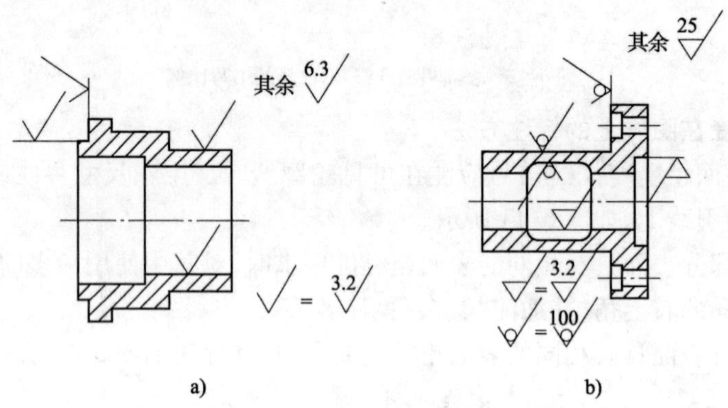

图 6-47　表面粗糙度简化代号的标注示例

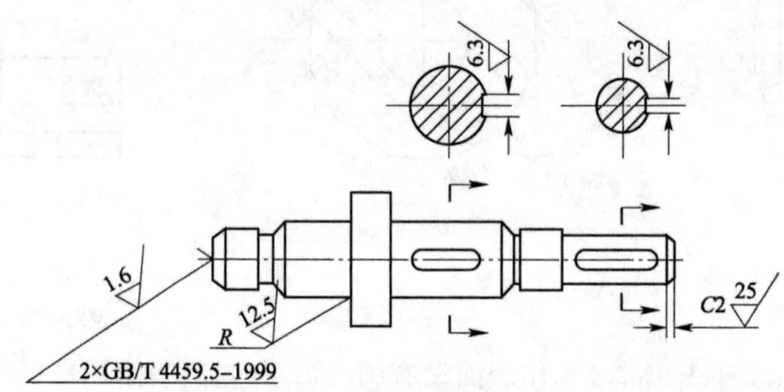

图 6-48　表面粗糙度标注示例

同一表面上有不同的表面粗糙度要求时，需用细实线画出其分界线并注出相应的表面粗糙度代号和尺寸。用细实线连接的不连续的同一表面，其粗糙度代号只注一次，如图 6-49 所示。

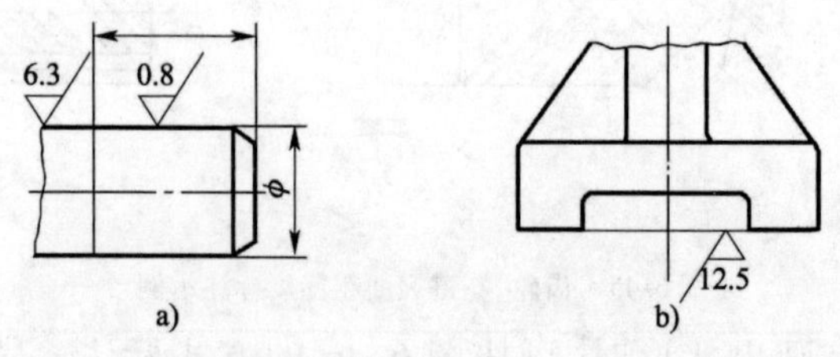

图 6-49　表面粗糙度标注示例

对零件上的连续表面及重复要素（如孔、槽、齿等）的表面，可按图 6-50 所示方式标注。

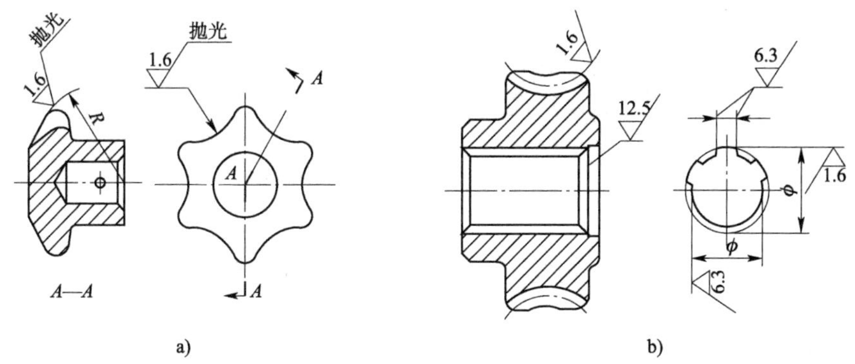

图 6-50　表面粗糙度标注示例

任务实施

零件粗糙度标注的含义(图 6-51):

(1)该零件左端面及 60°锥度处用去除材料的方法加工,其加工后的表面粗糙度值为 1.6μm。

(2)该零件外圆及中间开槽处用去除材料的方法加工,表面粗糙度值为 3.2μm,右端面表面粗糙度值为 12.5μm。

(3)其余未注之处均为表面粗糙度值 2.5μm。

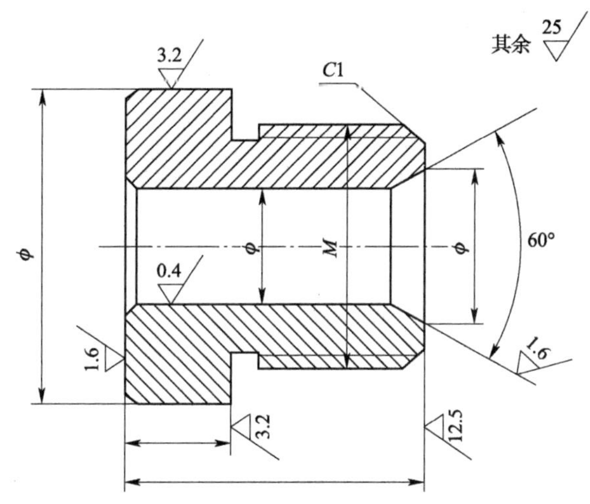

图 6-51　轴类零件形位公差标注识读

自我评价

一、判断题(正确的打"√",错误的打"×")

1. 确定表面粗糙度时,通常可在三项高度特性参数中选取。　(　　)

2. 评定表面粗糙度时必需的一段长度称取样长度,它可以包括几个评定长度。　(　　)

3. R_z 参数由于测量点不多,因此在反映微观几何形状高度方面的特性不如 R_a 参数充分。　(　　)

4. 选择表面粗糙度评定参数值应尽量小为好。　(　　)

5. 零件的表面精度越高,通常表面粗糙度参数值相应取得越小。　(　　)

6. 零件的表面粗糙度值越小,则零件的尺寸精度应越高。 (　　)

7. 要求配合精度高的工件,其表面粗糙度数值应大。 (　　)

8. 取样长度过短不能反映表面粗糙度的真实情况,因此越长越好。 (　　)

二、选择题

1. 评定参数________更能充分反应被测表面的实际情况。

A. 轮廓的最大高度　　B. 微观不平度十点高度

C. 轮廓算术平均偏差　　D. 轮廓的支承长度率

2. 表面粗糙度是指________。

A. 表面微观的几何形状误差　　B. 表面波纹度

C. 表面宏观的几何形状误差　　D. 表面形状误差

3. 表面粗糙度值越小,则零件的________。

A. 耐磨性好　　B. 传动灵敏性差　　C. 加工容易

4. 选择表面粗糙度评定参数值时,下列论述正确的有________。

A. 同一零件上工作表面应比非工作表面参数值大

B. 摩擦表面应比非摩擦表面参数值小

C. 尺寸精度要求高,参数值应小

5. 下列论述正确的有________。

A. 表面粗糙度属于表面微观性质的形状误差

B. 表面粗糙度属于表面宏观性质的形状误差

C. 表面粗糙度属于表面波纹度误差

6. 表面粗糙度符号在图样上应标注于________。

A. 可见轮廓线上　　B. 符号尖端从材料外指向被注表面　　C. 虚线上

参 考 文 献

[1] 金大鹰. 机械制图[M]. 3 版. 北京:机械工业出版社,2012.
[2] 韩变枝. 机械制图与识图[M]. 北京:机械工业出版社,2012.
[3] 史艳红. 机械制图习题集[M]. 北京:高等教育出版社,2012.
[4] 刘荣珍. 机械制图[M]. 北京:科学出版社,2012.
[5] 涂艳丽. 机械制图[M]. 2 版. 北京:人民邮电出版社,2011.
[6] 黄云成. 机械制图与机械基础常识[M]. 北京:电子工业出版社,2011.
[7] 郭克希. 机械制图[M]. 北京:机械工业出版社,2006.
[8] 刘力. 机械制图[M]. 北京:高等教育出版社,2004
[9] 李澄. 机械制图[M]. 北京:高等教育出版社,2002
[10] 刘朝儒. 机械制图[M]. 北京:高等教育出版社 2001
[11] 丁红宇. 制图标准手册[M]. 2 版. 北京:中国标准出版社,2004.
[12] 焦永和. 机械制图[M]. 北京:北京理工大学出版社,2003.
[13] 王巍. 机械制图[M]. 北京:高等教育出版社,2004.
[14] 杨老记. 机械制图[M]. 北京:机械工业出版社,2002.
[15] 卢正平. 机械制图[M]. 成都:电子科技大学出版社,2012
[16] 黄云成. 机械制图与机械基础常识[M]. 北京:电子工业出版社,2011.